上海交通大学学术出版基金资助

水下热滑翔机推进

马 捷 著

上海交通大学出版社

内 容 提 要

本书全面阐述了水下热滑翔机的运行机理,论述了运行于海洋温跃层的热滑翔机动力系统相变过程,揭示了弱温差和逆温差对相变过程的阻碍作用,为优化弱温差和逆温差环境的水下热滑翔机性能参数提供了基础。本书创新地结合逆系统方法和滑模变结构控制理论,提出了水下热滑翔机的新型运动控制系统,还给出了提高水动力性能的外形设计方案,以及基于相似理论建立室内海洋温跃层模拟水池的方法。本书共包括7篇20章,分别说明了水下热滑翔机的起源、发展和运行机理;揭示了热滑翔机的核心——动力推进系统的相变原理和改善途径;阐述了水下热滑翔机在弱温差和逆温差层中的工作状况;分析了热滑翔机的动力特性;论述了水下热滑翔机的控制原理和方法;阐述了水下热滑翔机的水动力特性及其提高方法;展示了海洋温跃层条件下的试验研究现状。

本书可作为高等院校船舶工程、轮机工程和水下工程专业教师、研究生和高年级本科生的教学用书和研究参考书。

图书在版编目(CIP)数据

水下热滑翔机推进/马捷著. —上海:上海交通大学出版社,2013
ISBN 978 - 7 - 313 - 10218 - 8

Ⅰ.①水… Ⅱ.①马… Ⅲ.①滑翔机—水下推进—研究
Ⅳ.①V277

中国版本图书馆 CIP 数据核字(2013)第 202271 号

水下热滑翔机推进

马 捷 著

上海交通大学 出版社出版发行
(上海市番禺路 951 号 邮政编码 200030)
电话:64071208 出版人:韩建民
上海景条印刷有限公司印刷 全国新华书店经销
开本:787mm×1092mm 1/16 印张:23.75 字数:461 千字
2013 年 9 月第 1 版 2013 年 9 月第 1 次印刷
ISBN 978 - 7 - 313 - 10218 - 8/V 定价:98.00 元

前　言

　　本书是水下热滑翔机动力推进领域的专著,是课题组多年研究工作的全面总结,也是国家自然科学基金项目"弱温差和逆温差下的相变过程和水下热滑翔机水动力特性研究"的成果汇集。

　　水下热滑翔机是依靠浮力推进的自主式水下运载器,属于新一代水下机器人。它的推进力来源于海洋热能,依赖其动力系统中相变工质在穿越温跃层时的相变过程和容积变化来实现。

　　在海洋混合层以下,温度的垂直梯度增大,是温度骤变的温跃层。当水下热滑翔机穿越温跃层时,所携带的相变工质发生固相→液相的转变和容积的增减,由此引起热滑翔机的浮力变化。借助水平翼的作用,滑翔器在沉浮运动的同时产生向前的推力,驱使滑翔机按照锯齿形的轨迹上下迂回,滑翔前进。

　　水下热滑翔机航行时,无需自携能源,可以无牵制地长期潜行水下,最终到达遥远的海域。性能优良的热滑翔机,利用适宜的温跃层,在水下停留的时间可达五年,最大续航能力为4万公里。

　　海洋是一个时空尺度巨大的开放性复杂系统,包含物理、化学、地质、生物的各种过程和变化。水下热滑翔机续航力强,活动范围广,海面风浪和水下危险对它的干扰小。它能够在水下全天候不间断搜集信息,成为各项海洋科学研究和探测的理想工具。

　　水下热滑翔机灵活机动,噪声小,可在大范围、大深度和复杂海洋环境中进行水下作业。我国东海大陆架下和南海海底蕴藏着丰富的石油资源,在全球能源形势日益紧张、能源需求日益增大的情况下,该海域已经成为争夺的焦点。随着军事侦察技术的提高和升级,我国近岸的海上势态越来越透明,某些大国和周边国家的军事部门,采取各种措施调查收集我国近海和西北太平洋的潮汐、声场、温度、密度、海洋锋面、中尺度涡、内波、海底沉积分布、海流等海洋环境资料;有些国家的军事海洋预报已经开始专门预报中国近海的次表层水温、盐度、密度、海流及水下声场等与军事活动密切相关的海洋要素,对我国海洋探测构成巨大压力。作战飞机与远程导弹战术性能不断提高,可以轻而易举地覆盖海上航行范围,水面舰艇所受的威胁加剧,水面舰艇的作战能力受到限制。作为海上力量的有机组成部分,水下热滑翔机游弋在海面之下,相比水面舰艇难以探测和察觉,具有强大的生命力和灵活的自由度。水下热滑翔机携带鱼雷等武备,可以有效歼灭敌方武装,具有强大的杀伤力。

水下热滑翔机是海洋资源勘探的重要平台。世界各国利用 20 世纪末的海洋高技术,对海洋进行资源勘探,已陆续发现了丰富的深海资源品种,包括多金属结核、富钴结核、热液硫化物、天然气水合物和深海生物。水下热滑翔机配备各种物理、化学传感器,在航行过程中不断采集重要信息,为资源的开采利用指明了方向。

水下热滑翔机的发展,对于可持续能源、特别是海洋温差能的开发具有特殊意义。21 世纪世界能源系统将发生的重大变革,主要体现在能源系统主体转化为可再生能源。通常的自治式水下运载器都使用常规能源,诸如用蓄电池、电缆供电,或用矿物燃料装置供电。水下热滑翔机的驱动能源,不是常规的自携能源,而是海洋温跃层所提供的温差能,属于海洋能源范畴,可持续、可再生。本书研究的水下热滑翔机的发展,对于拓展海洋能源的开发利用途径,将产生积极的推动和引领作用。

本书的内容包括海洋温跃层、相变工质和过程、温差能动力系统、动力推进控制、运载器运行、水下热滑翔机控制和温跃层环境模拟。

水下热滑翔机通过特有的动力系统,将海洋温差能转化为机械能,驱动滑翔机航行。动力系统的相变储能是实现水下热滑翔机长行程、无噪声海洋探测工作的核心课题。本书对水下热滑翔机的相变储能过程进行了细致的分析,阐述了热滑翔机在水下运行时的动力性能及其对滑翔机整机性能的影响。

基于焓法建立的相变传热数学模型,模拟分析了影响动力系统储能装置传热效率的因素。对相变材料的体积变化规律也进行了研究分析,给出了提高动力系统传热效率的各种途径。

本书重点论述了运行于海洋温跃层的热滑翔机动力系统的相变过程,包括赤道附近海域环境下的工作过程。通过对滑翔机运行潜深优化、循环时间优化和输出功率变化规律研究,提出了增加热滑翔机输出功率的途径。优化后的循环,能够缩短行程时间、减小滑翔潜深、提高动力系统输出功率,更加预留了部分相变材料作为能量损失补偿。基于对浅跃层和深海跃层间工作的滑翔机的研究,给出了温跃层厚度和强度与热滑翔机性能之间的关系。

研究了弱温差和逆温差对相变过程的迟滞作用,分析了弱温差和逆温差对临界航程下水下热滑翔机相变过程的影响,给出了弱温差和逆温差条件下影响相变过程的水下热滑翔机主要参数,以及优化参数的目标和方法,进而规定了水下热滑翔机滑翔角变化的应取范围。

海洋温跃层的温差小,水下热滑翔机的热机输出功率有限。为了持续航行,提出了提高水动力性能的外形设计方案。本书还以大升阻比的机翼为目标,优化了水平翼及尾翼的翼型、平面形状参数和合理安装位置。

为了节省试验成本和时间,避免水下自然环境复杂而丢失模型的风险,本书阐述了基于相似理论建立室内海洋温跃层模拟水池的方法,确定了室内海洋温跃层模拟水池的参数:缩尺比、水池主尺度、温度梯度场、动力相似数。该方法为水下热滑翔机提供了可重复、稳定、便捷的试验环境。书中展示的实验装置,充分考虑了海洋剖面温度和滑翔运动的特点,能实时模拟水下热滑翔机周围的环境温度,实现环境温度连续变化下的温差能热机性能试验。

本书首次披露了滑翔机动力系统的工作规律及其影响因素,指出了提高动力系统输出功率的途径。采用滑翔机动力系统的工作特性与水动力性能参数结合的方法,为合理设计动力系统、改进整机性能和优化整机设计提供了科学依据。

本书创新地采用逆系统方法和滑模变结构控制理论,提出了水下滑翔机的新型运动控制系统。所提出的复合控制器,引入了欠驱动的多变量非线性系统,具有强抗干扰能力、良好的鲁棒性和较大的吸引区,也具有良好的输出跟踪控制性能。

本书首次以内部动态不稳定的水下滑翔机动力学系统为对象,将适用于单输入单输出非线性系统的新的稳定逆技术拓展,应用于多输入多输出非线性系统的前馈控制设计。利用此方法求解系统逆问题,其结果包括了前馈控制输入和规划的输出轨迹。

本书还利用二次型最优控制方法设计了反馈控制,用于保证系统稳定顺应期望的状态轨迹从初态变化到末态,并使水下热滑翔机的运动对于环境的变化和干扰具有鲁棒性。

在研究分析的基础上,本书还完成了以下工作:

提出了最佳相变时间点和最优体积变化率,提高了水下热滑翔机动力系统的综合性能;

证明了水下热滑翔机动力系统输出功率与水下运行阻力之间的平衡关系。

本书从介绍水下热滑翔机技术的起源、发展和现状着手,系统说明水下热滑翔机的工作原理,展示了运行系统的构造特点;以研究海洋温跃层的特征、分布和传热特性为依据,建立了相变储能和浮力变化的数值模型,进行了模拟和分析;全面展示了处于非典型海洋温跃层环境的相变过程研究方法和结果;在理论、实验和数学模拟的基础上,详细阐述了水下热滑翔机的设计原则和性能比较分析方法,进一步讨论了水下热滑翔机外型的设计方法及优化途径。最后,展示了海洋温跃层的模拟试验和实验研究方法。

　　本书共7篇20章。第一篇说明水下热滑翔机的起源、发展和运行机理;第二篇系统说明热滑翔机的核心,即动力推进系统的相变原理和改善途径;第三篇阐述水下热滑翔机在弱温差和逆温差层中的工作状况;第四篇研究热滑翔机的动力特性;第五篇论述水下热滑翔机的控制原理和方法;第六篇论述水下热滑翔机的水动力特性及其提高途径;第七篇展示了海洋温跃层条件下的试验研究现状。

　　课题组于2005年3月开始着手本项研究。2009年9月,国家自然科学基金委员会批准了"弱温差和逆温差下的相变过程和水下热滑翔机水动力特性研究"项目,推进了探索的进程。本项目的研究前后历时八年,终告段落。根据原定计划,组织出版专著,总结水下热滑翔机技术的相关原理、理论和应用,至有此书。八年间,倪圆芳、孔巧玲、杨海、刘雁集、任龙飞、周徐斌、陈晖、孙启、张凯在攻读硕士、博士学位期间,舒畅、彭彬彬在攻读学士学位期间,李林鹏、底柯、马乐、雷建明、温馨在本科科研实践期间,都付出了艰辛劳动和聪明才智;自然科学基金委员会慨然批准了我们提出的项目申请,系统、全面研究的夙愿得以全面实现,诚致谢忱。

　　课题门类深广交迭,限于认识能力和学术水平,书中存在的疏漏缺失、欠妥欠当、差错谬误之处,祈望各位专家同仁审阅勘正。

著　者

2012年10月

于上海交通大学

目　　录

第2篇　水下热滑翔机动力系统的相变过程

第3篇　水下热滑翔机在非典型温差层中的工作

第4篇　水下热滑翔机的动力特性

第5篇　水下热滑翔机的运行控制

第 1 篇
水下热滑翔机的起源、发展和工作机理

第1章 导　论

1.1　人类对海洋战略地位和价值的认识过程

　　人类对海洋战略地位及其价值的认识,是一个不断深化的过程。随着海洋研究、开发和保护事业的发展,人们对此的认识不断深化、不断发展。纵观漫长的历史过程,人类对海洋及价值的认识可以大致分为3个阶段。

　　15世纪之前,接触海洋的人主要是居住在沿海地区的居民。他们利用海洋的活动主要是采拾贝类和捕捞,利用海水制盐,沿海航行。靠海吃海和就近航海的实践,使人类形成了"鱼盐之利和舟楫之便"的观念。这是15世纪以前人们对于海洋价值的基本认识。

　　自15世纪后期开始,世界大航海时代到来,欧洲海洋强国发现了新大陆,开辟了新航线,进行了环球航行,扩大了世界市场,开始了近代殖民掠夺,推动了欧洲资本主义的发展。资本主义代替封建主义的时代到来了。马克思说:"美洲的发现,绕过非洲的航行,给新兴的资产阶级开辟了新的活动场所。东印度和中国的市场,美洲的殖民地,对殖民地的贸易、交换手段和一般商品的增加,使商业、航海业和工业空前高涨,因而使正在崩溃的封建社会内部的革命因素迅速发展。"这个时代一直延续到20世纪初。

　　自第一次世界大战以来,人类对海洋的利用又深化了,海洋成为食品基地、油气开发基地、旅游娱乐基地和仓储空间利用基地,海洋成为屯兵、作战的重要战场,海洋的价值越来越大。

　　人类的发展需要空间和资源,世界各国在陆地空间与资源的分配基本结束,海洋的空间与资源的广度丰度,远远超过陆地,开发利用热潮方兴未艾。海洋空间与资源的争夺刚刚开始,海洋对陆地的制约作用日趋增强。在古今中外有远见的战略家眼里,海洋从来都是关注的重点。中国古代的航海家郑和说过:"欲国家富强,不可置海洋于不顾,财富取之于海,危险亦来自海上。"美国著名军事理论家马汉一针见血地指出:"谁控制了海洋,谁就控制了世界。"海洋成为人类生存与发展的重要空间,必然又会成为军事活动的必争场所。已有的地区冲突和局部海域战争,都表明与海洋环境要素相关的海洋基础问题直接关系到战争的胜败。因此,21世纪海洋的军事利用仍将得到强化,掌握与军事活动有关的海洋环境要素和争夺海底、海洋空间的斗争,将更为尖锐复杂。

公元前 5 世纪,中国开始有了可供海上作战的舟师船军。齐、越、吴"三国边于海,而其用兵相征伐,率用舟师蹈不测之险"。到了宋、元、明朝时,中国一直拥有世界上最强大的海上船队和最先进的航海技术,是名副其实的海洋大国。清末魏源的《海国图志》一书,提出了"调夷之仇国以攻夷,师夷长技以制夷"的海防战略思想,主张引进西方先进的科学技术,集中财力、物力,建设一支近代海军,以达到"驶楼船于海外,战洋夷于海中"的目的。然而,当时历代统治者缺乏海洋战略意识,对海洋重要性的认识时轻时重。在中国历史上,最为著名的是郑和七次下西洋。令人惋惜的是,他并非出于经济和军事目的,而是为了"内安诸夏,外抚四夷","非有意于臣服之"。七下西洋无疑扩大了郑和的海上战略视野,他向明仁宗进言:"我国船队战无不胜,可用之扩大经商,制服异域",他的见解体现了以军事力量为后盾的策略。到了明朝中叶后,欧洲各殖民主义国家纷纷从海上向外扩张,而中国的统治者却实行了"闭关锁国"政策,自动放弃了长期以来形成的海上优势,给殖民者让出了通往东方的海上通道,使他们得以畅通无阻地征服东南亚,最后把侵略的矛头直指中国。中国的门户,恰恰就是在这时被西方殖民者从海上打开的。历史教训给了我们许多深刻的启示。中华民族的兴衰和荣辱,与海洋密切相关。秦朝的统一,西汉的强盛,唐朝的繁荣,明朝以后的"海禁",清朝的被动挨打,以及近代海防危机和现代海洋权益之争,无一不折射出海洋对中华民族历史进程的重大影响。为了中华民族的未来,必须重视海洋问题,实施面向海洋的海洋战略。实施海洋战略,是世界强国发展的成功战略,是地缘政治的选择,也是中国所处战略环境的需要,更是中国崛起之必然。

1.2　无人运载器在海洋军事上的作用和地位

二战期间的某一天,美国海军万万没有想到,刚刚听起来还是海虾成群结队的骚动,瞬间变成了可怕的日军潜艇的来袭。日军在部署这次袭击之前,曾对附近海域进行过周密科学的调查。他们发现,这一带常常有虾群出没,而且虾群骚乱的声音几乎成了这里的"海之声"。他们想办法将潜艇的机器噪声弄成类似于虾群的游弋之声。美国人在这次血的代价中补了一课。由于军事技术的日益综合和交叉,海洋环境因素已经成为提高海上战斗力、使武器装备保持优势的关键所在。

现代海洋军事为人类打开了进一步了解海洋、征服海洋的突破口。正如 20 世纪初期,许多新技术最初都应用于战争一样,进入 21 世纪,许多尖端科技都由海洋军事发端。它再次提醒人们,资源是人类对海洋的最大需求,获得资源必将引发争夺。这样,就把战争与海洋捆在了一起。世界上绝大部分国家都在调整自己的海军发展战略,其作战区域的重点开始转向沿海,未来海军武器系统的发展也随之而变化,发展海洋战场上的无人化兵器,便是方向之一。平时,各种载体投送火力的成功概率非常低,特别是在高科技突发冲突中,这就必须依靠隐蔽性强、准确性好、效率更高的武器平台来投送火力,提高成功率。所有这些因素,都使水下无人运载器(Unmanned Underwater Vehicle,UUV)脱颖而出,无人运载器的研究也就日益受到军事研究人员的重视。

水下无人运载器有诸多优越性:

(1) 满足军事上的迫切需求。军用水下无人运载器具有受气候条件影响小、留海时间长的特点,可以深入战场海域进行侦察和监视,获取情报信息,夺取战争的主动权。

(2) 配备大量的高新技术。随着电子技术、控制技术、纳米技术等高新技术的迅猛发展,为水下无人运载器提供了坚实的硬件基础和软件基础。

(3) 效费比高。军用水下无人运载器结构简单、尺寸小、易于操作,生产和维护费用低,无需人员驾驶,节约人员培训费,并且可以降低人员伤亡和被俘的危险,完成富有危险性的高难度任务。

近年来,随着平台、推进器、导航和控制系统以及传感器等技术的发展,以美国为首的军事强国越来越重视战争中的零伤亡,使得无人作战平台技术得到快速发展,其在未来战争中的重要性和潜在作战效能也愈加明显。在未来战争中,"以平台为中心"的作战思想已经转变为"以网络为中心"的作战理念,无人平台将成为网络中心战的重要节点,在战争中发挥越来越重要的作用。目前,无人飞行器已经进入现役,并在近年来的几场局部战争中显示出了巨大威力。不久的将来,水下无人运载器也将加入现役无人平台的队伍,发挥重要的作用。在未来战争中,水下无人运载器可以利用自身携带的各种传感器和武器,执行普通舰艇难以完成的作战任务,扩展海军的作战能力,具有潜在的军事应用价值。

从现在对无人运载器的研究情况来看,可以把水下无人运载器在战争中的作用归纳为:

(1) 水雷对抗。美国海军开发的"曼塔"水下无人运载器,主要用途就是用于水雷对抗。

(2) 反潜战。水下无人运载器可以作为诱饵,将敌潜艇诱至埋伏区,然后协同围歼之。

(3) 情报收集/侦察/监视。水下无人运载器可执行侦察敌人港口或海岸区的军事活动、监视雷区等任务。

(4) 作为网络中心战的节点,完成环境数据的采集。在通信条件受到限制时,可利用水下无人运载器作为通信接口,完成其他各种作战平台之间的通信任务;还可以监测特殊海域的海洋环境,如水温、深度等水文情况。

1.3　水下无人运载器的分类及比较

从用途来分,水下无人运载器可以分为军用水下无人运载器和商用水下无人运载器。军用水下无人运载器和商用水下无人运载器有 90% 的共性。而按照控制方式分类,又可分为遥控潜水器(Remotely Operated Vehicle,ROV)和自治式潜水器(Autonomous Underwater Vehicle,AUV)两大类。

民用方面,根据使用情况的不同而使用不同类型的潜水器。执行水下探测、观察、检查与维修等任务,大多使用遥控潜水器(ROV)。海洋调查、海洋勘察等任务,一般使用自治式潜水器(AUV)。各国研制的 AUV 型号很多,比较著名和有代表性的有:英国 Autosub、美国 Hydroid 公司的 Remus、挪威 Hugin、丹麦 Maridan、法国 ECA 公司的 Alister 等。

军事有缆控制潜水器(ROV)的主要战斗使命,是探测和销毁水雷。比较有代表性的先进潜水器有:法国的 PAP104、意大利的 Pluto-plus、德国的企鹅—B3、瑞典的海鹰、加拿大的开路先锋等。这些潜水器的探测和识别设备,主要是前视声呐和水下电视。

缆控潜水器的最大特点是,能实时控制潜水器运动状态,实时观察潜水器探测的目标信息和声呐、电视图像。潜水器操作员能操纵潜水器,及时处理水雷目标。缆控潜水器的另一大特点是,潜水器所需的电能由母船补充,使潜水器体积小,续航能力不受电池容量限制。到了 20 世纪 80 年代末,随着微电子技术、计算机技术、人工智能技术、小型导航设备、指挥与控制硬件、逻辑与软件技术的发展,无缆自主式水下无人运载器(AUV)脱颖而出。目前,无缆自治式军用潜水器的使命大多是进行勘察和侦察,它装备有 DGPS 和内导航系统,自身可进行大地定位,还能成为有效的水中兵器。

ROV 的操作由人通过主缆和系统(又称脐带电缆)进行遥控,人的参与使 ROV 能完成复杂的水下作业任务。目前,小型 ROV 的质量仅 10 kg 多一点,大型 ROV 超过 20000 kg,其作业深度达到 10000 m,几乎可到达任何海洋深度。现今,ROV 应用范围最广泛、技术最成熟。脐带电缆为 ROV 提供动力、遥控、信息交换和安全保障。但是,电缆长度有限,潜水器活动范围较少,容易造成电缆缠绕故障,给使用带来不便,续航能力也不够理想。因此,不要脐带电缆、可自带能源、依靠自治力工作的 AUV 自然成为人们努力的目标。在最近 20 年,AUV 的技术得到迅速发展并开始走向成熟。

AUV 的特点是:活动范围广、体积小、重量轻、机动灵活、隐蔽性好,不需要价格昂贵的生命维持系统和水面支持系统。军事上,它将成为一种有效的水中兵器。军用 AUV 将是 AUV 的重要分支。

AUV 有极好的潜在应用前景。从国际上对 AUV 的关注情况来看,在各类水下运载器中,AUV 的研究与开发是当前和今后的主流,目前世界各国正在竞相展开研究工作,AUV 正成为发达国家军事海洋技术研究的前沿。

1.4　国内外水下无人运载器的发展

无人运载器问世于 20 世纪 60 年代,最先承担搜索、侦察和打捞的任务。1966

年,美海军用潜水艇侦察并参与了打捞地中海 870 m 深处的 8 枚氢弹;1974 年,美国用"探险"号潜水器参与打捞 1968 年沉没在夏威夷附近海域的前苏联潜艇。自 20世纪 80 年代以来,无人水下运载器技术得到很大的发展。目前,世界上有十几个国家正在从事水下无人运载器的研制,研制出的各类水下无人运载器已是成百上千,包括美国、英国、法国、德国、意大利、挪威、瑞典、日本、俄罗斯、中国等,其中尤以美国、俄罗斯、日本和西欧等国家处于领先地位。

1.4.1　国外水下无人运载器的发展状况

1. 美国

1983 年,美国海军控制和湾洋监视中心推出了自主式无人搜索系统,该系统的外形尺寸为 510 cm(17 ft)长,75 cm(30 in)直径,有效负荷不定,采用银锌电池作为动力源,续航时间为 10 h,航速可达 6 kn(1 kn=1.852 km/h),同时配备有侧扫声呐、前视声呐、35 mm 静物照相机、CCD 水下电视等。

1990 年,美国海军控制和湾洋监视中心推出了自主式自由浮游者 I,系统重386 kg(850 lb),有效负荷不定。采用铅酸电池为动力源,航速为 2 kn,系统配备传感器阵列,预编程导航,微处理机执行命令控制,可潜深 610 m(2000 ft)。

1992 年,佛罗里达大西洋大学(Florida Atlantic University)与美国帕里有限股份公司(Perry Technologies, Inc)合作,开发了名为海洋旅行者号 AUV。它是一个用于验证传感器系统和动力系统的系统,是自主式潜水器技术开发和示范性 AUV平台。该系统潜深 152 m,设有 1.5 hp(1 hp=735.499 w)单螺旋导管式主推进器和4 个用于定位的 1 hp 推进器。它可从半潜式双体船上出发。该系统配备避障声呐、定深系统、定向系统、定高系统,还配备有倾斜、速率和速度传感器,同时也装有电视和前视摄像机。

1993 年,美国建成搜索水雷系统(Mine Search System),主体是无人驾驶的水下航行器,长 35 in(1 in=2.54 cm),装备有探雷声呐和一台 1.2 hp 的电动推进器。使用时,由位于水面的舰船遥控,有精确的导航装置,能在指定的海域内进行检测。

1994 年,美国海军公布了一项新一代水下无人航行器研制计划,旨在发展两种能施行探雷和扫雷的自主式水下无人运载器。一种是尺寸类似重型鱼雷的大型水下无人运载器,直径 533 mm,可从潜艇鱼类发射管发射,可携带多种传感器,长时间自主执行情报收集、监视、侦察及猎雷任务。另一种是小型无人运载器,主要用于水雷对抗,直径 200 mm,长度小于 3 m。

到目前为止,美国海军水面作战中心已经完成了多项水下无人航行器的技术演示,包括 BPAUV 水下无人航行器、"海洋探索者"水下无人航行器、"鲸鱼座"II 无人水下航行器、SAHRV 水下无人航行器以及"旅鼠"海底爬行器等。美国海军还开发了面向 21 世纪的新型无人水下运载器——"曼塔"。研制"曼塔"水下无人运载器,是美国海军为了适应 21 世纪海战的需要。它可根据任务需要携带各种不同的传感器、武器以及对抗系统,能够胜任搜集情报、侦察、监测、反水雷、反潜等多种任务,尤其适合在被封锁、高危险的浅水区执行任务。在执行任务中，"曼塔"作为未来网络战的一个网络中心节点，为各个作战平台之间提供数据传输。目前，"曼塔"所应用的许多技术都已经研制成功或即将研制成功。据称，"曼塔"水下无人运载器研制成功服役后，将给世界水下战争带来革命性的变革。

2. 日本

日本在过去的十几年中，已经为水下无人运载器的研制投入了数亿美元的资金，其水下无人运载技术已经达到世界领先水平。

日本电信电话公司受东京大学海中工程研究中心的委托，研制出一种水下运载器——水中探索者—2号。这是世界上唯一实用化的自律行走式水下运载器。通过遥控，运载器可在海中自由自在地游弋。据称，开发这种水下航行器的目的在于保护、检查海底电缆。这种水下无人运载器存在两个缺点：在光缆铺设之前进行检查，都通过软线同母船连接，从而遥控水中的运载器。这样，至少需要300 t级的母船和3000 m长的软线，成本高；软线随潮流波动，难以控制。经再三研究，日本对水中探索者—2号进行了改进。据称，改进后的水中探索者—2号，能够在海中充电，能够一直潜在水中进行探索，成为长期逗留型水下运载器，是理想的水下运载器。

日本三菱重工于2000年1月举行下水仪式的，是为日本海洋科学技术中心建造的自主式水下无人航行器原型机AUV-EX1。AUV-EX1是日本海洋科学技术中心为北冰洋海域进行深入海洋探测而研究开发的，可用来对无人运载器的能源系统、自主式控制技术以及探测系统进行试验评估。其探测设备包括多点海水采样仪、电视摄像仪、海水导电率/水温/深度/含氧测定仪等，潜航深度达到了3500 m，能够进行各种深海科学活动。

此外，日本海洋科学中心研制的"海沟"号水下无人航行器，1995年3月24日成功下潜到10911 m深海底，创造了世界深潜记录。

3. 俄罗斯

俄罗斯早在20世纪60年代就开始研制无人水下航行器，主要用于探雷、猎雷、搜索和探测下沉核潜艇等。用于搜索核潜艇的无人水下航行器，主要有MT-88型和"泰菲络纳斯"型两种。其中，MT-88型的潜航深度为6000 m，续航力6 h，巡航速度最大为3.6 km/h；"泰菲络纳斯"型潜航深度为2000 m，巡航速度最大为7.2 km/h。1987年1月至1989年，苏联曾几次用MT-88型无人水下航行器成功地探测到本国沉没的核潜艇。

俄罗斯也相当重视自主式潜水器技术的发展。在60年代末期，俄罗斯集中了相当一部分科研人员和专家，专事开发海洋工程和研究海洋开发技术。1971年，他们为一台专业化潜深2000 m的研究性潜水器开发了技术规范。1975年到1976年，他们制造了两台类似的潜水器PISCESVI和PISCESXII。自此以后，他们又设计和制造了两台潜水器即MIR 1和MIR 2。两种潜水器的试验工作在大西洋中部水域完成。1988年，俄罗斯科学院远东海洋技术问题研究所开发出一台无人运载器

MAKS—2,其额定潜深为 11 000 m,用于水下调查与观察。在此同时,他们还开发出 SEALION,其额定潜深为 6 000 m,用于深海搜索和调查。其推力来自铅酸电池,该电池在探测中可提供 6~8 h 的续航能力。在 1990 年,科雷洛夫造船研究所开发出一台无人运载器 URAN—1,其额定潜深 6 000 m,用于深海搜索和调查。

4. 其他国家

德国研制的"长尾鲛"一次性攻击型水下无人运载器,长度为 1.3 m,直径为 20 cm,质量为 40 kg,潜航深度为 300 m,主要用于扫雷。北约在 2000 年 4 月制订了一项名为"MO2015 水下无人航行器发展计划",目的是研制一批不同用途的各型水下无人运载器。

近年来,英国国防部加快了对水下无人运载器的研究。2002 年 7 月,英国国防部装备管理局制定了一个为期三年的水下无人运载器演示计划,旨在为将来制订近期、中期和远期水下无人航行器发展计划奠定基础。

法国在 ECA 公司研制的 Oilster 新型水下无人航行器的基础上,正在探讨全新的反水雷概念。Oilster 新型水下无人运载器能够携带各种传感器及其他负载,由母舰通过脐带电缆提供动力或利用锂电池提供自治能源,可利用其携带的各种声呐探测水雷目标并进行分类,然后返回母舰平台进行重新配置。去除声呐,装上水雷处理装置,无人运载器可执行灭雷任务。

1.4.2 国内水下无人运载器的发展状况

从 20 世纪 70 年代末起,中国科学院沈阳自动化研究所和上海交通大学开始进行无人运载器的研究与开发工作,合作研制了"海人一号"ROV。它是一台原理样机,以海洋石油开发、打捞救生和发展水下智能机械为应用背景。"海人一号"是一个典型的无人遥控浮游式水下机器人。1985 年 12 月,"海人一号"在我国大连海域进行了海试,根据海试发现的问题进行了大幅度的改进,其改进后的重量和体积分别减少了 2/3 和 1/2,性能也有了明显提高。1986 年 12 月,改进后的"海人一号"在我国南海再次进行了海试,取得成功。"海人一号"是我国研制的第一台大型水下无人运载器,许多技术具有创新性,是一项开拓性工作,它的成功在我国开辟了一个新领域。

为了进一步扩展无人运载器的应用领域,沈阳自动化研究所还先后开发了"金鱼"系列、"HRI"和"HR1—100"。这些运载器的主要功能是可以开展水下观察作业,潜深小于 100 m,特点是适用于狭小空间的检查作业。这种无人运载器已经用于水电部门和部队。

1990 年 10 月,沈阳自动化所与中国船舶科学研究中心等单位一起,开始研制我国第一台自治水下机器人"探索者"号。"探索者"是一台自治水下机器人的原理样机,其目的是,从整体系统的角度验证所采用的各种方法和技术的可行性。"探索者"号是以水下调查和搜索目标为应用背景。"探索者"的实践,使我国在 AUV 总体设计、载体水动力特性研究、推进系统布局、结构优化、线性技术拓展、导航控制、水声通信、水下回收等方面获益匪浅。

从 1992 年起,在"探索者"的基础上,开始研制实用型"CR—01"6 000 m AUV。1995 年,"CR—01"首次在太平洋进行试验,获得成功。1996 年,对"CR—01"进行了若干重要改进,1997 年再次赴太平洋进行试验并执行调查任务,获得圆满成功。

1.5　无人运载器的技术发展方向

海洋资源开发与海洋环境探测的迫切需求,促进了无人运载器及相关技术的迅速发展。当前主要研究发展方向体现在能源动力开发、操作程序化、声呐探测和军事探测几个领域。

1. 开发潜水器新动力能源

为潜水器动力系统开发新能源,是能源发展的必然趋势。作为人类社会进步和经济发展的重要物质基础,其消费水平正是各国社会经济发展水平的重要标志之一。随着世界经济的持续发展和世界人口的不断增长,一直以来,世界能源消费总量保持着增长的趋势。回溯世界能源发展的历史,可以发现,18 世纪中叶蒸汽机的发明导致的工业革命,促进了煤炭工业的发展;第二次世界大战后,石油和天然气等化石燃料逐渐成为世界能源构成的主体。经济学家认为,20 世纪世界经济的迅速发展是建立在廉价石油和天然气的基础上的,但石油和天然气的资源有限。据预测,21 世纪世界能源系统将发生重大变革,能源主体将转化为可再生能源。为了新能源的开发利用,世界上许多国家制定了形形色色的研究与开发计划。一般潜水器使用的常规能源系统,如燃料电池、柴油机、燃气轮机等,归根到底都是由不可再生的一次能源支持的。既然世界能源趋势在发生改变,潜水器新能源的开发理应跟上能源发展的趋势,积极创新,向资源丰富、没有污染的可再生能源方向努力。

同时,开发新能源也是潜水器续航能力不断提高的必然趋势。能在海洋深处停留几小时的潜水器,对于观察千姿百态的海洋生物、浏览海底世界来说是绰绰有余了,但对于海洋科学研究和海下军事作战来说,就太过局限了。水下无人运载器的续航能力,主要是由所使用的能源决定的。能源的质量,在很大程度上决定着水下无人运载器的性能。纵观潜水器的发展历史,随着科学技术的不断进步,对潜水器航行能力要求的不断提高,潜水器动力能源的开发和利用从未间断过,各国科学家们纷纷致力于提高潜水器续航能力的研究。圣地亚哥 Allied Remote Technology 公司建造的美国 XP—Z1 潜水器,以银-锌蓄电池作为能源动力,水下最大续航能力大约只有 13 h,而 Marconi 水下系统(MUSL)有限公司研制出的一种钠-硫电动车二次电池,使潜水器在水下的续航能力提高到 32 h。在二次电池的基础上,人们又开发出了燃料电池。德国海军设计的 U212 潜艇燃料系统采用 PEMC,其续航能力长达 7 d 左右。半燃料电池可说是二次电池和燃料电池的综合体。以半燃料电池为动力系统的潜水器,接近于以燃料电池为动力的潜水器的续航能力。但是,半燃料电池具有低噪声、低振动、排气清洁、无污染等优点,适合在无人水下运载器中使用。

其后发展的热机系统,即类似柴油机系统的动力设备系统,续航能力都在原有能源系统的基础上有所提高。由此可见,海下续航能力一直是水下无人运载器追求的目标,现今,用于潜水器动力系统的续航能力都非常有限。这就要求潜水器在海下工作阶段,定时浮上水面进行人工补充动力能源,极大地限制了潜水器的航行广度和深度,为潜水器水下作业带来了很大困难。

开发新能源,提高潜水器续航能力,是潜水器技术发展的一个重要方向。

2. 操作程序化和增强声呐探测功能

水下无人运载器没有人员在水下操作,必须设置一套完整而安全的操作化程序来提高控制系统性能,使其高度的智能化,在水中执行任务时,能自动按航线要求航行,调整速度和姿态,有效探测水下条件和识别水下物体,完成各种人力无法完成的高难度工作。

美、日、法等国致力于水下声呐成像系统的研究,主要是远距离声源传播的高精度测时和实时传输技术的水下声呐成像系统。这一技术,使小型作战平台具有突破几何尺寸的限制,可用于侦察监视、远程高精度测向。高分辨声呐成像和大面积深海地貌精细测量,有着巨大的应用价值和军事价值。美国科学家研制的一种新型声呐导航探测仪,不仅可以帮助探测海洋生物和生态环境,还有助于测量海床地形。这种新型的声呐导航探测仪灵敏度高,能探测海床上高度几厘米的起伏状况。利用它,科学家可以探测许多人类尚未探测到的海底世界。印度洋海啸时的海啸模拟测量,实现了准确的海啸预测。很大程度上,海啸模拟测量取决于科学家测绘海床地形的能力。如果了解了海床的地貌形态,人类就有能力预测海啸的发生地区位置,达到预报与减灾的目的。

3. 专用军事海洋信息技术

随着军事科技的迅速发展,信息成为决定战争胜负的重要因素。信息化战争成为21世纪军事发展的主要趋势之一。未来的战场,将是陆、海、空一体化战场。当前和今后一段时间,军事海洋技术的主要研究方向包括:海洋环境效应、自主式水下无人智能巡航器技术、海洋信息观测技术、传输接收和处理技术、海洋水声技术和海洋遥感遥测技术等。海洋信息观测、接收技术是军事海洋信息收集、处理和传输技术的重要组成部分,是以军用目标为对象,使探测器、武器系统和舰艇的研制者及作战者们了解海洋环境对海军武器装备的性能和作战效能的影响,以便使设计达到最优化。20世纪90年代以来,以美国为首的海洋信息研究机构初步试验了"自主式海洋采样网络"。这种网络由若干网络节点组成,每个网络节点由一个系留的水面浮标和若干自式无人运载器组成,建立了以军事海洋信息局域网为重点的网络,各个网络节点收集到的军事海洋信息资料通过 GPS 技术传输到卫星系统。

1.6 水下热滑翔机的功能和应用

水下热滑翔机具有续航力强、安静隐蔽等特点,无论是海洋研究,还是军事探测,它都有着重要的应用价值和广阔的开发前景。

水下热滑翔机可用于海底绘图、海底地貌测量、海洋资源勘探、海洋考古及海洋取样。

水下热滑翔机获得的数据可与卫星、雷达信息结合,共同描绘出海洋的三维图景;可确定海洋资源的种类及储量,为资源开采指明方向;可勘查遇难船只及淹没的文化遗产的位置,进行相关的考古工作;还可通过携带的传感器对海洋取样,获取信息,对海洋现象进行研究和分析,达到预报与减灾的目的。

海洋环境对海军舰船和武器装备的效能发挥有重大影响。海洋环境信息是海上作战战略战术决策不可或缺的重要条件。军事海洋观测是军事海洋学的重要内容,水下观测是军事海洋观测的主要组成部分。从海军水下应用的角度看,水下热滑翔机最引人注目的特点是噪声低,隐蔽性好,利用它,可对敏感海域的地形、噪声场、密度场、内波等与潜艇作战关系密切的环境参数进行测量,为未来战场提供技术支撑。

此外,水下热滑翔机在诱敌反潜、到敌方港口及海湾进行侦察和监视、对水面舰船进行探测及交通监视等方面,也能发挥重要作用。

1.7　海洋温跃层水下热滑翔机的发展

几十年来,水下热滑翔机的研究和发展一直没有停顿,简略而言,可归纳为 4 个阶段。

第一阶段(1950～1994 年)滑翔机概念提出与原型样机验证

1950～1988 年浮标概念的提出和应用;

1989 年 Stommel 提出水下滑翔机概念;

1990 年美国 ONT 支持滑翔机原型样机开发;

1991 年美国电动 Slocum 滑翔样机实验成功;

1992 年日本 ALBAC 滑翔机开发实验成功。

20 世纪 50 年代中期,为了进行海洋水体综合调查,掌握洋流变化,提高气候预报精度,探测海洋资源,美国的 Henry Stommel 和英国的 John Swallow 同时提出了用于监测洋流的中性浮力浮标。John Swallow 开发了名为 Swallow 的浮标,这种浮标可在设定深度的海洋中随流漂浮,采集洋流变化数据,浮标上携带声源设备,水面上的船只可对其进行跟踪监测。60 年代,Doug Webb 和 Tim Rossby 研制出了 SOFAR 浮标,利用深海声道因海水温度、压力变化导致声速变化而产生的海洋声学特征,浮标采集到该声道中的低频声波,并在水平前行数千米后,可保持完整的信号特征,当浮标漂浮至固定在海洋中的收集站后就可完成一次数据传输任务。

在中性浮标的基础上,又发展了浮子式浮标。这种浮标通过油泵驱动油液到外皮囊中,通过外皮囊体积的变化来改变自身浮力,从而在水下实现沉浮运动。浮标运动和结构,如图 1-1 和图 1-2 所示。Swallow 浮标和 SOFAR 浮标都是利用声波技术进行数据传输的，限制了浮标的应用范围。浮子式浮标 ALACE（Autonomous Lagrangian Circulation Explorer）和 PALACE（Profiling ALACE）使用卫星通信技术进行数据传输，克服了上述缺点。ALACE 是由 Scripps 研究所人员和 Webb 研究所的 Doug Webb 研制成功的。这种浮标大部分时间处于被动漂浮状态，进行纵剖面测量的次数有限。其后发展起来的 PALACE 则配备了 CTD 设备，可测量到海水的传导率、深度、密度等参数，在海里漂浮时间较长，上下沉浮循环 100 次。经过改进后的 APEX 浮标，可以在海里漂浮 4 年，自动调整浮力按等压线漂浮也可以预编程序按等容线漂浮，上下来回循环 150 次，下潜深度为 2 000 m，每 10 d 左右，上升到海面与卫星进行数据传送。

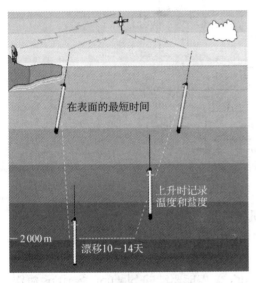

图 1-1　浮标运动示意图

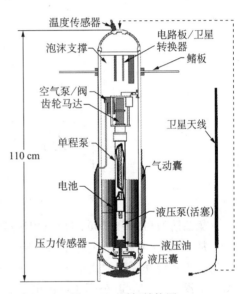

图 1-2　浮标结构图

　　水下浮标随海流漂浮，可以进行可靠测量，但位置难以控制和预测，回收不便。20 世纪 80 年代中后期，韦伯研究所（Webb Research Corporation）的 Doug Webb 提出利用海水温差能驱动浮力式浮标的想法，他认为浮标可以在冷、暖海水层之间上下沉浮运动。1989 年，美国的 Henry Stommel 参照 Doug Webb 的构思，进一步提出利用海洋温差能驱动滑翔机进行海洋环境调查的设想，其设想在滑翔机上下沉浮运动的同时，利用作用在机翼上升力的水平分力，驱动滑翔机向前运动，使其在水下做"之"字型滑翔运动。这就是温差能驱动水下滑翔 Webb and Stommel 的最初概念。

　　1990 年，美国海军技术局（Office of Naval Technology，ONT）开始资助 Webb 和 Stommel 研制电池驱动型的水下滑翔机样机。1991 年 1 月，电动 Slocum 滑翔机样机研制成功。滑翔机长 3.2 m，质量 40 kg，外壳由铝合金 6061 - T6 制成，工作寿命 4～5 年，最大续航能力 40 000 km，水平运动最大速度 0.25 m/s，失效深度 2 000 m。韦伯研究所首次在佛罗里达州的 Wakulla 泉区对样机进行了湖试，滑翔机在水下成功地完成了 20 次上下滑翔运动,最大航行深度达 20 m。同年 10 月,该样机又在纽约的 Seneca 湖进行航行测试。

1992 年,东京大学 Tamaki Ura 实验室研制出的 Albac 水下滑翔机,通过抛载来实现自身的浮力改变,从船上带载荷向下滑行,到一定深度抛载上浮,只实现一次行程。Albac 有固定机翼和水平、垂直的尾翼各一个。长 1.4m,重 45kg,以 0.5~1m/s 的速度可以下潜到 300 m 深处,如图 1-3 所示。

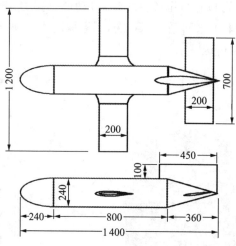

图 1-3 ALBAC 水下滑翔机外观尺寸图

第二阶段(1995~2002 年)小型滑翔机研究开发

从 1995 年开始,美国海军研究局大力资助小型水下滑翔机研究,将水下滑翔机作为自主式海洋采样网络节点。1995~2002 年期间,美国成功地研究设计出 3 种小型水下滑翔机:Webb 公司生产的电动 Slocum、温差能驱动的 Slocum、Scripps 海洋研究所研制的 Spray、华盛顿大学设计的 Seaglider。

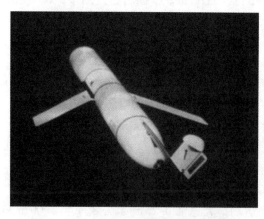

图 1-4 电动 Slocum 水下滑翔机外观图

电池驱动的 Slocum 小型水下滑翔机(见图 1-4),运行于海岸浅水区,环境压力较小,具有较快的垂直速度和快速的转向能力。纵倾控制主要是通过流体在内外皮囊间的流动来实现,再通过调节内部质量块的位置来实现纵倾微调。当保持水平姿态时,通过操作尾舵来控制转向。天线装在尾舵内,当它浮于水面时,会有气囊充气将尾部抬起进行数据传输。2000 年 6 月,电池驱动的 Slocum 水下滑翔机进行了海试,滑翔机航程历时 10 d,安装在机体上的 CTD 数据采集仪总共传回 5 280 个剖面数据图。

Webb 研究所研制的温差能驱动的 Slocum 水下滑翔机,依靠特殊的动力系统,从海洋温跃层间获取能量,驱动滑翔机在水下滑翔。该动力系统以固-液相变材料为工质,从暖水层吸热,在冷水层放热。在吸放热过程中,工质发生固-液或液-固相变,同时体积发生变化,从而使置于机体外侧的皮囊体积发生变化,改变滑翔机的浮力实现沉浮运动,如图 1-5 所示。温差能驱动的 Slocum 滑翔机的姿态控制,与电动 Slocum 基本相似。其浮心设计在高于重心 4 mm 之处,以保证在受到外界扰动的情况下,能够尽快地自动回复到新的稳定状态。

图 1-5 温差能驱动 Slocum 水下滑翔机外观图

1995 年,温差能驱动的 Slocum 滑翔机在 Sargasso 海域进行了海试。该滑翔机在水深 1 250~1 400 m 空间区域采集了 120 个水温分布剖面图,航程历时 240 d。1998 年 8 月,该滑翔机又在纽约的 Seneca 湖域进行了湖试。Seneca 湖域表面水温 18℃,在 80 m 水深以下温度保持在 5℃,滑翔机航行潜深 125 m,滑翔角度在 10°~40°之间变化时,水平航速由 0.15 m/s 变化到 0.22 m/s。

水下滑翔机 Spray 应用于长行程、深海探测的场合。它的工作原理与电池驱动的 Slocum 滑翔机相同,外皮囊体积变化通过电动活塞泵的驱动来实现。通信天线装在机翼内,浮于水面时转动 90°进行通信。滑行姿态控制通过轴向移动和转动内部电池包来实现,垂直尾翼用来改变航向。滑翔运动如图 1-6 所示。

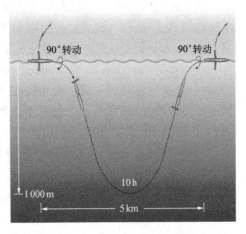

图 1-6 Spray 水下滑翔机运动示意图

　　1999年8月，在美国自治式海洋监测网络项目的支持下，Spray在蒙特里海湾进行了海试，作业时间11 d，共采集到182个剖面的海水温度和传导率数据。2001年，Spray在圣地亚哥完成了280 km远航程的作业任务。

　　滑翔机Seaglider具有较小的水动力壳体型线，使用玻璃纤维做外壳，从头部到最大直径处，大约70 mm的长度，流体保持层流状态，如图1-7所示。运行持续时间为一年，最大潜深为1000 m，航程为6000 km，它的浮力控制与Spray相同，由液压系统完成，通过移动内部质量块来控制滑行姿态，机翼装在机体后部，转向特性与Spray相反。

图1-7　Seaglider水下滑翔机水域试验图

　　Seaglider在华盛顿的普吉特海湾和加拿大的蒙特里海湾进行航行测试，并取得了成功。1999年，Seaglider在Port Susan海域采集温度、盐度等数据，作业时间长达8 d，共完成225次上下循环。

第三阶段(2002～　)小型滑翔机与大型滑翔机研究开发

　　从2002年开始，水下滑翔机进入商业化市场。伍兹霍尔海洋研究所(WHOI)从韦伯研究所(WRC)购买了一批电动型Slocum水下滑翔机。WHOI滑翔机实验室在Buzzards海湾对这批滑翔机进行了测试。

　　法国布雷斯特Ecole Nationale Superieure D'Ingenieurs(ENSIETA)的Sterne滑翔机，由法国防御部主管。滑翔机尺寸较大，长4.5 m，直径0.6 m，重900 kg，除了依靠浮力驱动外，还带有一个推进器。行程可达到120 mile(1 mile=1.609 km)，速度达2.5～3.5 kn(1.3～1.8 m/s)。

第四阶段(2003～　)多架水下滑翔机协同运作研究

　　2003年，美国ONR支持AOSN项目；

　　2003年1月，在David Fratantoni带领下，三架电动Slocum在Bahamas进行了海试。

　　2003年2月，美国空间与海上作战中心和加拿大海军为运行在墨西哥海湾的三架电动 Slocum 滑翔机添加了声音调制解调器。

2003 年,美国开始进行水下滑翔机多机并行监测网络实验。8~9 月,美国第二自治式海洋监测网络中心在加拿大的蒙特利海湾,布置了 12 架电动 Slocum 和 5 架 Spray 水下滑翔机,运行时间历时 6 个星期,全面采集该海域的海洋数据,以此更新或评估现有的气象预报系统。在这次实验中,水下滑翔机相当于一组传感器阵列,成为自治式海洋检测网络的节点。

国外对滑翔机的研究起步早,发展快。近年来,主要从理论上对滑翔机的运行姿态控制以及多机协同进行专题研究。其中,普林斯顿大学取得了比较显著的成果。

Leonard 等对浮力驱动式、固定机翼式滑翔机的姿态控制,进行了一系列研究,建立了动态整机水动力与变质心耦合的非线性模型,研究滑翔路径的稳定性和可控性。Graver 等建立了非线性动力学模型,通过水下试验获得运动特征参数;对滑翔机进行参数识别,获取与几何外形相关的参数,如升力系数、阻力系数和力矩系数与攻角之间的函数关系,以及滑翔机运行过程中的浮力变化。Woolsey 等建立了中性浮力滑翔机与内部移动质量块耦合的降维非经典哈密顿函数模型,研究了滑翔稳定运行时的非线性控制规律。Bhatta 等建立了水下滑翔机的动力学模型,提出了滑翔机稳定滑翔反馈控制规律,通过调节内部质量块的位移来改变滑翔姿态,将线性化的反馈控制方法用于设计多滑翔机协同工作的控制上。

Fiorelli 等提出了应用滑翔机队列进行自适应采样的控制策略,通过卫星 GPS 导航实现了多机协同工作。Zhang 等将滑翔机当做牛顿质点来研究各滑翔机协同工作的控制方法。随后,Ogren 又提出了移动传感器网络的控制策略,将滑翔机当做可重构的传感器阵列,在虚拟平台上改变运动方向、调节运动速度,研究整个网络的稳定性和收敛性。Davisa 对在海流作用下的滑翔机运行路径进行规划,以迅速地运行抵达目的地,提高采样能力。

国内对水下滑翔机的研究起步较晚,目前取得初步研究成果的机构,主要有中科院沈阳自动化研究所、天津大学机器人与汽车技术研究所和浙江大学机械电子控制工程研究所。

胡克等利用 CFX—5 计算流体软件,对 4 种不同载体外形方案的流场特性进行分析,得到优化的主载体外形,其结构尺寸为总长 1.5m,首部为直径 0.2m 的半球,中部为长 1.155m、直径 0.2m 的圆柱,尾部为长轴 0.245m 的半椭球体,浮力调节机构具有 ±0.5L 的调节能力,设计指标为航行速度 0.5kn,如图 1-8 所示。

毕道明等对水下滑翔机器人的总体结构进行了设计,重点研究其控制系统的软硬件设计与实现,并进行了湖试验证。王长涛等对水下滑翔机器人定常滑翔运动和空间定常螺旋回转运动机理进行了分析。杜友加等从姿态调节系统、可变浮力系统以及减阻壳体设计三部分入手,描述了水下滑翔机的机构设计以及壳体设计,并通过一系列实验,对水下滑翔机各分系统和整机进行了测试。

阚雷等建立了三维运动数学模型,对滑翔机的稳定性进行研究。葛晖等推导了

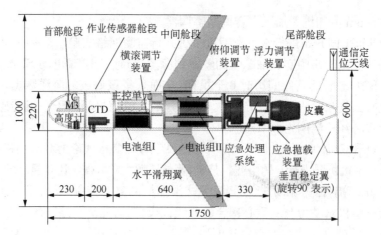

图 1-8　沈阳自动化研究所研制的水下滑翔机构造图

基于变质心控制的水下滑翔机器人的四刚体九自由度动力学方程,进行了纵平面下的运动仿真,通过调节质量块大小、移动速度、移动距离来改变姿态。

马冬梅等采用数值模拟方法计算了不同速度、不同攻角情况下,水下滑翔机的阻力、升力及其对浮心的俯仰力矩。对滑翔机周围流场水动力学性能进行了分析,并通过流场的流动特性研究了受力随滑翔姿态变化的规律。

2005年10月,电驱动水下滑翔机课题组解决了多模式控制、模块化结构、光纤微缆应用等一系列关键技术,成功研制出中国第一台水下滑翔机(见图1-8),并成功进行了湖试验证。试验表明,该水下滑翔机的运动机理、驱动原理和载体设计优化等关键技术已经得到解决。

天津大学机械工程学院牛占文教授和王树新教授,对温差能驱动的水下滑翔机研究不断深入。牛占文教授从动力装置工作机理出发,从热力学的角度分析了热循环机理,给出了装置热效率的估算方法。针对装置中存在的不可逆过程,建立了不可逆卡诺热机模型以及优化公式,对驱动装置的结构优化和效率的提高具有理论指导意义。他还研制了具有温敏特性的相变材料十六号水凝胶,并进行了特性参数的测定,验证了材料的可行性。王树新教授等设计了温差能驱动的水下滑翔机热机系统、机械结构和控制系统,对滑翔机进行了水下运动分析,并在千岛湖进行了水下试验(见图1-9),通过温度传感器和压力传感器,采集环境温度与压力数据。

图 1-9　天津大学研制的温差能驱动水下滑翔机

第 2 章　海水的温度分布和海洋温跃层

2.1　引言

海洋占地球表面积 71%,拥有 14 亿 km³ 的体积,蕴藏着极其丰富的鱼类、海底动物、植物等生物资源以及大量矿产资源。它以广阔的空间和丰富的资源,以及对地球环境和气候的巨大调节作用,成为全球生命支持系统的重要组成部分,是人类社会可持续发展的宝贵财富。

推动海洋科学和技术发展的原动力,是基于军事的需要和资源的开发。随着工业的迅速发展和人口急剧增加,导致环境日趋恶化,与海洋有关的自然灾害频繁发生,所造成的生命、财产损失逐年增加。尤其是全球气候变暖的过程,在近 30 年间呈加快趋势,威胁着人类的生存环境。因此,基于环境问题对海洋观测研究的需要,又成了推动海洋科学技术发展的另一驱动力。

21 世纪是海洋的世纪,探索、研究、掌握海洋的物理特性更是变成了必须研究的课题。海温是物理海洋中的最基本、最重要的要素。

海温的分布因地区而异,随深度和纬度的变化又有明显的变化。

海洋中的温跃层,是海温垂直梯度较大的水层。温跃层对水下运载器的活动、海洋中光、声波的传播以及海洋捕捞活动,都有重要影响。长期以来,对温跃层的研究得到科研人员的高度关注。

温跃层一般分为两类。一类是存在于较浅的海域、随季节变化的温跃层,称为季节性跃层(见图 2-1)。它受太阳辐射总量、埃克曼抽吸和大风卷吸的影响,海表

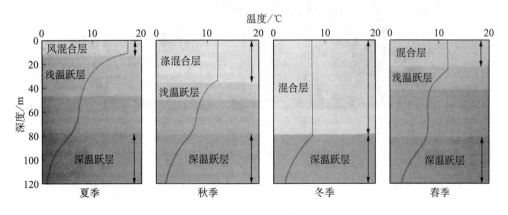

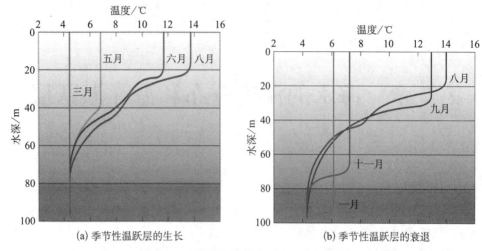

图 2-1 季节性海洋温跃层温度分布图

面冷却对平流的影响特别大。另一类是终年存在的,位于较深的区域。它是由该海区的水团结构决定的,一般而言,随季节变化不大,称为永久性跃层。

2.2 海水的温度分布规律

海温随深度和纬度有明显变化。在海洋上层,温度随深度变化较大,深度在 1000 m 左右时,大部分海洋温度降至 5℃以下。在 1000 m 以下,海温随深度和纬度变化明显减小。垂直温度梯度最大值在热带海洋,深度为 100 m 左右(见图 2-2)。

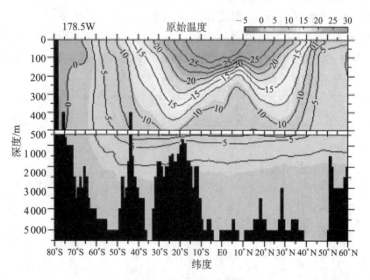

图 2-2 海水温度分布图

表层海水的温度因地点的不同而不同,且有一定分布规律。它直接与投射到海面上的太阳辐射分布有关。从赤道附近到中纬度地区,再到两极地区,情况差别很大。这是由于地球热带海面的热海水流向较冷的两极,两极的冰帽融化后形成的冷海水又厚又重,下沉并回流到热带海洋的深层,形成上面热、向下逐渐变冷的温度分布。

在海洋中,海水温度的高低决定于辐射过程、大气与海水之间的热量交换和蒸发等因素。海水温度几乎毫不例外地随深度的增加而减低。一般说来,在表层附近温度的减少要比深层来得快。在海洋表层,海水混合作用较强,温度区域一致,称为混合层或等温层。在混合层下的温度骤变区,称为温跃层。在温跃层下,温度随深度变化比较缓慢,再次接近等温状态。

2.3　海洋温跃层及其分布

进入海洋中的太阳辐射能,少部分返回大气,其余全部被海水吸收,转化为海水的热能。其中,约 60% 的辐射能被 1 m 厚的表层吸收。因此,海洋表层水温较高。

大洋表层以下,太阳辐射的直接影响迅速减弱,其水温的分布与表层差异甚大。海洋表层与深层水温的明显差异,蕴含着巨大的热力位能,叫做海洋温差能,或称海洋热能。它是一种可持续的绿色能源。

2.3.1　海洋温跃层的形成和特征

水温随深度的增加呈不均匀递减态势。暖水只限于较薄的近表层之内,其下便是温度铅直梯度较大的水层。

在不太厚的深度内,水温迅速递减,此层即为主温跃层(Thermocline)。主温跃层以下,水温随深度增加而逐渐降低,变化梯度很小。以主温跃层为界,其上为水温较高的暖水区,其下是水温梯度很小的冷水区。在海洋暖水区的表面,由于受动力(风、浪、流等)及热力(蒸发、降温、增密等)因素的作用,引起强烈的湍流混合。其结果,在上部形成一个温度铅直梯度很小、几乎近于均匀的水层,称为上均匀层或上混合层(upper mixed layer)。不同海域、不同季节,上混合层厚度有所差别。在低纬海区,一般不超过 100 m,赤道附近只有 50~70 m。赤道东部更浅些。冬季混合层加深,低纬海区可达 150~200 m。在中纬地区,甚至可伸展至大洋主温跃层。在混合层以下,存在着温度随深度增加而快速下降的水层,即为温跃层。温跃层以下,是水温梯度很小的冷水区。

由此可以定义,海表混合层和深层海洋之间存在厚度较小、垂直温度梯度明显的过渡层。当一个温度剖面中某一深度的垂直梯度大于或等于深跃层临界值 0.05℃/m 时,该区段海水为温度跃层。

描述温跃层的特征值有 3 项:深度、厚度和强度。深度,是跃层顶部水深;厚度,是跃层上界深度和下界深度之差;强度,是跃层上、下界深度对应的温度值与厚度的比值。

温跃层的厚度和强度以近赤道热带海区最大,从低纬逐渐向高纬递减,至极区消失(见图2-3)。对于利用温跃层温差能来驱动的运载器,无法在极区航行的原因,就在于此。

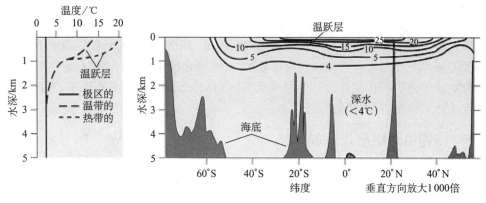

图2-3 海洋温跃层规律分布图

根据跃层判定标准,对参加统计的温度剖面资料逐站逐层进行跃层判断,连续满足临界值的合并为一个跃层段。对不连续者,判断两跃层相间的间隔小于10 m(当上界深度小于50 m时)或小于30 m(当上界深度大于50 m时),则将两段合并进行跃层临界值判定。合并后,如温度梯度仍大于等于临界值,则合并为一个跃层段;如温度梯度小于临界值,则以上界深度50 m为界,分别在50 m以浅、以深,选取跃层强度。若强度相等,则选跃层厚度厚者为跃层段。合并后要求跃层厚度不小于10 m(当上界小于50 m时)或厚度不小于20 m(当上界大于50 m时)。

海水温度的垂直分布,可以划分为6种类型:

均匀型。温度自表层至底层始终未发生超过临界值的变化。

逆跃层型。温度随深度增加发生超过临界值增大的变化,温度梯度为负值。

浅跃层型。温度随深度增加发生超过临界值增大的变化,上界深度小于50 m,厚度小于50 m。

混合跃层型。温度随深度增加发生超过临界值增大的变化,上界深度小于50 m,厚度大于50 m。

深跃层型。温度随深度增加发生超过临界值增大的变化,上界深度大于50 m。

双跃层型。水温随深度增加,有两段分别发生超过临界值增大的变化。

如前所述,温跃层分为季节性跃层和永久性跃层两类。

按照上述跃层判定方法计算出所有浮标剖面的温度跃层深度和厚度。再将浮标剖面资料按月份分为春季(3~5月)、夏季(6~8月)、秋季(9~11月)和冬季(12~2月)4个季节,分别运用Spline插值方法将其插值到网格点上,再以填色等值线作图方式进行显示。这种作图显示方式,既直观反映了该区域跃层特征要素的总体分布,又能够刻画其局部细节。最后分析该区域温跃层季节分布特征和变化规律。

2.3.2　温跃层夏季分布

为便于描述,以 20°E、120°E、150°W、70°W 经线为界,将世界大洋划分为印度洋、西部太平洋、东部太平洋和大西洋 4 个区域。对每个区域求取各跃层类型在 $10° \times 10°$ 区域内数量的经向平均值,得到温度跃层类型数量的纬向分布特征。

夏季大洋温度跃层类型数量纬向分布特征如图 2-4 所示。

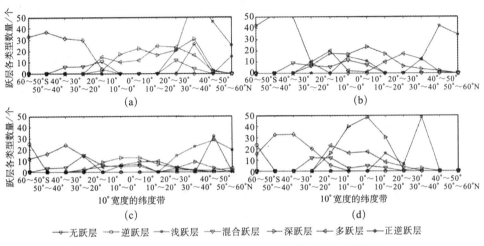

图 2-4　夏季温度跃层各类型在纬度带上的分布数量*

(a)太平洋西部(120°E~150°W);(b)太平洋东部(150°E~70°W);
(c)大西洋(70°W~20°E);(d)印度洋(20°E~120°E)

夏季世界大洋温度跃层深度分布如图 2-5 所示。跃层厚度和强度如图 2-6、图 2-7 所示。跃层类型分布如图 2-8 所示。

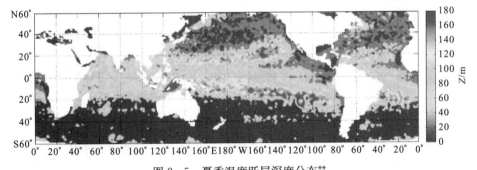

图 2-5　夏季温度跃层深度分布**

---

* 王彦磊,等. 基于 Argo 资料的世界大洋温跃层的分布特征.

** 王彦磊,等. 基于 Argo 资料的世界大洋温跃层的分布特征.

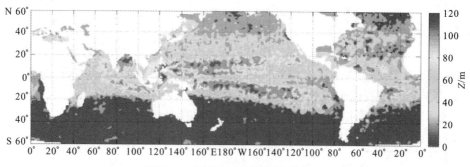

图 2-6　夏季温度跃层厚度分布 *

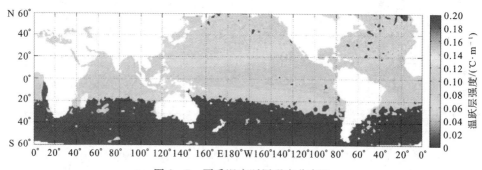

图 2-7　夏季温度跃层强度分布 **

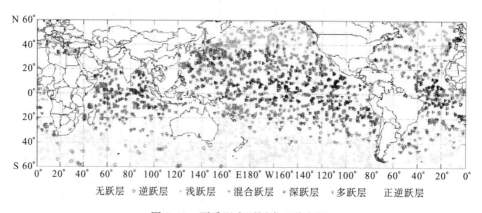

无跃层　逆跃层　浅跃层　混合跃层　深跃层　多跃层　正逆跃层

图 2-8　夏季温度跃层类型分布 ***

1. 太平洋海域

夏季是北半球洋区温度跃层最强盛时期,也是南半球洋区最弱季节。

跃层上界深度分布为:

---

  * 王彦磊,等. 基于 Argo 资料的世界大洋温跃层的分布特征.

  ** 王彦磊,等. 基于 Argo 资料的世界大洋温跃层的分布特征.

  *** 王彦磊,等. 基于 Argo 资料的世界大洋温跃层的分布特征.

在 10°～20°N, 0°～20°S 纬度带是跃层最深的区域。从西太平洋到东太平洋两条高值带逐渐向高纬移动至南北纬 10°～30°区域,跃层最深达 150 m 以上。

在 5°～10°N,跃层深度相对较浅,从西太平洋至东太平洋逐渐向高纬拓展,其深度为 80 m 左右。

在热带跃层深度高值以外至高纬的广大区域,为跃层深度较浅区域,甚至没有跃层存在。

在美洲大陆沿岸为离岸上升流控制,跃层深度较浅。

温度跃层的强度,可通过跃层的厚度和单位深度上的温度变化量加以反映,因而可知:

温度跃层厚度的分布与跃层的深度基本一致,跃层的强度与跃层的深度并不完全一致。

跃层强度的大值区——东太平洋,在 5°S～10°N 之间,30°～60°N 也有分布,强度值在 0.15～0.20℃/m 之间。

15°～25°N,10°～25°S 为跃层强度相对低值区,从西到东逐渐向高纬漂移,其值在 0.05～0.50℃/m 之间。

在跃层强度的高值与低值之间,夹着 0.10～0.15℃/m 的中值区。

跃层类型的分布如下:

在 20°S～30°N 之间,分布的温度跃层类型为多跃层,其间在 10°S～10°N 区域跃层类型为深跃层。

在 40°～60°N 以及美洲大陆沿岸跃层类型为浅跃层。

在 25°～60°S 没有跃层存在。在无跃层和多跃层类型之间、东太平洋赤道附近,分布着混合跃层。

在日本岛以东和台湾岛以东洋域,跃层类型比较混杂,同时存在深跃层、多跃层、混合跃层、浅跃层和正逆跃层。这是由该洋域的洋流和水团的复杂结构决定的。

2. 大西洋海域

大西洋温度跃层特征及总体趋势,与太平洋基本一致。

20°S～25°N 分布着多跃层和浅跃层,大洋中部 15°～20°N 区域及大洋西部 15°～25°S 区域,跃层最深,可达 150 m。大洋西部 5°～15°N 和 5°～15°S 区域,跃层的厚度最大。

跃层深度和厚度在关于赤道对称的大值区之间,为一片相对较小的跃层区域,其值分别为 80 m 和 40 m。5°S～15°N 区域的跃层强度最大,其值为 0.15～0.20℃/m。

25°N 以北区域,跃层类型主要为浅跃层。跃层厚度在 50 m 以下,跃层强度为 0.10～0.15℃/m。其间零星分布着深跃层、混合跃层、多跃层和无跃层,强度和厚度也有零星大值区和小值区分布。

30°S 以南区域,为无跃层类型占据。

25°～35°S 则有混合跃层分布。

在阿根廷东部则是多种跃层类型同时存在的洋域。

3. 印度洋海域

由于特殊的海陆配置,印度洋温度跃层分布与太平洋有所不同。

20°S 以北洋域,跃层类型为多跃层、深跃层和混合跃层,跃层深度在 50～100 m 之间,跃层强度为 0.1～0.2℃/m。

20°S 以南洋域为无跃层区。

20°～30°S 之间有混合跃层类型分布。

30°～40°N 的浅跃层,分布在地中海。

2.3.3　温跃层冬季分布

冬季世界大洋温度跃层深度分布如图 2-9 所示,跃层厚度和强度如图 2-10、图 2-11 所示。冬季大洋温度跃层类型分布如图 2-12 所示。冬季大洋温度跃层类型数量的纬向分布特征如图 2-13 所示。

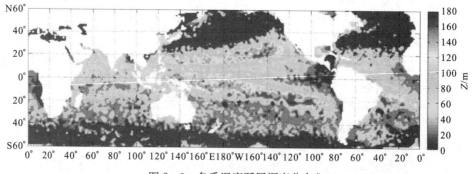

图 2-9　冬季温度跃层深度分布*

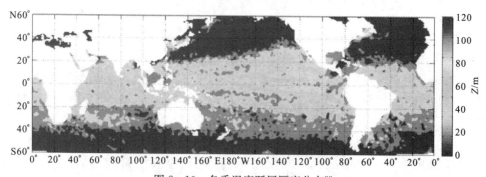

图 2-10　冬季温度跃层厚度分布**

---

　* 王彦磊,等. 基于 Argo 资料的世界大洋温跃层的分布特征.
　** 王彦磊,等. 基于 Argo 资料的世界大洋温跃层的分布特征.

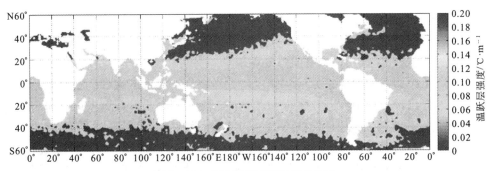

图 2-11　冬季温度跃层强度分布 *

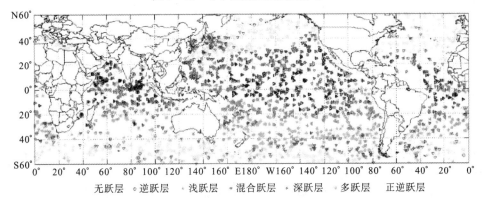

无跃层　◦逆跃层　浅跃层　混合跃层　深跃层　多跃层　正逆跃层

图 2-12　冬季温度跃层类型分布 **

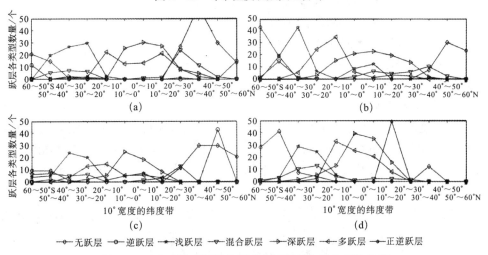

10° 宽度的纬度带
(c)

10° 宽度的纬度带
(d)

—◇—无跃层　—○—逆跃层　—★—浅跃层　—▽—混合跃层　—►—深跃层　—◄—多跃层　—●—正逆跃层

图 2-13　冬季温度跃层各类型在纬度带上的分布数量 ***

(a)太平洋西部(120°E～150°W)；(b)太平洋东部(150°E～70°W)；
(c)大西洋(70°W～20°E)；(d)印度洋(20°E～120°E)

* 王彦磊,等. 基于 Argo 资料的世界大洋温跃层的分布特征.
** 王彦磊,等. 基于 Argo 资料的世界大洋温跃层的分布特征.
*** 王彦磊,等. 基于 Argo 资料的世界大洋温跃层的分布特征.

1. 太平洋海域

太平洋在冬季的温跃层分布不同于夏季。南半球洋区与北半球洋区的分布恰好相反。在低纬区,跃层分布情况与夏季相同。

20°S～20°N海区为多跃层和深跃层。大洋东部有混合跃层和浅跃层分布。跃层深度和厚度都是关于赤道对称的南北两个高值纬度带,且从西到东逐渐向高纬方向漂移。跃层强度的高值区在10°S～10°N,大洋东部比西部大,其值为0.1～0.2℃/m,在高值区向高纬一侧分布着强度为0.05～0.10℃/m的纬度带。

在25°～45°S区域,温度跃层类型为浅跃层,其跃层较浅,厚度较薄,但跃层强度很大,其值为0.1～0.2℃/m。

50°～60°S和30°～60°N区域,为无跃层区。在其靠赤道一侧为混合跃层。在50°～60°N区域有逆跃层存在。

在日本以东洋域,温度跃层比较复杂,逆跃层、正逆跃层、多跃层和混合跃层同时存在。

2. 大西洋海域

大西洋冬季温度跃层的特征,总体趋势与太平洋冬季跃层分布特征一致。与大西洋夏季相比,南、北半球跃层特征正好相反。温度跃层深度、厚度和强度在低纬地区的分布与夏季大致相同。

20°N～25°S区域分布着多跃层和深跃层两种类型。

30°～60°N区域和大洋东部40°～60°S区域为无跃层区。

25°～40°S区域为浅跃层,且为季节性的跃层。

25°～30°N区域为混合跃层类型。

阿根廷以东洋面,跃层情况比较复杂,逆跃层、正逆跃层、混合跃层和多跃层等类型同时存在。

3. 印度洋海域

在印度洋,受到太阳辐射和当地海陆地理结构配置的影响,冬季温度跃层向南拓展,夏季的20°S界限移动至40°S。20°S以北洋域,温度跃层情况与夏季相同,类型为多跃层、深跃层及混合跃层,跃层深度在50～100 m之间,跃层强度为0.1～0.2℃/m。

20°～40°S之间区域为浅跃层和深跃层类型,跃层深度在50 m以内,跃层厚度为20～60 m。但是,跃层强度很强,达到0.1～0.2℃/m。

20°～25°S区域及澳大利亚沿岸海域,分布着混合跃层。

40°～60°S区域为无跃层和混合跃层区,其间零星分布着逆跃层。

2.4 中国近海海洋温差能资源

中国近海蕴藏的海洋温差能,在各类海洋能资源中居于首位。该地区的海洋温差能资源主要分布在南海和台湾以东海域,具有日照强烈、温差大且稳定、全年可开发利用、冷水层离岸距离近、近岸海底地形陡峻等优点,可作为海洋温差能资源的先期开发区。

毛园等运用 POM 模式对环台湾岛海域温跃层温度垂直分布进行了数值模拟,并与实际实验结果做了相应的比较。将环台湾岛海域划分为 4 个区域,每个区域选取一个垂直断面,一个有实测资料的站位(见图 2-14)。

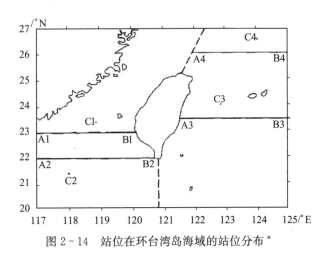

图 2-14　站位在环台湾岛海域的站位分布*

通过数值模拟和实地测量可知,位于 4 个不同区域的站位点都存在着温跃层,温跃层的深度、厚度及强度不尽相同。其中,C1 站水深较浅,温度垂直结构季节性变化明显,是较典型的季节性温跃层。C2、C3 及 C4 3 个站温跃层结构相对复杂一些,在夏季和冬季都存在着比较明显的温跃层。

对于东海的温跃层资源分布规律,刘兴泉等通过动力模型及垂直环流的模拟,得到了有关东海海域的温度垂直分布情况,还得到温跃层资源分布规律,给出了东海海区 25°N、27°N、29°N、31°N 和 33°N 断面温度的数值模拟结果。同时,也给出了东海海区冬、夏季温度结构的基本特征和变化规律。

冬季,整个东海海区的温度分布特征均为近岸低、外海高。在近岸,温度呈垂直均匀分布;长江冲淡水区、长江口以北及以外海区的近表层,都有温跃层生成。外海的深底层温度大致呈均匀分布;随着海区自北往南纬度的降低,外海近表层的温跃层逐渐上移(见图 2-15)。

夏季整个东海海区的温度分布为近岸和外海高、表层和底层温度变化大,呈现出较强的分层;长江冲淡水区及杭州湾以南外海的次表层中,存在温跃层。跃层以上出现混合层,跃层以下温度呈均匀分布(见图 2-16)。

---

* 毛园,等.海面风场对环台湾岛海域温跃层的影响.

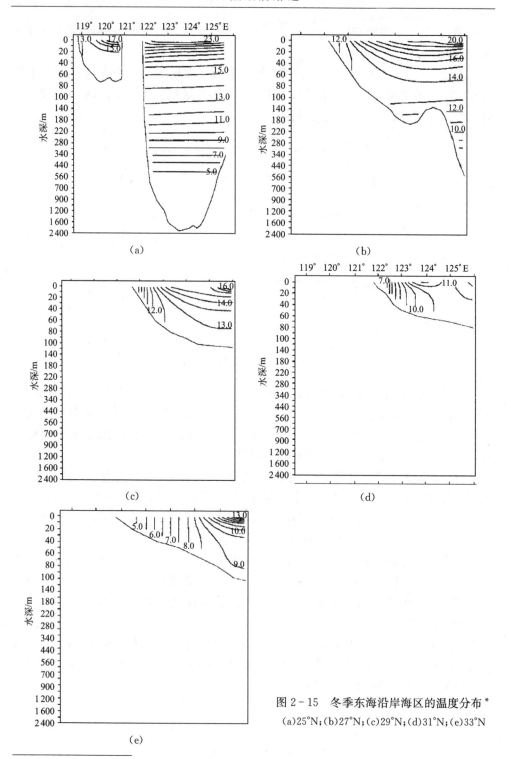

图 2-15　冬季东海沿岸海区的温度分布 *
(a)25°N；(b)27°N；(c)29°N；(d)31°N；(e)33°N

---

* 刘兴泉,等. 东海沿岸海区垂直环流及其温盐结构动力过程研究.

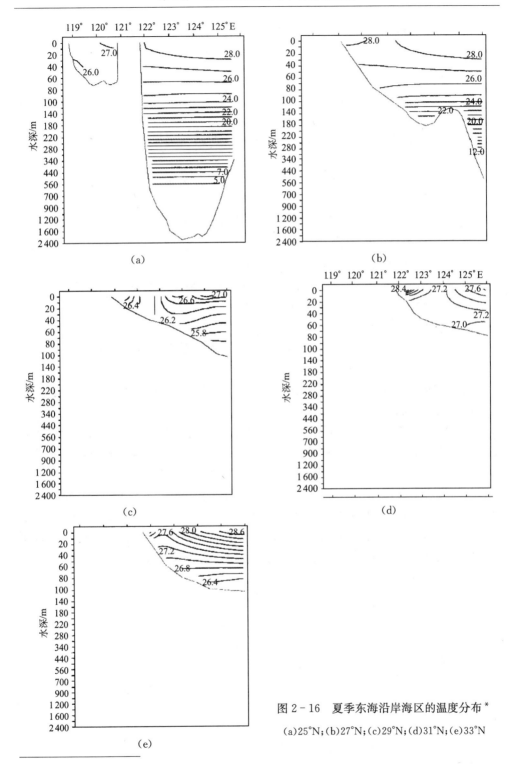

图 2-16　夏季东海沿岸海区的温度分布 *

(a)25°N；(b)27°N；(c)29°N；(d)31°N；(e)33°N

---

* 刘兴泉,等. 东海沿岸海区垂直环流及其温盐结构动力过程研究.

南海位于我国大陆以南,是太平洋的边缘海。南海西濒中印度半岛,南临苏门答腊岛和加里曼丹岛之间的隆起部分,东濒菲律宾和加里曼丹地区。南海海上分布着很多岛屿,北部有我国第二大岛——海南岛,中部有东沙群岛、西沙群岛和南沙群岛等珊瑚岛。掌握南海海区温跃层分布特征,对于我国海洋资源开发和国防建设具有重要意义。

陈希、沙文钰等对南海北部海区的季节性温跃层变化规律,做了详细的分析和研究,得到了若干重要结论,

3～5月是该海域内温跃层的成长期。3月,南海北部开始出现跃层,主要分布在台湾岛的西南部、东海沿海、海南岛的东南侧以及菲律宾西南侧的近岸水域,深度较浅,厚度较小;4月,跃层分布与3月相似,跃层厚度和范围都稍有增大;5月,温跃层厚度、范围以及强度相比3、4月有所增加,深度变化微小。

6～8月,该海域跃层发展极为强大。6月,跃层的厚度、强度及深度较5月有所增加;7月,跃层分布类似6月,跃层范围出现向西扩展的趋势;8月,跃层范围及强度都达到了顶峰,台湾岛的西南侧、海南岛的东南侧以及北部湾地区,都是强烈的跃层区域。

9～11月,跃层开始减弱。9月,跃层强度、厚度及范围相对8月都有所减少,深度由近岸逐渐向深海方向收缩;11月,跃层的深度、范围大为缩小。

12月到第二年1月,跃层区域消亡。在该时间段内,温跃层强度弱、范围小,开始消亡。同时,也成为第二年跃层增强的基础。

综上所述,我国东海、南海及环台湾岛海域,具有丰富的海洋温差能资源,为温差能驱动的水下滑翔机提供了有利的客观环境条件。这类水下滑翔机得以"就海取源",达到很长的续航力。据估计,其水下工作时间可以长达几年。由于其动力能源来自于海洋温跃层,温跃层的特征参数及分布特性会对其工作性能产生影响,特别是季节性温跃层,随季节变化比较明显。通常,在夏季,达到跃层旺盛期;冬季,开始消亡,不能为温差驱动的滑翔机持续提供足够的能源动力。因此,应针对具体海洋温跃层的温度分布特性,合理安排滑翔机的工作方式和任务,以满足海洋资源开发、海洋军事活动的需求。

第3章 海洋温跃层水下热 滑翔机的运行机理

温差能驱动水下热滑翔机"就海取源",依靠自身携带的特殊的动力系统,将海水温差能转换为机械能,调节自身浮力,实现水下沉浮运动。它的运动机理和空中滑翔机相似:滑翔中,利用机翼产生升力,在空中持续向前运动。水下热滑翔机无需依赖寿命有限的电池能源,无需产生噪声的内燃机,具有很好的续航能力。它的水下作业时间甚至可以年计。水下热滑翔机不带推进器,机动性好,满足海洋资源开发和海洋军事活动的迫切需求。

3.1 温差能动力推进系统的工作原理

温差能驱动的水下热滑翔机,是利用冷暖海水层之间的温差获取能量,进而转化为机械动力。温差能动力系统的工作借助于3种流体:工作流体、工作气体以及能量传递液体。

工作流体是一种感温工质,其相变温度处于冷、暖海水温度之间,任务是由暖海水层吸收热量,引起固-液相变,体积膨胀;或向冷海水层释放热量,引起液-固相变,体积收缩。管路中的阀门执行准确的流体流动控制,将工作流体的容积变化转化为滑翔机的整体体积变化,进而改变机体净浮力,实现水下沉浮运动。

工作气体的任务,是在暖水层存储工作流体缸传递而来的能量,继而在冷水层向外胆释放这部分能量。

能量传递液体的功能最简单,仅承担系统能量传递媒介的任务。

海洋温差能动力推进系统是一种温差能热机。它省略了海洋温差能转化为电能再将电能转化为机械能这个二次转化过程中的中间环节,减少了能量损失。图3-1为Slocum热滑翔机的外形图。工作流体储存于温差能热机圆管中,温差能热机管束装配在滑翔机的耐压壳体之外,便

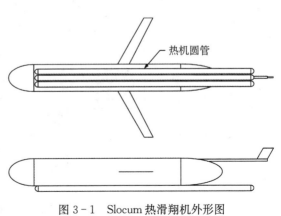

图3-1 Slocum 热滑翔机外形图

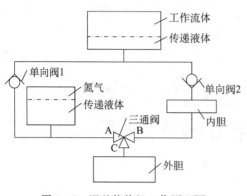

图 3-2　温差能热机工作原理图

于与周围环境海水进行热交换。

温差能热机工作原理如图 3-2 所示。工作流体恰好在海水温度范围内发生固-液两相转变。当环境温度从高温向低温变化时,工作流体逐渐从液相转变为固相,体积收缩;当环境温度从低温向高温变化时,工作流体逐渐从固相转变为液相,体积膨胀。温差能热机系统利用海洋环境温度变化,通过工作流体固-液两相之间转换所引起的体积变化,改变热滑翔机浮力以实现动力推进。

温差能热机工作过程如图 3-3、图 3-4、图 3-5 所示。如前所述,温差能热机系统包含工作流体、工作气体和能量传递液体。常规热机所使用的工作介质,其状态在液体和气体之间变化。气体易压缩,在一定的压力下可能发生液化现象,体积膨胀也不能产生足够大的压力以克服海洋环境压力,必然影响推进系统的正常工作。理想液体是不可压缩的,在压力作用下,液体的体积保持不变或变化很小;融化过程中的体积膨胀,会产生很大的压力以克服海洋环境压力,从而保证推进系统在高压的海洋环境下正常工作。正是利用这一特点,温差能热机系统所使用的工作流体,其状态在固体和液体之间变化,是一种工作于固相和液相之间的相变材料(Phase Change Material,PCM)。这种工作流体对温度很敏感,其相变温度在海水温度范围以内。工作流体为液相时,在海洋深层冷水区放热凝固,体积收缩;为固相时,在海洋表层暖水区吸热融化,体积膨胀,产生压力以克服外界海洋压力,由此产生的容积压力功由周围的能量传递液体传递。同时,这种传输液体和工作气体均被加压到高于外界海洋的最大压力。

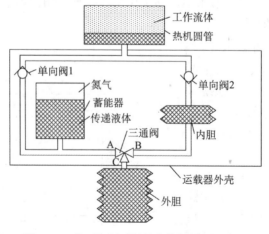

图 3-3　位于海面时温差能热机循环示意图

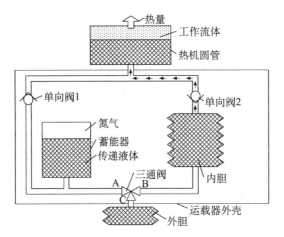

图 3-4　下潜过程中温差能热机循环示意图

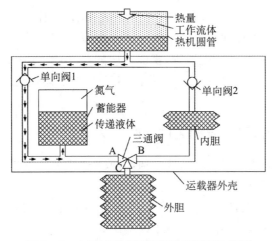

图 3-5　上浮过程中温差能热机循环示意图

这里,能量传递液体选择乙二醇(Ethylene Glycol);工作气体选为氮气(Nitrogen Gas)。

温差能热机系统的主要组成部件:一组暴露在海水中的温差能热机管束,储存工作流体,工作流体与海水进行热交换,是系统获取温差能的核心部件;一个蓄能器,储存和释放温差能热机管束中工作流体所获取的能量;一个容积可变的外胆,接收来自蓄能器中的传输液体,向内胆排出传输液体,以改变自身的容积,从而直接发挥调节滑翔机浮力的作用;一个可变容积的内胆,作为缓存容器,储存外胆中排出的传输液体;两个单向阀,单向阀 1 用来控制温差能热机管束中的传输液体向蓄能器的流动,单向阀 2 用来控制内胆中的传输液体向温差能热机管束的流动;一个三通阀,控制蓄能器、内胆、外胆之间传输液体的流向。

初始时刻,热滑翔机外胆体积膨胀,净浮力为正,热滑翔机与表层暖水处于稳定的热平衡状态。此时,蓄能器中的氮气被压缩,温差能热机管束中的工作流体完全为液态,如图3-3所示。

当热滑翔机开始下潜时,三通阀B-C端连通,由于热滑翔机壳体内部压力稍低于大气压力,外胆中传输液体流入内胆。随着外胆体积减小,恒定质量的热滑翔机总体积减小,净浮力由正变为负,热滑翔机开始下潜,关闭三通阀。随着热滑翔机下潜,周围环境海水温度逐渐下降,温差能热机管束中的工作流体开始释放热量。当热滑翔机的周围海水温度低于工作流体的相变温度时,工作流体开始凝固,体积收缩。此时,温差能热机管束中的压力下降,单向阀2开启,温差能热机管束从内胆中吸入传输液体,如图3-4所示。

热滑翔机开始上浮时,三通阀A-C端连通,蓄能器中传输液体在高压氮气的作用下流入外胆。随着外胆体积增大,恒定质量的热滑翔机总体积增大,净浮力由负变为正,热滑翔机开始上浮,关闭三通阀。在热滑翔机进入暖水区之前,工作流体完全凝固,体积达到最小。随着热滑翔机上浮,周围环境海水温度逐渐上升,当热滑翔机周围的海水温度高于工作流体的相变温度时,工作流体从海水中吸收热量开始融化,体积膨胀。此时,工作流体产生很大压力并作用于周围传输液体上,单向阀1开启,传输液体再次被压入蓄能器中,蓄能器中的氮气被压缩,如图3-5所示。当热滑翔机再次下潜进入冷水区之前,工作流体完全融化,体积达到最大,完成一个热力循环。

3.2　温差能动力推进系统的工作介质

温差能驱动水下滑翔机的续航能力强,对液压系统要求非常高。液压系统的运行是否可靠、有效、安全而经济,与所选用的工作介质密切相关。为保证动力系统具有循环工作的特性,需要选择合适的感温工质、能量传递液体和工作气体。

能量传递液体的选择需要考虑若干因素:

合适的黏度和良好的黏-温特性。黏度过大,将导致黏性阻力损失增加;温升加大,有可能导致液体部分气化,产生气蚀。除此之外,损失的增加也间接增加了工作气缸的负担。黏度太低,会增加泄漏,降低容积效率,其结果,液体润滑膜变薄,甚至无法形成液体润滑而使磨损加剧。

良好的润滑性。依靠加入添加剂使液体在摩擦副对偶表面上流过后凝成润滑膜,减少摩擦和磨损。

良好的防锈蚀性。防锈蚀性是指油液阻止与其相接触的金属材料生锈和受腐蚀的能力。若传递液体不具备良好的防锈蚀能力,它将腐蚀工作气缸,影响工作液体缸和内、外胆的正常工作和使用寿命。

与环境相容。目前,国际上对保护人类生态环境的呼声越来越高,保护环境的立法越来越严格,这就要求传递液体与环境相容,泄漏后不会对环境造成污染。

按照以上几个因素要求,可选用含水40%的水-乙二醇混合液作为能量传递液体。一般来说,流体的黏性系数将随温度和压力而变化,受温度影响较大,受压力的影响较小。温差驱动系统中,采用含水量为 40% 的水-乙二醇溶液作为传递液体。在流动过程中,因阻力损失产生热量,导致温度升高;由于水的比热较大,温度上升幅度不大,何况,能量传递液体与机舱环境之间存在温度差,通过输送导管向环境放热,温度又有所下降,所以,在水和乙二醇混合物能量传递液体的流动过程中,温度变化不会很大。

忽略压力变化的影响,20℃下,一个大气压下水和乙二醇的物理参数分别如下:

$$\rho_{EG} = 1130\,kg/m^3,\ \rho_w = 1000\,kg/m^3,\ \mu_w = 10 \times 10^{-4}\,Pa \cdot s,\ \mu_{EG} = 199 \times 10^{-4}\,Pa \cdot s$$

工作气体的选择需要考虑化学性质和导热系数两个因素。

化学性质要求稳定。工作气体在压缩和膨胀过程中,伴随着压力和温度的大幅度变化。化学性质不稳定,将导致工作气体产生化学反应,失去原有的物性,偏离设定的工作要求。

导热系数要求低。工作气体在压缩储能后,温度上升,与机舱产生一定温差。工作气体通过蓄能器器壁向机舱释放热量,损失压能。如果导热系数过高,热量损失就越大,膨胀释能过程中将无法克服冷海水深度压力,就不能将既定的能量传递液体由蓄能器压入外胆,其结果将会致使滑翔机获得的正浮力小于设定值,破坏滑翔机的运动特性,可采用气体氦作为温差能动力系统的工作气体,以避免这种情况的发生。

感温工质也就是管内相变材料 PCM 的选择,是热滑翔机动力系统研究的中心课题。

目前,应用比较广泛的 PCM 主要分为无机化合物和有机化合物。无机化合物应用比较广泛的主要是结晶水合盐(Salt hydrate),有机化合物应用比较广泛的主要有脂肪酸(Fatty acid)和石蜡(Paraffin)。

结晶水合盐可用通式表示为 $AB \cdot nH_2O$,其特点是价格便宜、融解热较大、导热系数较大、相变过程体积变化小、与塑料容器相容,使用过程中最大的问题是存在析出和过冷现象。析出现象指的是当加热到融点以上时,有些盐仍处于非溶解状态。此时,残留的固态物因密度大而沉到容器底部。过冷现象指的是当液态物质冷却到凝固点时并不结晶,而须冷却到凝固点以下一定温度时才开始结晶。

脂肪酸可用通式表示为 $CH_3(CH_2)_{2n} \cdot COOH$,其特点是价格昂贵、融解热较大、导热系数较小、易燃、高温下不稳定、具有一定的毒性和腐蚀性。

石蜡主要由直链烷烃混合而成,可用通式表示为 C_nH_{2n+2},融点和融解热都随链的增长而增大,链更长时都将趋于一定值。其特点是价格便宜、融解热较小、导热系数较小、无过冷现象、无析出现象、性能稳定、无毒性、无腐蚀性、与金属容器相容但许多塑料会被其溶化。

根据温差能热机的工作原理以及考虑到海洋温度环境,所选 PCM 的性能应满足如下要求:

(1) 具有合适的相变温度,即相变温度必须在海水的温度范围以内;

(2) 具有较小的相变潜热,较好的导热性能;

(3) 固相密度大于液相密度,具有较大的相变体积变化和较强的抗压能力;

(4) 性能稳定,无析出和过冷现象;

(5) 不易燃,不易爆,无毒,无腐蚀,与容器材料相容。

综合以上考虑,正十五烷和正十六烷是较好的选择。

3.3 水下热滑翔机的水中受力

温差能驱动水下滑翔机的运行过程,与飞机十分相似。在水下的航行轨迹方向和机身的倾斜方向不共线,两者存在一定的夹角,称为攻角。由于攻角的存在,机翼产生一个垂直于航行轨迹的升力,滑翔机就向前运动。航行过程中,正浮力与负浮力交替出现,使水下滑翔机形成锯齿形的航行轨迹。重力调整机构调整重心在横向上的位置,产生横滚力矩,可以改变滑翔机的横滚角,实现回转运动。这样,方便了滑翔机浮出水面实现卫星传输数据功能。在水下滑翔机上浮下潜过程中,只是在锯齿形航迹的最高点和最低点调节重力与浮力的差值,中间航程完全无动力调节。因此,针对深海大范围探测,水下滑翔机较其他形式的水下运载器具有较大的能源优势。

定常滑翔运动,是水下滑翔机作业过程中主要的运动形式,与滑翔机的设计性能最为接近。研究水下滑翔机稳定状态的航行过程,是最为重要的。本书在分析水下滑翔机的受力和性能参数时,只针对稳定状态展开。

水下滑翔机机身,可看做一个轴对称几何体(见图 3-6)。机身静止且保持水平状态时,所受重力和浮力相等。其中,浮心与几何中心相重合,重心则位于浮心正下方几毫米处,作用是保证滑翔机的稳定性。在受到外界扰动时,能尽快自动回复到新的稳定状态。

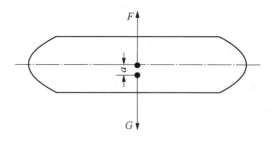

图 3-6 滑翔机水平静止时的受力图

定常航行中,除了受到重力、浮力的作用外,水下滑翔机还受到与航行方向平行的阻力,以及作用在机身和水平机翼上的升力。升力的方向与滑翔机航行方向垂直。滑翔机在重力、浮力、阻力和升力及它们产生的力矩的共同作用下达到动平衡,即所谓的定常运动。

　　当滑翔机需要斜向下航行时,移动机身内部滑动质量块,使其沿轴向往机身头部方向运动,滑翔机重心前移。同时,外胆中的能量传递液体压入机身,滑翔机整体体积缩小,浮力降低,浮心沿着轴线往靠近机身尾部方向后移。至此,滑翔机在竖直方向的受力不再平衡,重力大于浮力产生负俯仰角,头部向下。这时,在机翼升力的作用下,滑翔机开始斜向下航行。下滑运动过程中,滑翔机向下运动的受力如图 3-7 所示。

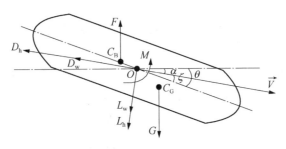

图 3-7　滑翔机斜向下运动受力图

　　航行至一定深度,滑翔机需要斜向上航行时,再次移动机身内部滑动质量块,使其沿轴向往机身尾部方向运动,滑翔机重心后移。同时,机身内部的能量传递液体压入外胆,滑翔机整体体积增大,浮力提高,浮心沿着轴线往靠近机身头部方向迁移。至此,滑翔机在竖直方向的受力不再平衡,重力小于浮力,产生正俯仰角,头部向上。这时,在机翼升力的作用下开始斜向下航行。上滑运动过程中,滑翔机向上运动的受力如图 3-8 所示。

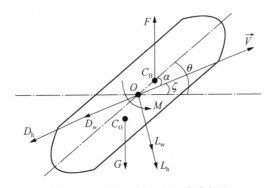

图 3-8　滑翔机斜向上运动受力图

图中:

　　O——水下滑翔机的几何中心;

　　C_B——滑翔机的浮心;

　　C_G——滑翔机的重心;

　　G——滑翔机重力;

　　F——滑翔机所受浮力;

D_h——滑翔机机身所受的阻力(不包括机翼);

D_w——机翼所受的阻力;

L_h——滑翔机壳体所受的升力;

L_w——机翼所受的升力;

M——滑翔机受到的流体力矩;

J——滑翔机轴向的转动惯量;

θ——滑翔机俯仰角;

α——航行速度与滑翔机纵向轴线之间的夹角,称为攻角;

ζ——航行角,$\zeta = \theta - \alpha$。

水下滑翔机受到的水阻力、升力、流体力矩,分别由以下公式计算:

$$D_w + D_h = (K_{DO} + K_D\alpha^2)V^2 \qquad (3-1)$$

$$L_w + L_h = (K_{LO} + K_L\alpha^2)V^2 \qquad (3-2)$$

$$M = (K_{MO} + K_M\alpha^2)V^2 \qquad (3-3)$$

对于某一固定的外形,K_{DO}, K_D, K_{LO}, K_L, K_{MO}, K_M 是常数。

在一个锯齿形航行轨迹中,滑翔机斜向上航行和斜向下航行的过程具有一定的对称性,航行效率基本一致。这样,只需分析其中一种情况,就可以掌握滑翔机在水下的运动规律。

现分析垂直平面内水下滑翔机斜向上航行过程。

设滑翔机总质量为 m_t,内部滑动质量块为 m_s,沿轴向后移距离为 l_s,则滑翔机重心沿轴向后移距为

$$x_s = \frac{m_s g l_s}{mg} = \frac{m_s l_s}{m}$$

滑翔机在上浮过程中的净浮力记为 ΔF, $\Delta F = F - G$。

设外胆离机身几何中心的距离为 l_b,浮心沿轴向前移距离 $x_b = \dfrac{(F-G)l_b}{mg}$,

滑翔机动力平衡方程为

$$(F-G)\cos\zeta = L_h + L_w \qquad (3-4)$$

$$(F-G)\sin\zeta = D_h + D_w \qquad (3-5)$$

$$G \cdot \frac{m_s l_s}{m}\cos\theta + F \cdot \frac{(F-G)l_b}{mg}\cos\theta = M \qquad (3-6)$$

其中,$G = mg$, $\Delta F = \dfrac{1}{2}\rho_{sea}\Delta V g$, ΔV 是滑翔机在航行过程中的体积变化量。

代入动力平衡方程,经简化得到

$$\frac{1}{2}\rho_{sea}\Delta V g \cos\zeta = L_h + L_w \qquad (3-7)$$

$$\frac{1}{2}\rho_{\text{sea}}\Delta Vg \sin \zeta = D_{\text{h}} + D_{\text{w}} \tag{3-8}$$

$$m_{\text{s}}gl_{\text{s}}\cos \theta + \left(mg + \frac{1}{2}\rho_{\text{sea}}\Delta Vg\right) \cdot \frac{\rho_{\text{sea}}\Delta Vl_{\text{b}}}{2m}\cos \theta = M \tag{3-9}$$

由式(3-9)可知,滑翔机重心的改变是取得运载器俯仰角的必要措施;浮心的改变,则是系统因外胆体积变化引起浮力改变的附加结果,对系统有利。浮心和重心的位移改变量符号总是相反,这就增大了两者之间的相对距离,对获得运载器俯仰角度也是有利的。浮力引起的浮心位置变化可以减轻系统对滑动质量块的要求,在俯仰角度一定的情况下,需要的滑块质量减小,就可以减轻运载器的总体质量,移动的位移也减小,就节省了运载器的内部空间。

3.4　水下热滑翔机航行的能效分析

滑翔机的速度为 $\boldsymbol{V} = (u, v, w)$,角速度为 $\boldsymbol{\Omega} = (p, q, r)$。

稳定状态下,水下滑翔机只在 XOZ 平面上作平面运动,速度简化为

$$\boldsymbol{V} = (u, O, w),角速度为 \boldsymbol{\Omega} = (O, q, O)$$

运载器的运动轨迹可以简化为上下迂回的曲折线段的连接,如图 3-9 所示。

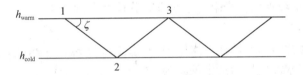

图 3-9　滑翔机航行轨迹简化图

图 3-9 中:h_{warm} 为滑翔机航行的上限深度;h_{cold} 为滑翔机航行的下限深度。1→2 过程中,$F < G$,滑翔机所受净浮力为 $-\Delta F$;2→3 过程中,$F > G$,滑翔机所受净浮力为 $+\Delta F$。

滑翔机在 1 点处,利用机身内胆与海水之间的压差,将能量传递液体压入机身内部,使滑翔机在海下获得负浮力 $-\Delta F$,具备了向下运动的趋势,实现 1→2 的航行过程。在这个过程中,并未对系统人为输入任何功,完全是利用海水自身的压力。

在 2 点处,滑翔机利用海水与机身内部气缸之间压差,克服海水压力,能量传递液体从机身内部压入外胆,使滑翔机在海下获得正浮力。浮力从 $-\Delta F$ 变为 $+\Delta F$,实现了 2→3 的航行过程。在这个过程中,系统因克服海水压力而消耗了能量,其值等于克服海水压力所做的功。

由分析可知,在 1→2→3 这一个锯齿形轨迹中,系统只是在 2 点处对滑翔机输入功。输入功的大小等于克服海水深度的压力。它是将能量传递液体由蓄能器压入外胆而做的功。滑翔机在航行过程中输入功转化为克服机翼阻力和机身阻力所做的功,即

$$W_{ip} = W_{D_h} + W_{D_w} \tag{3-10}$$

式中:W_{D_h}——系统克服机身阻力所做的功;

W_{D_w}——系统克服机翼阻力所做的功。

安装机翼的主要目的是利用机翼产生的升力使滑翔机获得水平方向的动力。机翼的安装不仅为系统带来了升力,也产生了额外的阻力。在同样的升力条件下,阻力小,说明机翼性能好,工作效率高。具体地,可用升阻比 L_w/D_w 来表征此特性。

一般而言,在总输入功一定时,用于克服机翼阻力所做功越少,克服机身阻力所做功占输入功的份额就越大,说明系统的性能好。这部分功与输入功的比值,可以用来表征滑翔机的水下航行性能。

滑翔机为了获取海水温差能而产生了垂直方向的运动,消耗了一部分功,这部分功并没有用于产生水平方向的运动。因此,在总输入功中,系统克服机身阻力水平方向分量所做的功,才是有意义的,它与总输入功的比值大小能够体现滑翔机在水下航行的整体效率,可以用数学方式表达为

$$\eta = \frac{(W_{D_h})_x}{W_{ip}} \tag{3-11}$$

式中$(W_{D_h})_x$为系统克服机身阻力水平方向分量所做的功。

1. 输入功 W_{ip}

在图 3-9 的 2 点处,即在冷水层中,海水压力为 $p_{cold} = p_a + \rho_{sea}gh_{cold}$。
系统克服海水深度压力所做的功为 $(p_a + \rho_{sea}gh_{cold})\Delta V$。

根据 $\Delta F = \frac{1}{2}\rho_{sea}\Delta Vg$,$\Delta V = \frac{2\Delta F}{\rho_{sea}g}$,系统克服海水深度压力所做的功为

$$W_{ip} = (p_a + \rho_{sea}gh_{cold})\frac{2\Delta F}{\rho_{sea}g}$$

2. 系统克服机身阻力水平方向分量所做功$(W_{D_h})_x$

令 D_h 在水平方向的分量为 D_{hx},滑翔机在一个锯齿形轨迹中行进的水平方向位移为 S_x。

由受力分析和航行轨迹可知:

$$D_{hx} = D_h\cos\xi$$

$$S_x = 2\frac{h_{cold} - h_{warm}}{\text{tg}\,\xi}$$

$$(W_{D_h})_x = D_{hx}S_x = 2D_h\frac{h_{cold} - h_{warm}}{\text{tg}\,\xi}\cos\xi$$

滑翔机的升力主要靠机翼产生,机身升力相比机翼升力可忽略。这样,等式 $L_h + L_w = \Delta F\cos\xi$ 可简化为 $L_w = \Delta F\cos\xi$。

因 $D_h + D_w = \Delta F \sin \xi$，则 D_h 可表示为

$$D_h = \Delta F \sin \xi - D_w = \Delta F \sin \xi - \frac{D_w}{L_w} L_w = \Delta F \sin \xi - \frac{D_w}{L_w} \Delta F \cos \xi$$

令 $\omega = \dfrac{L_w}{D_w}$，则

$$D_h = \Delta F \left(\sin \xi - \frac{1}{\omega} \cos \xi \right)$$

$$(W_{D_h})_x = 2 D_h \frac{h_{cold} - h_{warm}}{\text{tg}\, \xi} \cos \xi = 2 \Delta F \left(\sin \xi - \frac{1}{\omega} \cos \xi \right) \cos \xi \frac{h_{cold} - h_{warm}}{\text{tg}\, \xi}$$

整理得

$$W_{ip} = 2(h_{cold} - h_{warm}) \Delta F \left(\sin \xi - \frac{1}{\omega} \cos \xi \right) \frac{\cos^2 \xi}{\sin \xi}$$

$$\eta = \frac{(W_{D_h})_x}{W_{ip}} = \frac{2(h_{cold} - h_{warm}) \Delta F \left(\sin \xi - \dfrac{1}{\omega} \cos \xi \right) \dfrac{\cos^2 \xi}{\sin \xi}}{\left[p_a + \rho_{sea} g h_{cold} \right] \dfrac{2 \Delta F}{\rho_{sea} g}}$$

最终简化为

$$\eta = \frac{\rho_{sea} g (h_{cold} - h_{warm})}{\left[p_a + \rho_{sea} g h_{cold} \right]} \left(\sin \xi - \frac{1}{\omega} \cos \xi \right) \frac{\cos^2 \xi}{\sin \xi} \qquad (3-12)$$

在式 $(3-12)$ 中，ρ_{sea} 是海水密度，p_a 是当地大气压。这两个参数是由客观条件决定的。当滑翔机航行深度范围一定后，系数 $\dfrac{\rho_{sea} g (h_{cold} - h_{warm})}{\left[p_a + \rho_{sea} g h_{cold} \right]}$ 可以看作是常量。该系数记为 C，则

$$\eta = C \left(\sin \xi - \frac{1}{\omega} \cos \xi \right) \frac{\cos^2 \xi}{\sin \xi}$$

令 $\eta' = \dfrac{\eta}{C}$，则

$$\eta' = \left(\sin \xi - \frac{1}{\omega} \cos \xi \right) \frac{\cos^2 \xi}{\sin \xi}$$

从 η' 的解析式中可以看出，ξ 和 ω 是影响滑翔机性能的两个主要参数，适当选择 ξ 和 ω 的值，可以得到 η 最大值，使系统性能最优化。

根据实际情况，ξ 的大小范围在 $\left[-\dfrac{\pi}{2}, +\dfrac{\pi}{2} \right]$ 之间，ω 的大小范围是 $(0, +\infty)$，滑翔机上浮和下潜过程对称，只需研究 ξ 在 $\left[0, +\dfrac{\pi}{2} \right]$ 范围内对系统的影响即可。

为了便于观察升阻比 λ 和航行角 ξ 对性能参数 η' 的影响,分别取 $\omega=10$,20,30,40,50,60,70,80,90,在同一个坐标系下画出 η' 与 ξ 函数关系图,如图 3-10 所示。

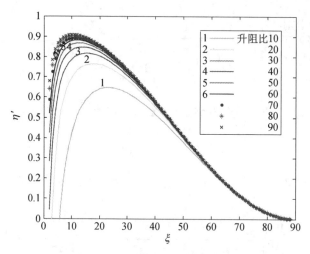

图 3-10　滑翔机航行能效分析图

在锯齿形航行轨迹中,滑翔机总是斜向下方或斜向上方运动的,不存在纯水平方向的运动。η' 最大值在 90% 附近,无法取到 100%。这一点与实际情况是相符合的,说明 η' 能够比较正确地反映滑翔机的运行性能。

在升阻比一定的情况下,在 $0°\sim90°$ 之间,ξ 总存在一个最佳的数值 ξ_0。该最佳值可以使 η' 取得最大值。在滑翔机性能参数的设计中,如果给定了机翼的升阻比,就可以将航行角度定为此升阻比下对应的 ξ_0,使 η' 取得最大值。这样,就可以对滑翔机的实际航行有所预测和指导。

随着 ω 的增大,η'_{max} 随之增大,对应的 ξ_0 则逐渐减小,即有 $\dfrac{\partial \eta'_{max}}{\partial \omega} > 0$,$\dfrac{\partial \xi_0}{\partial \omega} < 0$。$\omega$ 在 $0\sim60$ 范围内,曲线较疏,说明 η'_{max} 增量较大;在 $\omega > 60$ 的范围内,η'_{max} 增量相对较小。

在图 3-10 中,ξ 大于 40° 或小于 10° 时,几乎所有的曲线都重合在一起,表明在此范围内,升阻比对系统性能几乎没有影响。实际航程中,若是滑翔角度在此范围内变化,依靠提高升阻比来改善航行效率就是不可行的。在 $10° < \xi < 40°$ 的范围内,各工况曲线相对稀疏,机翼升阻比作用显著,增大升阻比可以大幅度提高航行效率。

第 2 篇

水下热滑翔机动力系统
的相变过程

第4章 水下热滑翔机的浮力系统

温差能驱动的所谓水下热滑翔机,是以自身浮力作为航行动力的,无需外挂推进系统。它通过自带的浮力系统调节机体浮力,实现上、下限航程范围内正、负浮力之间的状态转换,为机体提供上浮、下潜的动力。只有确定浮力调节系统的工作特性及其变化规律,才能为实际滑翔机的行走路径设计、仰俯姿态控制和管路系统自动调节提供必要的依据。现从能量传递液体的流动过程出发,建立调节系统中各部件体积变化规律的数学模型,并利用 Matlab 数学软件进行数值模拟仿真,以确定影响浮力调节过程的主要因素。从研究结果出发,可以优化各影响参数,保证浮力调节系统达到设计的标准,并为阀门闭合控制的动作设计提供确切依据。

4.1 浮力调节过程数学模型

滑翔机的浮力调节过程,由内胆和外胆之间、外胆和工作气缸之间能量传递液体的流动来实现。为确定浮力调节系统的工作特性,应该以这种传递液体的运动过程为对象,研究上述 4 个部件的体积变化规律。能量传递液体的流动过程受到几种因素的影响,包括液体流动过程中的运动负载质量、所受到压力和流动阻力。

4.1.1 能量传递液体的流动阻力

在负浮力调节过程中,外胆内部能量传递液体受到的海水深度压力,比内胆中液体受到的机舱室压为大,液体由外胆流向内胆,外胆体积缩小,滑翔机就获得负浮力。流程中,能量传递液体受到阻力的作用,包括:液体与输送管壁的摩擦阻力、液体本身黏性引起的沿程阻力,以及液体经由三通阀时的局部阻力。

在正浮力调节过程中,能量传递液体由工作气体流入外胆,流动途中受到的阻力包括:液体与工作气缸壁的摩擦阻力、液体与输送管壁的摩擦阻力、液体本身黏性引起的沿程阻力。液体由工作气缸流入输送导管时,受到因管道截面突然变化产生的局部阻力,以及液体经过三通阀时的局部阻力。

1. 沿程阻力计算

根据达西公式,圆管黏性阻力引起的能头高度为

$$h = \lambda \frac{l}{d} \frac{v^2}{2g} \qquad (4-1)$$

式中：λ——沿程阻力系数；

　　l——两截面间距离；

　　d——圆管内径；

　　v——圆管内传递流体的平均速度。

λ 为雷诺数 Re 及相对粗糙度 $\dfrac{\varepsilon}{d}$ 的函数。绝对粗糙度 ε 是管壁表面凸起的高度平均值，它与管径 d 的比值称为相对粗糙度。

忽略温差能驱动系统中流体与各容器壁及管壁之间摩擦力，输送液体在流动过程中受到的沿程阻力仅与其本身黏性有关。设能量传递液体流动过程为层流，其阻力系数为

$$\lambda = \frac{64}{Re} \tag{4-2}$$

由式（4-1）和式（4-2）知，流体在圆管内由黏性沿程阻力引起的能量损失高度为

$$h = \lambda \frac{l}{d} \frac{v^2}{2g} = \frac{64}{Re} \frac{l}{d} \frac{v^2}{2g} = \frac{32vl}{d^2 g} v \tag{4-3}$$

沿程阻力

$$f = \rho g h = \frac{32\mu l}{d^2} v \tag{4-4}$$

2. 截面突变形成的局部阻力

（1）截面突然缩小：

截面突然缩小的局部阻力系数近似为

$$\psi = \frac{1}{2}\left(1 - \frac{A_2}{A_1}\right) \tag{4-5}$$

能量损失高度为　　　$h = \psi \dfrac{v_2^2}{2g} = \dfrac{1}{2}\left(1 - \dfrac{A_2}{A_1}\right)\dfrac{v_2^2}{2g}$ $\tag{4-6}$

局部阻力为　　　$f = \rho g h = \dfrac{1}{4}\rho v_2^2 \left(1 - \dfrac{A_2}{A_1}\right)$ $\tag{4-7}$

（2）截面突然扩大：

截面突然扩大的局部阻力系数为

$$\psi = \left(1 - \frac{A_2}{A_1}\right)^2 \tag{4-8}$$

能量损失高度为

$$h = \psi \frac{v_2^2}{2g} = \left(1 - \frac{A_2}{A_1}\right)^2 \frac{v_2^2}{2g} \tag{4-9}$$

局部阻力为

$$f = \rho g h = \frac{1}{2}\rho v_2^2 \left(1 - \frac{A_2}{A_1}\right)^2 \tag{4-10}$$

式中：A——管道截面积，下标 1 表示大截面管道，2 表示小截面管道；

　　　v——流体速度。

3. 液体通过阀门的局部阻力

在正、负浮力调节过程中，能量传递液体在流动过程中受到的压差较大，开启三通阀后，能量突然释放，引起泄压过快，产生的冲击和噪声可能引起系统工作不稳定。要在高压高速释能系统中控制液体流量、降低液体流速、延长释能时间，三通阀内部必须具有节流阀的构造，才能通过改变节流阀通流面积的大小来控制液体流速和浮力调节时间。

节流阀的节流口形式可以归纳为 3 种基本形式：孔口、阻流管，以及介于两者之间的节流孔。如图 4-1 和图 4-2 所示，当 $l/d < 0.5$ 时，称为孔口；当 $l/d \geqslant 4$ 时，称为阻流管。

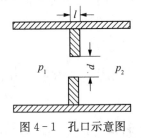
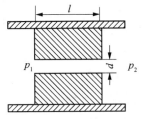

　　图 4-1　孔口示意图　　　　　　图 4-2　阻流管示意图

节流口在液压回路中的流量特性方程为

$$Q = C_d A_v \Delta p^x \tag{4-11}$$

式中：C_d——节流系数；

　　　A_v——阀口通流面积；

　　　Δp——阀门的进、出口压差；

　　　v——流体运动黏性系数。

x 为孔口形状指数，$x = 0.5$ 为孔口；$x = 1$ 为阻流管；$0.5 < x < 1$，介于孔口和阻流管之间。

α 为流量系数，$\alpha = C_d / \sqrt{\dfrac{2g}{\rho}}$，通常取 $0.62 \sim 0.63$。

孔口流量为

$$Q = \alpha A \sqrt{\frac{2g\Delta p}{\rho}} \tag{4-12}$$

阻流管流量为

$$Q = \frac{Ag\Delta p}{32\rho vl} \tag{4-13}$$

现采用节流口为孔口的节流阀构造,其流量 $Q = \alpha A \sqrt{\dfrac{2g\Delta p}{\rho}}$。当 Δp 不变时,改变节流阀的节流口面积 A_v,可改变液体流量 Q 的大小;当 A_v 不变时,当节流阀进出口压力差 Δp 变化时,通过的流量也会随之改变。

4.1.2　浮力系统各部件体积变化规律

负浮力调节过程中,内、外胆体积变化规律一致;正浮力调节过程中,外胆和工作气体的体积变化规律一致。由此,研究其中一个部件的体积变化规律,即可类比另一部件的体积变化。

现以工作气体缸和内胆作为正、负浮力调节过程的研究对象,并假设内、外胆皮囊惯性很小,其体积变化过程中产生的张力可忽略不计;工作气体缸具有良好的绝热性;气体经历的过程可逆绝热,过程多变指数按 1.4 计算。

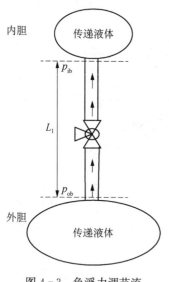

图 4-3　负浮力调节流程压力图

1. 负浮力调节过程内胆体积变化规律

负浮力调节过程中,运动负载为外胆和内胆之间的能量传递液体,其流程压力如图 4-3 所示。

运动负载的力平衡方程为

$$(p_{\mathrm{ib}} - p_{\mathrm{warm}})A_{\mathrm{p}} = m\frac{\mathrm{d}v_{\mathrm{p}}}{\mathrm{d}t} + B_1 v_{\mathrm{p}} + B_2 v_{\mathrm{p}}^2 \tag{4-14}$$

式中:p_{ib}——内胆中能量传递液体受到的压力;

　　　B_1——阻尼系数;

　　　B_2——阻尼系数;

　　　m——输送导管内传递液体的质量,$m = \rho A_{\mathrm{p}} L_1$。

图 4-3 中,p_{ob} 为外胆中能量传递液体受到的上限海水深度压力,$p_{\mathrm{ob}} = \rho_{\mathrm{sea}} g h_{\mathrm{warm}} + p_{\mathrm{a}}$;$\rho_{\mathrm{sea}}$ 为海水密度;h_{warm} 为滑翔机航程的上限海水深度。

皮囊本身的惯性非常小,可忽略其形变产生的张力。内胆所受压力就等于滑翔机舱内室压。假设舱内室压为当地大气压,则 $p_{\mathrm{ib}} = p_{\mathrm{a}}$。

阻尼系数由能量传递液体流动过程受到的阻力决定。沿程阻力为 $8\pi\mu L_1 v_{\mathrm{p}}$,三通阀局部阻力为 $\dfrac{\rho Q^2 A_{\mathrm{p}}}{2g(\alpha A_v)^2}$,流量 $Q = v_{\mathrm{p}} A_{\mathrm{p}}$,则 $B_1 = 8\pi\mu L_1$,$B_2 = \dfrac{\rho A_{\mathrm{p}}^3}{2g(\alpha A_v)^2}$。其中,$\mu$ 为能量传递液体的动力黏度,A_{p} 为输送导管截面积,v_{p} 为输送导管内能量传递液

体流速，L_1 是外胆和内胆间输送导管的长度。

设内胆体积为 V_{ib}，则 $v_p = \dfrac{dV_{ib}}{dt}/S_p$，$Q = \dfrac{dV_{ib}}{dt}$。以此数据代入，得

$$\rho L_1 \frac{d^2 V_{ib}}{dt^2} = \left(\rho_{sea} g h_{warm} - \frac{8\pi\mu L_1}{A_p^2} \frac{dV_{ib}}{dt} - \frac{\rho}{2g(\alpha A_v)^2} \left(\frac{dV_{ib}}{dt} \right)^2 \right) A_p \quad (4-15)$$

整理得

$$M \frac{d^2 V_{ib}}{dt^2} = F - K_1 \frac{dV_{ib}}{dt} - K_2 \left(\frac{dV_{ib}}{dt} \right)^2 \quad (4-16)$$

式中：M——等效运动负载质量，$M = \rho L_1$；

K_1——与内胆体积变化速度成正比的阻尼的等效系数，$K_1 = \dfrac{8\pi\mu L_1}{A_p}$；

K_2——与内胆体积变化速度平方成正比的阻尼的等效系数，$K_2 = \dfrac{\rho}{2g(\alpha A_v)^2} A_p$；

F——等效负载力，$F = \rho_{sea} g h_{warm} A_p$。

式(4-16)显示，负浮力调节过程中，驱动内胆体积增大的等效载荷 F 是恒大于零的定值，它能使系统本身能够确保能量传递液体由外胆持续不断地流入内胆，当完成既定液体量的传递后，要及时关闭三通阀，以准确结束负浮力的调节过程。若关闭不及时，液体传递过程将继续进行，直到外胆中的液体全部流入内胆为止，造成内、外胆两部件的体积变化量大于预设值的状况，系统循环工作的特性就受到破坏。

2. 正浮力调节过程工作气体体积变化规律

为研究工作气体的体积变化规律，首先确定工作气体缸和外胆之间运动负载的数学运动模型。两部件之间运动负载的流程压力如图 4-4 所示。

工作气体缸和输送导管的截面积不同。现将运动负载分割成两部分，各自建立数学模型。工作气体缸内运动负载的数学模型为

$$(p - p_x) A_c = m \frac{dv_c}{dt} + B_1 v_c + B_2 v_c^2 \quad (4-17)$$

式中：m——运动负载质量，是工作气体缸内能量传递液体和活塞的质量之和，液体质量可用 $\rho(V_{tot} - V_g)$ 表示，活塞质量记为 m_p，则 $m = \rho(V_{tot} - V_g) + m_p$；

p——工作气体作用在活塞上的压力，依据对气体工作过程的假设，该值为 $p_0(V_0/V_g)^{1.4}$；

p_x——能量传递液体在工作气体缸底部所受压

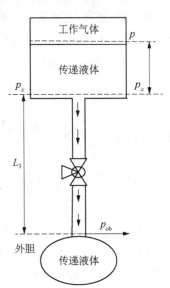

图 4-4　正浮力调节
流程压力图

力。这是为了方便研究而提出的中间压力变量,作用是将两部分运动负载的运动模型关联起来,以期得到工作气体体积变化的总方程,p 和 p_x 为缸内运动负载所受载荷;

B_1——黏性阻力的阻尼系数;

B_2——局部阻力的阻尼系数。

气体缸内运动负载只受黏性阻力,经计算,$B_1 = 8\pi\mu(V_{tot} - V_g)/A_c$,$B_2 = 0$。其中,$V_g$ 为工作气体瞬时体积,V_{tot} 为工作气体缸总体积,V_0 为工作气体充气体积,p_0 为工作气体充气压力,m_p 为活塞质量。v_c 为工作气体缸内能量传递液体流速,A_c 为工作气体缸截面积。

考虑到 $v_c = (dV_g/dt)/A_c$,此关系式代入式(4-17),可得工作气体体积变化规律方程为

$$[p_0(V_0/V_g)^{1.4} - p_{x1}]A_c = \frac{[\rho(V_{tot} - V_g) + m_p]}{A_c}\frac{d^2V_g}{dt^2} + \frac{8\pi\mu(V_{tot} - V_g)}{A_c^2}\frac{dV_g}{dt}$$

(4-18)

而后,输送导管内运动负载的数学运动模型为

$$(p_x - p_{ob})A_p = m\frac{dv_p}{dt} + B_1 v_p + B_2 v_p^2$$

(4-19)

其中,m 是输送导管内的能量传递液体,其值为 $\rho A_p L_2$。p_x 和 p_{ob} 为导管内运动负载受力,p_{ob} 是外胆中的能量传递液体受到的航程下限海水深度压力,可表示为 $p_{ob} = \rho_{sea}gh_{cold} + p_a$。另外,负载在运动过程中受到3种阻力的影响,包括气体缸和导管截面突变的局部阻力、液体黏性阻力和阀门局部阻力,经计算,阻尼系数 $B_1 = 8\pi\mu L_2$,$B_2 = \rho A_p^3/[2(\alpha A_v)^2] + \rho A_p(1 - A_p/A_c)/4$。

考虑到 $v_p = (dV_g/dt)/A_p$,此关系式代入式(4-19),气体体积变化过程为

$$(p_{x2} - \rho_{sea}gh_{cold} - p_a)A_p$$
$$= \rho L_2\frac{d^2V_g}{dt^2} + \frac{\rho}{4A_p}\left(1 - \frac{A_p}{A_c}\right)\left(\frac{dV_g}{dt}\right)^2 - \frac{\rho A_p}{2(\alpha A_v)^2}\left(\frac{dV_g}{dt}\right)^2 - \frac{8\pi\mu L_2}{A_p}\frac{dV_g}{dt}$$

(4-20)

联立式(4-18)和式(4-20),气体体积变化总方程为

$$M\frac{d^2V_g}{dt^2} = F - K_1\left(\frac{dV_g}{dt}\right)^2 - K_2\left(\frac{dV_g}{dt}\right)$$

(4-21)

式中:M——系统的等效质量,为 $\rho L_2 + [\rho(V_{tot} - V_g) + m_p]A_p/A_c^2$;

K_1——等效阻尼系数,为 $\rho(1 - A_p/A_c)/4A_p + \rho A_p/2(\alpha A_v)^2$;

K_2——等效阻尼系数,为 $8\pi\mu(V_{tot} - V_g)A_p/A_c^3 + 8\pi\mu L_2/A_p$;

F——等效载荷,为 $[p_0(V_0/V_g)^{1.4} - \rho_{sea}gh_{cold} - p_a]A_p$。

式 4-21 显示，正浮力调节过程中，驱动气体体积增大的等效载荷 F 是一个时变量，随气体体积的增大而减小。为使滑翔机获得足够的正浮力，在完成既定液体量的传递之前，应确保等效载荷大于零，否则，系统就不能达到正浮力调节幅度的要求。由 F 的表达式可知，在滑翔机航行的下限深度确定时，等效载荷的大小主要决定于气体的充气状态和浮力调节过程中气体的瞬时体积。两种因素都与气体的工作过程相关。

研究工作气体的 p-V 变化过程。图 4-5 和图 4-6 中，0 是工作气体的充气状态，1 是工作气体受压缩至体积最小的状态。0→1 表示暖水层相变储能过程中，气体由充气状态 0 被压缩至状态 1 的过程，体积变化量 ΔV 就是系统的能量传递液体的排放量。2 是等效载荷 F 等于零的状态，1→2 是冷水层正浮力调节过程中，气体由状态 1 膨胀降压至状态 2 的过程。

图 4-5 显示了系统正常工作过程。气体由状态 1 膨胀到充气状态 0，等效载荷 F 仍然大于零，系统能够完成正浮力调节任务，只要系统在气体由状态 1 膨胀至充气状态 0 时，及时关闭三通阀，结束正向调节过程就行。

如果关闭不及时，工作气体继续膨胀，浮力调节过程的体积变化量大于 ΔV，必然破坏系统循环工作的特性。

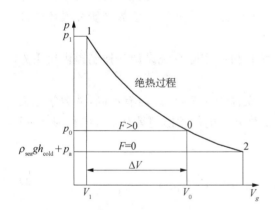

图 4-5　正常过程工作气体 p-V 图

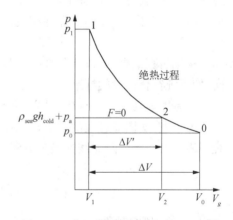

图 4-6　非正常过程工作气体 p-V 图

图 4-6 显示了非正常过程。这时，正浮力调节过程在气体由状态 1 膨胀至充气状态 0 的中途，等效载荷已经降为零。也就是说，在浮力调节过程结束时，气体体积变化量仍小于 ΔV，尚未完成既定流量的液体排放。这样，滑翔机就无法获得足够的正浮力。

若等效载荷降低至零，系统恰好完成既定液体量的传递，即气体膨胀终了时正好恢复到充气状态。这是临界的情况，对应着

$$F = (p_0 - \rho_{sea} g h_{cold} - p_a) A_p = 0 \tag{4-22}$$

将临界情况下对应的气体充气压力称作临界充气压力，记为 p_{cr}，得

$$p_{cr} = \rho_{sea} g h_{cold} + p_a \qquad\qquad (4-23)$$

式(4-23)显示,气体的临界充气压力就等于冷海水的深度压力。

由上述理论分析,只有当气体的充气压力大于或等于设定的冷海水深度压力时,系统才能达到正浮力调节幅度的要求。

4.2　浮力调节系统的动态仿真

传统的仿真技术,包括实物仿真与半实物仿真,其仿真结果直接、形象、客观可信,仿真模型却受到相当多限制,仿真费用也大。各研究领域出现的仿真计算软件,如用于动力分析的 ADAMS 软件,流场分析的 FLUENT 软件,系统和模型仿真的 MATLAB 软件以及 EASY 软件,以计算机系统及仿真器为工具,运用数学模型对系统进行研究与分析,相对而言,比较方便、安全,且成本低廉。

基于 MATLAB 平台的 Simulink,能够用于构建自己的动态系统模型,通过仿真结果修正系统设计,从而快速完成系统的设计。Simulink 集成环境的运行得到 MATLAB 的支持,能直接使用 MATLAB 强大的科学计算功能。

现采用 Simulink 仿真模块,对温差能驱动水下滑翔机的浮力调节过程进行动态仿真。在动态模拟过程中,需要先确定影响浮力调节性能的参数,如与工作气体缸、输送导管、内胆、外胆等部件相关的尺寸参数,再改变其余参数来研究具体的浮力调节过程。

根据仿真结果,可以优化系统参数,为样机的实际系统设计和控制提供决策方向,使系统符合预设的标准。

温差能驱动水下滑翔机正浮力调节和负浮力调节,原理略有不同,从数学意义的角度出发,两调节过程的本质是一致的,所建立的数学模型具有很大的相似性,可统一表示为一个二阶非线性微分方程,即

$$M\frac{\mathrm{d}^2 V}{\mathrm{d}t^2} = F - K_1\left(\frac{\mathrm{d}V}{\mathrm{d}t}\right)^2 - K_2\left(\frac{\mathrm{d}V}{\mathrm{d}t}\right) \qquad\qquad (4-24)$$

式中:V——研究对象的体积;

　　　M——系统的等效质量;

　　　F——系统的等效载荷;

　　　K_1——等效阻尼系数;

　　　K_2——等效阻尼系数。

正、负调节过程数学模型形式的统一,为仿真模型的建立提供了方便。一个仿真模型用于两个浮力调节系统的数值模拟,简化了仿真过程。

利用 Matlab 数学软件中的 Simulink 模块,建立如图 4-7 所示的仿真模型。为使模型具有通用性,专门设定 4 个子系统仿真模块,如图 4-8 所示,对应 4 个等效系数,即 M,F,K_1,K_2。只要修改子系统的计算规则和参数设定,就能同时仿真

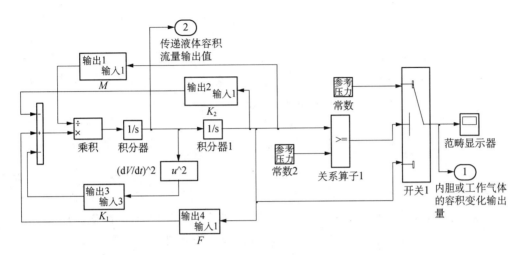

图 4-7　浮力调节仿真图

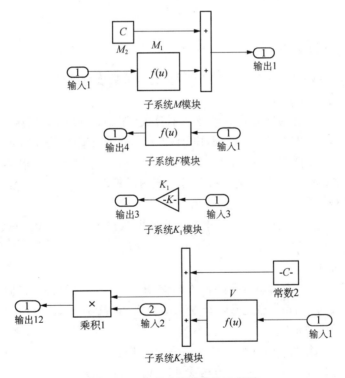

图 4-8　仿真系统子模块示意图

正、负浮力调节过程,深化对系统调节过程的认识。

　　此外,通过 Rational Operator 和 Switch 模块相结合,可控制模型,使之在浮力调节过程结束后自动中断仿真,使系统更符合实际情况。

子系统模块中,输入 1、输入 2、输入 3 分别为输入参变量 V, $\dot{V}$, $\dot{V}^2$ 的输入口,$f(u)$ 就是以这些输入口变量为因变量的一个函数。

负浮力调节系统的等效运动负载质量 $M = \rho L_1$。M 模块中常数块 M_1 的值为 ρL_1,模块 M_2 中的函数 $f(u)$ 设定为 0;等效负载力 $F = \rho_{sea} g h_{warm} A_p$,函数模块 $f(u)$ 即可定为 $\rho_{sea} g h_{warm} A_p$;等效阻尼系数 $K_1 = \dfrac{8\pi\mu L_1}{A_p}$,增益模块 k 就等于此值;等效阻尼系数 $K_2 = \dfrac{\rho}{2g(\alpha A_v)^2} A_p$,则可将常数模块 c 设定为 $\dfrac{\rho}{2g(\alpha A_v)^2} A_p$,函数模块 $f(u)$ 设定为 0。

在正浮力调节系统中,系统等效质量 $M = \rho L_2 + [\rho(V_{tot} - V_g) + m_p]A_p/A_c^2$,是与求解变量气体体积有关的值。为方便计算,可将该值分解为两部分,常数块 M_1 设为 ρL_2,函数模块 M_2 中的函数 $f(u) = [\rho(V_{tot} - u) + m_p]A_p/A_c^2$;等效阻尼系数 K_1 为 $\rho(1 - A_p/A_c)/4A_p + \rho A_p/2(\alpha A_v)^2$,同负浮力调节系统相一致,增益模块 k 就设定为 K_1 的值;等效阻尼系数 K_2 为 $8\pi\mu(V_{tot} - V_g)A_p/A_c^3 + 8\pi\mu L_2/A_p$,常数模块 c 设定为 $8\pi\mu L_2/A_p$,函数模块 $f(u) = [p_0(V_0/u)^{1.4} - \rho_{sea} g h_{cold} - p_a]A_p$。

4.3　浮力系统的预设标准

若干仿真参数须事先给予确定,包括浮力调节幅度等参数。

1. 浮力调节幅度

现有水下滑翔机的浮力调节幅度都不算大,如 Seaglider,体积浮力调节幅度为 840 ml,Spray 的调节幅度为 900 ml,电动 Slocum 的调节幅度为 450 ml,而温差能驱动 Slocum 的调节幅度为 410 ml。现所研究的温差能驱动水下滑翔机和温差能 Slocum 类似,参考该样机,所要研究的浮力系统的调节幅度定为 410 ml。

2. 能量传递液体

40% 的水-乙二醇溶液。仿真计算将液体参数设定在一个大气压、20℃ 下的密度为 1078 kg/m³,动力黏度为 51.76×10⁻⁴ Pa·s。

3. 部件尺寸

样机机身的尺寸较小,各部件在舱内体积不宜过大。现将气体缸总体积定为 900 ml、截面积 63.6 cm²,输送导管长 35 cm,截面积 0.28 cm²,活塞质量 0.1 kg。

4. 阀口流量系数

阀口流量系数为 0.6~0.62,现取中间值 0.61。

5. 滑翔机入水前内、外胆初始充液量,工作气体缸初始充气量

实际过程中,阀门的闭合动作并非瞬时完成,导致浮力调节过程中各部件的体积变化量存在误差,为留有余地,滑翔机入水前,气体充气体积定为 710 ml,内、外胆分别填装能量传递液体 200 ml 和 600 ml。

6. 航程范围和浮力调节深度

参考我国东海海域水温分布规律,该海域暖水层范围一般在水深 $0\sim200\,\mathrm{m}$ 之间,表层水温全年在 $25\,^{\circ}\mathrm{C}$ 以上,$500\sim800\,\mathrm{m}$ 以下的深层水温低于 $5\,^{\circ}\mathrm{C}$。据此,将滑翔机航行的海水层上限深度定为水深 $10\,\mathrm{m}$,下限深度定为水深 $750\,\mathrm{m}$。依据式 4 - 23,冷水层 $750\,\mathrm{m}$ 处对应的临界气体充气压力约为 $7.5\,\mathrm{MPa}$。

为确保浮力调节系统具有良好的工作性能,浮力调节过程应该:一要满足预设的浮力调节幅度要求,以保证完成既定液体量的传递任务;二要满足浮力调节时间的要求,以保证调节时间不至于过长,避免滑翔机运动可控性下降;三要满足能量传递液体体积流量的要求,以保证在输送导管截面较小的条件下,管内液体流速不至过高。据此,浮力调节系统的调节时间控制在 $40\,\mathrm{s}$、体积流量控制在 $35\,\mathrm{ml/s}$ 之内是恰当的。

本仿真实验是为了定量分析浮力系统,掌握系统参数对浮力调节过程的影响,结合浮力调节幅度和调节速度这两个重要输出变量,找出符合浮力调节预设标准的工况。对此,仿真过程的具体过程如下:

确定滑翔机航行深度范围后,在 Matlab 环境下,输入内外胆初始充液量、工作气体初始体积、能量传递液体的物理参数值,以及工作气体缸和管道的尺寸参数,将这些设定的参数值输入到仿真模型的 M、F、K_1、K_2 4 个模块中。

运行仿真模型在不同的三通阀通流面积和工作气体充气下,模仿输出工作气体或内胆体积变化过程和能量传递液体的流动规律。

分析仿真结果。研究满足正、负浮力调节幅度要求的条件;根据仿真结果确定阀门闭合动作的时刻;结合浮力调节幅度(研究对象体积变化量)和调节速度(能量传递液体的体积流量大小)两个重要参数,优化系统参数,使浮力调节过程符合工作要求。

4.4　浮力调节系统的工作过程

为方便,将正、负浮力调节过程分为两部分加以研究讨论。

1. 负浮力调节过程

负浮力调节过程中,水下滑翔机航行至水深 $10\,\mathrm{m}$ 处时,打开三通阀 A、B 端口,连通内、外胆,负浮力调节初始,内胆体积 $200\,\mathrm{ml}$,外胆体积 $600\,\mathrm{ml}$。

图 4 - 9 显示,三通阀通流面积为 $50\times10^{-5}\,\mathrm{m^2}$、$41\times10^{-5}\,\mathrm{m^2}$、$22\times10^{-5}\,\mathrm{m^2}$ 的 3 种工况下,负浮力调节幅度都在 $0\sim600\,\mathrm{ml}$ 范围之内,调节幅度与阀门通流面积无关。当外胆中预先填装的 $600\,\mathrm{ml}$ 液体全部流入内胆时,负浮力调节幅度最大。在这种情况下,内胆体积可由 $200\,\mathrm{ml}$ 膨胀至 $800\,\mathrm{ml}$。之后,维持不变。

图 4 - 10 显示,在打开三通阀连通内外胆后,能量传递液体的体积流量迅速由 0 增大至某一稳定值。这是由于负浮力调节系统的等效载荷是恒大于零的定值,可维持液体体积流量保持恒定,内胆体积呈现线性增长的规律。

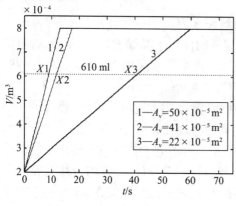

图 4-9   内胆体积变化曲线

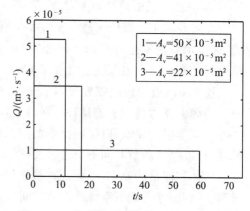

图 4-10   能量传递液体体积流量变化曲线

为达到预设的浮力调节幅度,要求系统在完成 410 ml 液体的传递时,即内胆体积由 200 ml 膨胀至 610 ml 的时刻(图 4-9 中标出的 $X1$,$X2$,$X3$ 时刻)及时关闭三通阀。否则,外胆中液体将会继续流入内胆,超出预设的浮力调节幅度。当外胆中的液体全部流入内胆时,液体体积流量就会突然降低至零。由图 4-9、图 4-10 可预测三通阀通流面积在 $22 \times 10^{-5} \sim 41 \times 10^{-5}\,\mathrm{m}^2$ 范围内,可将浮力调节时间控制在 40 s 之内,液体体积流量控制在 35 ml/s 之内,符合系统预设的标准。

2. 正浮力调节过程

正浮力调节过程中,滑翔机航行至水深 750 m 处,打开三通阀 B、C 端口,连通工作气体缸和外胆。正浮力调节过程的初始,气体体积 300 ml,外胆体积 190 ml。

在阀口通流面积一定的情况下,研究气体充气压力对正浮力调节过程的影响。取阀口通流面积为 $25 \times 10^{-8}\,\mathrm{m}^2$,充气压力分别为 9 MPa、7.5 MPa 和 6 MPa。

图 4-11 显示,充气压力为 9 MPa 时,气体体积由 300 ml 膨胀至最大值 810 ml,正浮力调节幅度在 0～510 ml 范围内;充气压力为 7.5 MPa 时,气体最大可膨胀至 710 ml,调节幅度在 0～410 ml 之间;充气压力减小至 6 MPa,气体最大可膨胀至 610 ml,调节幅度在 0～310 ml 之间。

仿真结果说明,正浮力调节幅度决定于气体的充气压力,当气体充气压力大于或等于临界压力时,预设的浮力调节幅度处于系统所能达到的浮力调节幅度范围内。特别是,充气压力为临界压力时,仿真实验得出的最大浮力调节幅度和预设值正好相等,这就表明,气体在膨胀终了时,正好完成既定液体量的传递任务,这与前述的理论分析结果吻合甚好,验证了仿真结果的准确度。

图 4-12 显示,打开三通阀后,系统等效载荷随气体体积膨胀而减小,致使能量传递液体的体积流量由 0 迅速增大至某一极值后,又开始慢慢衰减。

正浮力调节时间随充气压力的增大而缩短。为达到预设的浮力调节幅度,对于充气压力为 9 MPa 的工况,系统在完成 410 ml 液体的传递,即气体体积由 300 ml 膨胀至 710 ml 的时刻(图 4-11 中标出的 $X1$ 时刻),应及时关闭三通阀,防止气体继续

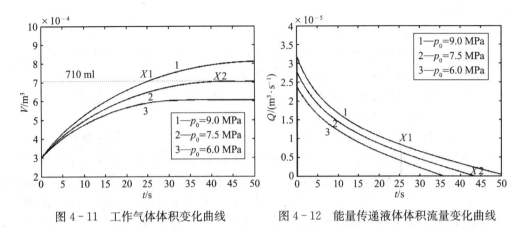

图 4-11　工作气体体积变化曲线　　　　　图 4-12　能量传递液体体积流量变化曲线

膨胀,如果液体过多压入外胆,以至超出预设的浮力调节幅度,系统循环工作的特性就会遭到破坏。

对于充气压力为临界压力的特殊工况,气体在膨胀至 710 ml 时,因系统等效载荷正好为零,气体体积会保持不变,只需在图 4-11 中的 $X2$ 时刻或之后,关闭三通阀即可。控制的要求相比前者较低。

在充气压力一定的情况下,我们来分析阀口通流面积对正浮力调节过程的影响。

取气体充气压力为临界压力 7.5 MPa,阀口通流面积分别为 $27 \times 10^{-8} \text{ m}^2$、$31 \times 10^{-8} \text{ m}^2$ 和 $48 \times 10^{-8} \text{ m}^2$。

图 4-13 显示,在气体充气压力一定的情况下,浮力调节幅度与阀口通流面积无关,调节时间随阀口通流面积的增大而缩短。

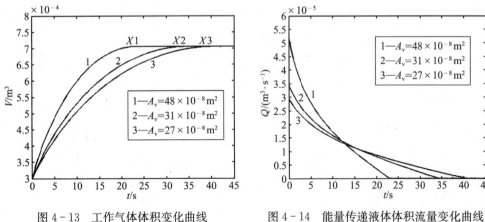

图 4-13　工作气体体积变化曲线　　　　　图 4-14　能量传递液体体积流量变化曲线

由图 4-13、图 4-14 可知,阀口通流面积在 $27 \times 10^{-8} \sim 31 \times 10^{-8} \text{ m}^2$ 范围内的情况下,可将浮力调节时间控制在 40 s 之内,液体体积流量控制在 35 ml/s 之内,符合系统设计标准。

通过本章理论分析和建模仿真,可得出以下结论:

负浮力调节过程中,驱动内胆体积增大的等效载荷恒大于零,系统本身可确保完成既定液体量的传递,自动满足负浮力调节幅度要求。

负浮力调节时间随阀口通流面积的增大而缩短,能量传递液体的体积流量在负浮力调节过程中由零迅速增大至某一稳定值。

正浮力调节过程中,驱动气体体积增大的等效载荷随气体体积的增大而减小。只有当工作气体充气压力大于或等于预设的冷水深度压力时,才能保证正浮力调节过程的等效载荷恒大于零,以完成既定的正浮力调节任务。正浮力调节时间由工作气体充气压力和阀口通流面积共同决定,且随两者的增大而缩短。能量传递液体的体积流量,在正浮力调节过程中由零迅速增大至某一极值后,又逐渐衰减。

仿真结果显示的浮力调节规律与理论结果吻合甚好,验证了仿真模型的准确度。在水下滑翔机航行轨迹和充气压力给定的情况下,可通过仿真计算,优化阀口通流面积,使浮力调节系统具有良好的动态性和稳定性,并符合预设的标准。

第 5 章　温差能动力推进系统的相变过程

美国 Woods Hole 研究所研制的最新式温差能驱动 Slocum 滑翔机,通过自身的驱动系统,将海水温差能转化为机械能,改变自身浮力驱动滑翔机航行。温差能驱动滑翔机与电能驱动滑翔机相比,最显著的优点就是续航能力强。电能驱动型滑翔机自带的电池使用寿命不长,限制了滑翔机的续航能力;海洋温差能几乎取之不尽,理论上,只要系统不发生故障,温差能驱动滑翔机的续航能力不受限制。

获取温差能源的相变装置,是整个动力系统最主要的部件。其内部盛装的感温工质,通过装置器壁与海水发生热交换,固-液和液-固相变导致体积变化,再通过动力系统各个部件,将这种体积变化转化为滑翔机自身的体积变化,实现机体上下沉浮运动。相变装置是整个动力系统工作的源头部件。感温工质与海水的相变传热过程,直接影响着滑翔机的运动机械性能。

首先需要解决的问题,是根据设定的航行海水环境,为相变装置系统遴选出合适的相变材料;建立相变能量方程,编写计算机程序,数值模拟滑翔机航程中相变材料的工作过程。根据其相变工作特性,优化相变装置尺寸,并确定滑翔机的临界航程范围。计算而得的相变储能和释能时间长度,可为整个动力系统的阀门开关动作提供必要的控制依据,这些数据对样机的实际航行同样具有指导意义。

相变材料(phase change material, PCM)是一种感温相变工质。

5.1　相变传热机理

热力学系统中,物理、化学性质完全相同,与其他部分具有明显分界面的均匀部分称为相。与固、液、气三态对应,物质有固相、液相、气相。相变是物质系统不同相之间的相互转变。

固、液、气三相之间转变,常伴有吸热或放热以及体积变化。单位质量物质在等温等压条件下,从一相转变为另一相时吸收或放出的热量称为相变潜热。通常,伴有相变潜热和体积变化的相变称为第一类或一级相变,不伴有相变潜热和体积变化的相变称为第二类或二级相变。按照热力学的分析,相变传热过程中,物质温度基本保持在相变温度;传热温差小,能够有效地减少换热过程中的不可逆损失,有助于提高换热效率。

5.1.1 相变方式

常见的相变方式有固-液相变、气-液相变或直接的固-气相变。

气-液相变换热效果最好,在相变过程中两相体积变化最大。理论上,这种相变方式非常适合用于温差能动力系统。但是,这种方式存在着很大的缺陷。滑翔机航行过程中,海水温度存在变化,气-液相变过程传热效果不一致;在压力一定的情况下,气体体积随温度变化非常明显,导致各个锯齿形航行轨迹中,相变体积变化不恒定。将这种不固定的体积变化转变为滑翔机自身浮力变化,就会影响滑翔机的运动性能,甚至当相变体积小于一定值后,滑翔机不能获得正常的浮力变化,无法驱动滑翔机在水下作上下沉浮运动。

这样,便于利用的只能是固-液相变的感温工质。当物质保持固态或液态时,其体积随温度和压力的变化都可以忽略不计,也就是说,两相变化时产生的相变体积变化量,是恒定不变的,它不受海水温度和传热效率的影响。这样,就保证了温差能动力系统循环工作的特性。

5.1.2 固液相变的传热类型

相变传热问题即运动边界问题,亦称 Stefan 问题。以 Stefan 在 1891 年研究北极冰层厚度而得名。传热方式主要分为 3 种:热传导、热对流及热辐射。对于一般环境中发生的固液相变过程,在普通温度下,辐射可以忽略不计。固态 PCM 内的热传递方式主要是热传导,而液态 PCM 内的热传递方式,既包括热传导,又包括对流换热。引起对流的原因主要有浮力、表面张力、体积变化等。液相 PCM 的对流强度可用瑞利数 R_a 来表征。瑞利数是无量纲参数,代表浮力与黏滞力的比值,可作为垂直方向因温度差引起对流的判据。按照传热方式分类,固液相变问题主要可以分为两大类。

一类是导热控制的固液相变传热问题(古典 Stefan 问题)。该问题主要受固相区导热的影响,多存在于液相区处于凝固温度的场合。研究人员通过研究具有运动固液界面的单区域(固相)非稳态导热,来确定凝固层厚度与时间的关系。导热控制的固液相变问题相对比较简单,简单几何形状下的凝固或融化问题容易进行分析求解,对此问题的研究已经发展到分析多维固化问题。

一类是导热-对流耦合控制的固液相变传热问题。这类问题中,液相区有明显的流动,固液界面形状和位置受固相区导热和液相区对流共同影响,流动可以是强迫对流或自然对流。与常规对流问题不同,伴随相变的对流效应,既影响固相区域的变化,又受固液界面边界形状和热流密度的影响,存在导热和对流的耦合。这个问题是近年来研究者们关注的课题。

相变传热问题的特点在于,求解域总存在一个位置随时间变化的固-液界面。按照固液界面的特点,固液相变问题又分为两类。一类是对单纯物质来说,在确定的相变温度下,移动界面是明晰的,将固、液两相物质明确地分割为两部分。另一类是对非纯材料(如石蜡、合金等)来说,其熔融(凝固)现象发生在一个温度范围内,移动"界面"是模糊的两相区。对于由混合物组成的 PCM 来说,当发生相变时,在纯固相和纯液相之间存在一个两相共存区域,这个两相区域被限制在温度为固化温度的等温界面和温度为液化温度的等温界面之间。分析这种处于一个温度区间内的相变问题,要确定固相、液相和两相区域中的温度分布,这是一个三区域问题。

5.2　固液相变的数学模拟

相变系统工作流体缸的设计主要采取两种形式。一种是水平圆管结构,相变材料就存放在圆管中;另一种是套叠的薄壁圆筒结构,相变材料存放在圆环腔内。根据水下滑翔机的工作状况,采用水平圆管结构作为工作流体缸,如图 5-1 所示。在实际航程中,圆管容器始终暴露在海水中,管内感温工质通过器壁与海水进行热交换以获取温差能。

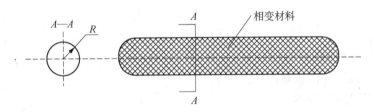

图 5-1　水平圆管工作流体缸外观图

任何一个物理现象的数学描述都包含了近似,相变传热问题也不例外。相变传热的数学模型是以其控制方程和连续介质的概念为基础的。为了更好地研究和分析相变装置中感温工质的相变特性,在建立相变数学模型时,作出如下合理的简化假设作为必要前提:

假定感温工质为纯净物,且各向同性,相变过程具有单一的相变温度和明确的固液移动界面。

假定感温工质液相、固相密度、比热等物理参数不随温度和压力变化,但两相之间的物理参数不同。

假定固相感温工质导热符合傅立叶导热定律。

假定液相感温工质为不可压缩流体,流动方式为层流。

5.2.1　相变数学模型的建立

相变传热问题的分析,按所选的表征量可以分为两种模型:温度法模型和焓法模型。顾名思义,在温度法数学模型中,是以温度为唯一因变量的,分别对固相和液相建立能量守恒方程。这种方法是最为常见的方法。焓法模型是把焓和温度共同作为因变量,在固液两相建立统一的能量守恒方程,ShamsunderN 和 Sparrow E M 证明了焓形式能量方程与传统的以温度为变量的能量方程等价。

1. 温度法模型

空间中,任取一个不随时间变化的控制体,在某一时刻 t,它被其中经过的相界

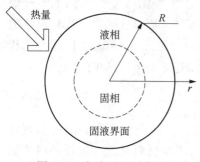

图 5 - 2　相变过程示意图

面分为固相与液相两个相邻的区域,如图 5 - 2 所示。根据能量守恒方程,固相和液相的控制方程分别为

固相

$$\rho_s C_{ps} \frac{\partial T_s}{\partial t} = \nabla \cdot (k_s \nabla T_s) + \dot{q}_s \quad (5-1)$$

液相

$$\rho_l C_{pl} \left(\frac{\partial T_l}{\partial t} + v \cdot \nabla T_l \right) = \nabla \cdot (k_l \nabla T_l) + \dot{q}_l$$

$$(5-2)$$

式中：T——温度；

C——比热；

ρ——密度；

k——导热系数；

$\dot{q}$——固(液)相体积热源(汇)；

v——液相速度矢量。

下标：s——固相；

　　　　l——液相。

相界面是随时间移动的。因而,相界面可视为既是固相区、又是液相区的移动界面。求解相变问题时,必须把边界的移动规律作为解的一部分予以考虑,这是数学处理上的难点。相界面上,相变的发生及相变潜热的释放或吸收,决定了固、液两相区移动边界必须满足温度连续性条件,即在相界面上,认为两相温度都等于相变温度、能量平衡条件、质量守恒条件。

固液界面的运动、温度变化,都取决于表面的热边界条件、初始温度分布,以及材料的热物理性。

固液移动界面 Ω 处的能量平衡方程为

$$(\rho_s h_s - \rho_l h_l) v_\Omega + \rho_l h_l v_l = \left(k \frac{\partial T}{\partial n} \right)_l - \left(k \frac{\partial T}{\partial n} \right)_s \quad (5-3)$$

固液移动界面 Ω 处的质量守恒方程为

$$(\rho_s - \rho_l) v_\Omega + \rho_l h_l v_l = 0 \quad (5-4)$$

式中：v_Ω——固液界面法向速度；

　　　　v_l——液相速度；

　　　　h_s——固相焓；

　　　　h_l——液相焓。

把质量平衡方程代入能量守恒方程,则能量守恒方程可以简化为

$$\rho_s (h_1 - h_s) v_\Omega = - \left(k \frac{\partial T}{\partial n} \right)_1 + \left(k \frac{\partial T}{\partial n} \right)_s \tag{5-5}$$

令 $h_m = h_1 - h_s$，根据现有定义可知，h_m 就是通常的融化潜热。

2. 焓法模型

焓法模型把焓和温度共同作为因变量，无须分区建立控制方程，对固、液相建立统一的数学模型进行描述。得到焓的分布以后，再确定界面的位置。焓法模型能量方程为

$$\frac{\partial H}{\partial t} + v \nabla H = \nabla (k \nabla T) + q_1 \tag{5-6}$$

其中，H 为感温工质的比焓。

从上式可见，对于相变材料的密度和相变特性，并没有作出任何假设，所以，它适用于相变发生在一个温度区间，甚至没有相变问题存在的情况下。

温度法模型以温度为唯一变量，求解微分方程后，可以直接得到感温工质的温度场分布情况。不过，需将整个 PCM 场分为 3 个部分：固相区、液相区和固液界面。

固液界面的位置有待确定。界面的能量守恒条件是非线性的，尤其是在固液界面上，存在着强非线性。

使用温度法模型求解温度场，难度较大。焓法模型在 3 个区域内建立统一的能量方程，无需跟踪固液移动界面，降低了非线性要求，简化了计算过程。现采用焓法模型来研究获取温差能的相变装置系统。

实际过程中，存在固液密度变化，和其他可能存在的对流引起的液相流动速度变化。因此，建立相变数学模型时，除了考虑能量平衡方程外，还必须同时建立连续性方程、动量守恒方程和质量守恒方程。完备的相变系统数学模型为

能量守恒方程　　　　　$\dfrac{\partial H}{\partial t} + v \nabla H = \nabla (k \nabla T) + q_1$

动量方程　　　　　$\dfrac{\partial v}{\partial t} + v \nabla v = F + \nabla (v \nabla v) - \dfrac{1}{\rho} \nabla p \tag{5-7}$

连续性方程　　　　　$\nabla v = 0 \tag{5-8}$

5.2.2　相变数学模型的简化

完整的相变数学模型中，能量守恒方程、动量方程和连续性方程为非线性偏微分方程，且存在比焓、温度和速度 3 个变量。这样，需要计算焓场，必须先解出速度场和温度场。

求解过程中，需将能量守恒方程、动量方程和连续性方程离散，然后利用有限差分耦合迭代求解焓场、速度场和温度场。这样，又涉及压力场和重力场，过程较为复杂。

为简化计算，对数学模型进行合理简化。

1. 焓场和温度场的统一

焓法模型的微分方程,将固相、液相或者两相区在方程形式上作了统一,但是,焓场 H 和温度场 T 的形式并没有统一。这给数值计算带来难度。为了解决这一矛盾,需找出两者关系,统一方程变量。

以感温工质相变温度 T_m 对应的焓值为基准,H 与 T 的关系式为

$$H = \int_{T_m}^{T} \rho_s C_{ps} dT \qquad (T < T_m) \qquad (5-9)$$

$$H = \rho_l h_m + \int_{Tm}^{T} \rho_l C_{pl} dT \qquad (T > T_m) \qquad (5-10)$$

$$H = \phi_l \rho_l h_m \qquad (T = T_m) \qquad (5-11)$$

其中引入了一个表征潜热的量,液相体积率 ϕ_l,以表示单位体积内液态感温工质所占的体积份额。液相区内,$\phi_l = 1$;固相区内,$\phi_l = 0$;固液界面,$0 < \phi_l < 1$。

令感温工质显热 $h = \int_{T_m}^{T} \rho C_p dT$,$H$ 的表达式统一为 $H = \phi_l \rho_l h_m + h$,故可将能量方程式(5-6)统一成变量为显热的方程,即

$$\frac{\partial h}{\partial t} + v \cdot \nabla (h + \phi_l h_m) = \nabla \cdot \left(\frac{k}{\rho C_p} \nabla h \right) + \dot{q}_l - \rho_l h_m \frac{\partial \phi_l}{\partial t} \qquad (5-12)$$

2. 液相速度的处理

简化后得到的以显热为变量的能量方程,其左边第二项是由于液相运动引起的热对流速率。在两种情况下,是可以不考虑速度场的。

第一种情况是固液两相密度变化的影响可以忽略不计。此时,液相只有导热,无须考虑液体对流的情况,即可令 $v = 0$。

第二种情况是液相和固相密度不同,凝固过程中液相工质一直处于熔融温度,也就是相变温度,也可令 $v = 0$。

根据海洋温差驱动装置的工作原理,系统本身就是利用感温工质固、液两相密度差异引起的相变体积变化,所以无法满足第一种情况。再者,滑翔机航行过程中,相变装置暴露在海水中,与海水进行热交换,感温工质的温度都是瞬时变化的,无法保持在相变温度,因此,也不能满足第二种情况。

一般情况下,液相工质对流换热效应是不可忽略的。Velraj R 等人研究了感温工质储能吸收太阳热能、向应用系统放热的过程,发现在液相工质放热过程中,壁面会形成一层固体;随着固体层的加厚,热阻增大,降低了传热效率。固相工质在吸收太阳能而融化时,壁面形成液体层。这个过程中,液体的导热率远小于固体的导热率,理论上会增大热阻降低传热效率;但是,研究发现,热阻并未发生大幅度增长。这就说明,在液体区存在对流过程;对流引起的传热效率弥补了液体导热率的不高。

Sparrow 等人通过实验,研究了一垂直等温管道内感温工质的融化过程,并建

立纯导热模型进行数值模拟。将数值模拟的结果与实验所得结果进行比较后发现，实验数据竟比数值模拟结果高出很多。对融化过程进行数值模拟时，纯导热模型大大低估了热传递效率，使模型严重偏离实际。这表明，感温工质的融化过程中对流作用不可忽略。

由此可见，在研究感温工质相变工作特性的时候，必须要考虑液相工质对流热交换效应。最直接的方法就是用联立方程(5-7)、(5-8)和(5-12)，同时求解显热和速度场。这种方法直接明了，但求解过程非常复杂，过多的耦合迭代为计算带来了许多不便。

其实，对于温差能驱动装置来说，所关心的是感温工质固液相变界面的移动规律，以及相变总时间等重要参数；液相工质内部的速度场，对整个系统的研究毫无意义，没有必要在求解速度场上面花费功夫。为简化计算，采用了一种有效导热系数的方法，将液相速度对感温工质融化和凝固过程的影响通过修正导热系数的方法来弥补，就舍去能量方程式中含有速度的项，把对流产生的效果反映到导热系数上。

没有了速度项，仅用能量方程(5-13)就可描述相变过程，即

$$\frac{\partial h}{\partial t} = \nabla \cdot \left(\frac{k_{\text{eff}}}{\rho C_p} \nabla h \right) + \dot{q}_1 - \rho_1 h_m \frac{\partial \phi_1}{\partial t} \tag{5-13}$$

式中，k_{eff} 为有效导热系数。

剩下的问题就是要解决有效导热系数的计算。

对于方形容器竖壁加热，有效导热系数的经验公式如下：

$$\frac{k_{\text{eff}}}{k_1} = Nu$$

$$Nu = 0.22 \left(\frac{Pr}{Pr + 0.2} R_y \right)^{0.28} \left(\frac{l}{X(t)} \right)^{0.25} \qquad \left(\frac{l}{X(t)} > 2 \right)$$

$$Nu = 0.18 \left(\frac{Pr}{Pr + 0.2} R_y \right)^{0.29} \qquad \left(1 \leqslant \frac{l}{X(t)} \leqslant 2 \right)$$

$$Pr = \frac{v_1}{\alpha_1}; \quad R_y = \frac{g \beta l^3 \Delta T}{\alpha_1 v_1}; \quad \Delta T = |T_m - T_\infty|$$

Pr 取决于物性，R_y 与物性相关。

水平等温圆柱体内 PCM 融化的过程中，液体层的对流效应用等效导热系数来表示：

$$\frac{k_{\text{eff}}}{k_1} = Nu$$

$$Nu = \left[(Nu_{\text{cond}})^{15} + (Nu_{\text{conv}})^{15} \right]^{1/15}$$

$$(Nu_{\text{cond}}) = \frac{2}{\ln(d_i/d_m)}; \quad (Nu_{\text{conv}}) = \left[\frac{1}{Nu_{d_m}} + \frac{1}{Nu_{d_i}} \right]^{-1}$$

其中，d_{m} 是圆柱体内直径，d_{i} 是圆柱体中固液面所处位置的直径，Nu_{conv} 是对流方式下的 Nu 数，Nu_{cond} 是导热方式下的 Nu 数。

R_{y} 较高的情况下，液体层的导热系数可修正为

$$k_{eff}/k_{l} = 0.18 \times R_{y}^{0.25}$$

3. 热源项的处理

海洋温差驱动装置中 PCM 系统中并没有内热源存在，故 $\dot{q}_{l} = 0$

经过上述 3 个步骤的简化，相变传热模型可简化为

$$\frac{\partial h}{\partial t} = \nabla \cdot \left(\frac{k_{eff}}{\rho C_{p}} \nabla h \right) - \rho_{l} \Delta h_{m} \frac{\partial \phi_{l}}{\partial t} \qquad (5-14)$$

研究细长水平圆管传热问题时，可忽略圆管两端面的换热效应。也就是假定材料在管内轴向温度是一致的。由于工作流体缸的金属材质导热系数远大于相变材料的导热系数，传热速度很快，在计算过程中，可以假设器壁温度等于海水温度；在半径处，相变材料温度也始终和海水温度相等。采用有效导热系数法，温差能动力系统相变装置的数学模型最终完整表示为

$$\frac{\partial h}{\partial t} = \frac{1}{r} \frac{\partial}{\partial r} \left[\frac{k_{eff}}{\rho C_{p}} r \frac{\partial h}{\partial r} \right] - \rho_{l} h_{m} \frac{\partial \phi_{l}}{\partial t} \qquad (5-15)$$

$\phi_{l} = 0$：$\rho = \rho_{s}$，$C_{p} = C_{ps}$，$k_{eff} = k_{s}$

$0 < \phi_{l} < 1$：$\rho = (1 - \phi_{l})\rho_{s} + \phi_{l}\rho_{l}$，$C_{p} = (1 - \phi_{l})C_{ps} + \phi_{l}C_{pl}$，$k_{eff} = (1 - \phi_{l})k_{s} +$ $0.18\phi_{l}k_{l}R_{a}^{0.25}$

$\phi_{l} = 1$：$\rho = \rho_{l}$，$C_{p} = C_{pl}$，$k_{eff} = 0.18k_{l}R_{a}^{0.25}$

材料初始为固态时：

初始条件：$t = 0$，$\phi_{l} = 0$，$h(r, 0) = \rho_{s}C_{ps}(T_{ini} - T_{m})$

边界条件：$r = 0$，$\dfrac{dh}{dt} = 0$

$$r = R, \ h(R, t) = \rho_{l}C_{pl}(T_{wall} - T_{m})$$

材料初始为液态时：

初始条件：$t = 0$，$\phi_{l} = 1$，$h(r, 0) = \rho_{l}C_{pl}(T_{ini} - T_{m})$

边界条件：$r = 0$，$\dfrac{dh}{dt} = 0$

$$r = R, \ h(R, t) = \rho_{s}C_{ps}(T_{wall} - T_{m})$$

5.2.3 相变模型的离散及计算

相变模型的离散主要包括两个方面，计算区域的离散和微分方程的离散。

将所计算的区域划分成多个互不重叠的子区域，确定节点在区域中的位置及其

所代表的容积,即控制容积。这就是区域离散化方法。区域离散化方法主要有两种:外节点法和内节点法。

外节点法中,节点位于子区域的角顶上,划分子区域的曲线簇就是网格线,子区域不是控制容积。为了确定各节点的控制容积,需在相邻两节点的中间位置上作界面线,由这些界面线构成各节点的控制容积。从计算过程的先后来看,先确定节点的坐标,再计算相应的界面,因而也称为先节点后界面的方法。

内节点法中,节点位于子区域的中心。这时,子区域就是控制容积,划分子区域的曲线簇就是控制体的界面线。就实施过程而言,先规定界面位置,后确定节点,因而是一种先界面后节点的方法。

微分方程离散的方法,通常有几种:Taylor 级数展开法、多项式拟合法、控制容积积分法及平衡法。

Taylor 级数展开法,是把控制方程中的各阶导数用相应的差分表达式来代替,形成离散方程。

多项式拟合法,是将导数的差分表达式通过多项式拟合来获得。在流动与传热的数值计算中,多项式拟合法主要用来处理边界条件。

控制容积法,又称有限容积法。选定位置函数及其导数对时间及空间的局部分布曲线,将控制方程在任一控制容积及时间间隔内对空间与时间做积分,并整理成关于节点上未知值的代数方程。

平衡法,是将物理上的守恒定律直接应用于所研究的控制容积,并把节点看成是控制容积的代表,导出节点上未知值的代数关系式。

以下采用的方法是,对区域的离散,采用外节点法;对控制方程的离散,采用控制容积积分法。

盛放相变材料的细长圆管是轴对称的,研究半个圆管即可。外节点法对半圆管在径向上进行区域离散,W、P、E 代表相邻节点,w、e 代表以节点 P 为研究对象的控制体边界(图 5 - 3)。节点之间的距离为 Δr,节点 P 距 w 边界面的距离为 δr_w,距 e 边界的距离为 δr_e,规定 $\delta r_w = \delta r_e = \dfrac{1}{2}\Delta r$。

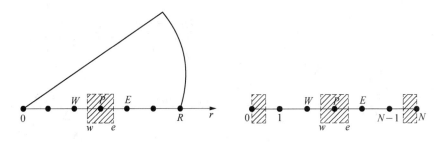

图 5 - 3 圆管内部区域离散示意图

半径 r 上的节点包含内节点和边界节点。节点 $1 \sim N-1$ 为内节点,分别拥有一个完整的控制容积,左边界点 0 只具有半个控制容积;右边界点 N 的焓值是已知的,无需建立以它为中心的控制方程。由于节点种类不同,故在建立离散方程时需要分别考虑。

1. 内节点 $1 \sim N-1$ 的离散方程

将控制方程 $\dfrac{\partial h}{\partial t} = \dfrac{1}{r} \dfrac{\partial}{\partial r}\Big[\alpha r \dfrac{\partial h}{\partial r}\Big] - \rho_l \Delta h_m \dfrac{\partial \phi_l}{\partial t}$ 等式两边乘以 r,得

$$r \frac{\partial h}{\partial t} = \frac{\partial}{\partial r}\Big[\alpha r \frac{\partial h}{\partial r}\Big] - r\rho_l \Delta h_m \frac{\partial \phi_l}{\partial t} \tag{5-16}$$

对节点 P 所在的控制容积,在时间间隔 Δt 内做积分,得

$$\int_w^e r(h^{t+\Delta t} - h^t)\mathrm{d}r = \int_t^{t+\Delta t}\Big[\Big(\alpha r \frac{\partial h}{\partial r}\Big)_e - \Big(\alpha r \frac{\partial h}{\partial r}\Big)_w\Big]\mathrm{d}t - \int_w^e r\rho_l \Delta h_m(\phi_l^{t+\Delta t} - \phi_l^t)\mathrm{d}r \tag{5-17}$$

在有限容积法中,选取型线仅是为了导出离散方程。一旦离散方程建立起来,型线就不再需要。选取型线时,主要考虑实施的方便,以及所形成的离散方程具有满意的数值特性,当然不必追求一致性。也就是说,同一控制方程中,不同的物理量可以有不同的分布曲线;同一物理量对不同的坐标,可以有不同的分布曲线;甚至同一物理量在不同项中,对同一坐标的型线可以不同。

在非稳态项中,将 h 随 r 变化的型线选为阶梯式,即同一控制容积中各处的 h 值都等于节点 P 上的值 h_p,则

$$\int_w^e r(h^{t+\Delta t} - h^t)\mathrm{d}r = \frac{1}{2}(r_e^2 - r_w^2)(h_P^{t+\Delta t} - h_P^t) \tag{5-18}$$

扩散项中,将 h 随 r 变化的型线选为隐式阶跃式:

$$\int_t^{t+\Delta t}\Big[\Big(\alpha r \frac{\partial h}{\partial r}\Big)_e - \Big(\alpha r \frac{\partial h}{\partial r}\Big)_w\Big]\mathrm{d}t = \Big[\Big(\alpha r \frac{\partial h}{\partial r}\Big)_e^{t+\Delta t} - \Big(\alpha r \frac{\partial h}{\partial r}\Big)_w^{t+\Delta t}\Big]\Delta t \tag{5-19}$$

因为

$$\Big(\alpha r \frac{\partial h}{\partial r}\Big)_e^{t+\Delta t} = \alpha_e r_e \frac{h_E^{t+\Delta t} - h_P^{t+\Delta t}}{\Delta r}, \quad \Big(\alpha r \frac{\partial h}{\partial r}\Big)_w^{t+\Delta t} = \alpha_w r_w \frac{h_P^{t+\Delta t} - h_W^{t+\Delta t}}{\Delta r}$$

故式(5-19)可进一步离散为

$$\int_t^{t+\Delta t}\Big[\Big(\alpha r \frac{\partial h}{\partial r}\Big)_e - \Big(\alpha r \frac{\partial h}{\partial r}\Big)_w\Big]\mathrm{d}t = \Big(\alpha_e r_e \frac{h_E^{t+\Delta t} - h_P^{t+\Delta t}}{\Delta r} - \alpha_w r_w \frac{h_P^{t+\Delta t} - h_W^{t+\Delta t}}{\Delta r}\Big)\Delta t \tag{5-20}$$

在源项中,将 ϕ_l 随 r 变化的型线选为阶梯式,即同一控制容积中各处的 ϕ_l 值相同,等于节点 P 上的值 ϕ_{lp},则

$$- \int_w^e r \rho_l \Delta h_m (\phi_l^{t+\Delta} - \phi_l^t) \mathrm{d}r = - \rho_l \Delta h_m (\phi_{lP}^{t+\Delta} - \phi_{lP}^t) \int_w^e r \, \mathrm{d}r$$

$$= - \rho_l \Delta h_m (\phi_{lP}^{t+\Delta} - \phi_{lP}^t) \frac{1}{2} (r_e^2 - r_w^2) \qquad (5-21)$$

将非稳态项、扩散项和源项的离散项代入控制方程(5-17),得到

$$\frac{1}{2} (r_e^2 - r_w^2)(h_P^{t+\Delta t} - h_P^t)$$

$$= \left(\alpha_e r_e \frac{h_E^{t+\Delta t} - h_P^{t+\Delta t}}{\Delta r} - \alpha_w r_w \frac{h_P^{t+\Delta t} - h_W^{t+\Delta t}}{\Delta r_w} \right) \Delta t$$

$$- \rho_l \Delta h_m (\phi_{lP}^{t+\Delta t} - \phi_{lP}^t) \frac{1}{2}(r_e^2 - r_w^2) \qquad (5-22)$$

h_P^t 代表 P 点在上一时间层的焓值,$h_P^{t+\Delta t}$ 代表 P 点在下一时间层的焓值。为方便,将 h_P^t 记为 h_P^0,$h_P^{t+\Delta t}$ 记为 h_P,则式(5-22)为

$$\frac{1}{2}(r_e^2 - r_w^2)(h_P - h_P^0)$$

$$= \left(\alpha_e r_e \frac{h_E - h_P}{\Delta r} - \alpha_w r_w \frac{h_P - h_W}{\Delta r} \right) \Delta t$$

$$- \rho_l \Delta h_m (\phi_{lP} - \phi_{lP}^0) \frac{1}{2}(r_e^2 - r_w^2) \qquad (5-23)$$

其中,$r_e = r_P + \frac{1}{2}\Delta r$, $r_w = r_P - \frac{1}{2}\Delta r (r_e^2 - r_w^2) = 2 r_P \Delta r$

将式(5-23)整理成 $a_P h_P = a_E h_E + a_W h_W + S$ 的形式,则

$$a_E = \frac{\Delta t \alpha_e \left(r_P + \frac{1}{2} \Delta r \right)}{r_P \Delta r^2}, \ a_W = \frac{\Delta t \alpha_w \left(r_P - \frac{1}{2} \Delta r \right)}{r_P \Delta r^2}$$

$$a_P = a_E + a_W + 1, \ S = h_P^0 - \rho_l \Delta h_m (\phi_{lP} - \phi_{lP}^0)$$

2. 左边界点 0

式(5-15)控制方程等价于下式:

$$\frac{\partial h}{\partial t} = \alpha \left(\frac{\partial^2 h}{\partial r^2} + \frac{1}{r} \frac{\partial h}{\partial r} \right) - \rho_l \Delta h_m \frac{\partial \phi_l}{\partial t} \qquad (5-24)$$

由圆柱的对称性,可得 0 点的边界条件为 $\left. \frac{\partial h}{\partial t} \right|_{r=0} = 0$,根据数学式,

当 $\left. \frac{\partial h}{\partial t} \right|_{r=0} = 0$ 时,$\left. \frac{\partial^2 h}{\partial r^2} \right|_{r=0} = \left. \frac{1}{r} \frac{\partial h}{\partial r} \right|_{r=0}$,故式(5-24)可简化为

$$\frac{\partial h}{\partial t} = \frac{1}{r} \frac{\partial}{\partial r} \left[\alpha r \frac{\partial h}{\partial r} \right] - \rho_l \Delta h_m \frac{\partial \phi_l}{\partial t} = 2 \alpha \frac{\partial^2 h}{\partial r^2} - \rho_l \Delta h_m \frac{\partial \phi_l}{\partial t} \qquad (5-25)$$

边界点 0 只有半个控制容积，为计算方便，在半径 r 相反方向添加一个虚拟节点，根据圆柱的对称性可知，该虚拟节点的性质同节点 1 的性质完全相同（图 5-4）。

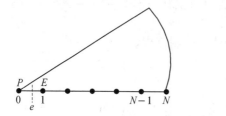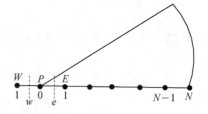

图 5-4　虚拟节点引用示意图

处理后，边界点 0 就具有一个完整的控制容积。将式（5-25）离散化，对节点 P 所在的控制容积在时间间隔 Δt 内做积分，得

$$(h_P - h_P^0)\Delta r = 4\alpha_e \frac{h_E - h_P}{\Delta r}\Delta t - \rho_l \Delta h_m (\phi_{lP} - \phi_{lP}^0)\Delta r \qquad (5-26)$$

将等式整理成 $a_P h_P = a_E h_E + a_W h_W + S$ 的形式，则

$$a_E = \frac{4\alpha_e \Delta t}{\Delta r^2}, \ a_W = 0$$

$$a_P = a_E + 1 = a_E + a_W + 1, \ S = h_P^0 - \rho_l \Delta h_m (\phi_{lP} - \phi_{lP}^0)$$

3. 右边界点 N

由边界条件可知，融化过程：$h_P = \rho_l c_l (T_{wall} - T_m)$

凝固过程：$h_P = \rho_s c_s (T_{wall} - T_m)$

将等式整理成 $a_P h_P = a_E h_E + a_W h_W + S$ 的形式

$$a_E = 0, \ a_W = 0$$

$$a_P = 1 = a_E + a_W + 1, \ S = \rho_l c_l (T_w - T_m) \text{ 或 } S = \rho_s c_s (T_w - T_m)$$

为了计算方便，将普遍关系式 $a_P h_P = a_E h_E + a_W h_W + S$ 改为 $a_i h_{i-1} + b_i h_i + c_i h_{i+1} = d_i$，综合上面分析的 3 种情况，得

当 $i = 0$ 时，

$$a_i = 0, \ c_i = \frac{4\alpha_e \Delta t}{\Delta r^2}, \ b_i = -(a_i + c_i + 1), \ d_i = \rho_l \Delta h_m (\phi_{li} - \phi_{li}^0) - h_i^0$$

当 $i = 1 \sim N-1$ 时，

$$a_i = \frac{\Delta t \alpha_w \left(r_i - \frac{1}{2}\Delta r\right)}{r_i \Delta r^2}, \ c_i = \frac{\Delta t \alpha_e \left(r_i + \frac{1}{2}\Delta r\right)}{r_i \Delta r^2}$$

$$b_i = -(a_i + c_i + 1), \ d_i = \rho_l \Delta h_m (\phi_{li} - \phi_{li}^0) - h_i^0$$

当 $i = N$ 时，

$$a_i = 0, \ c_i = 0, \ b_i = -(a_i + c_i + 1)$$

融化过程：$d_i = -\rho_1 c_1 (T_w - T_m)$；凝固过程：$d_i = -\rho_s c_s (T_w - T_m)$

其中，

$$\alpha_e = \frac{k_e}{(\rho c)_P} = \frac{1}{(\rho c)_i} \frac{k_i k_{i+1}}{2(k_i + k_{i+1})}, \ \alpha_w = \frac{k_w}{(\rho c)_P} = \frac{1}{(\rho c)_i} \frac{k_i k_{i-1}}{2(k_i + k_{i-1})}$$

通过上述的一系列计算，得到半径上所有节点的控制离散方程。至此，利用节点的离散方程可以对各个时层上各节点焓值进行计算。

求解离散化方程可以归结为线性代数方程组的求解。线性方程组的解法，通常有迭代法和直接消元法。从已得到的离散方程可知，待求焓值的节点值只与前后两个节点的焓值有关。这样形成的代数方程组的系数矩阵，是三对角线矩阵，可采用 TDMA 来计算。

TDMA 是一种简单、方便、高效率的计算方法，它只适用于非零元素只沿着系数矩阵的三对角线排列的情况。其求解过程包括：消去变量求系数的正过程，回代求解各个节点焓的逆过程。

$$\begin{pmatrix} b_0 & c_0 & & & & \\ a_1 & b_1 & c_1 & & & \\ & \cdots & & & & \\ & & \cdots & & & \\ & & & a_{N-1} & b_{N-1} & c_{N-1} \\ & & & & & b_N \end{pmatrix}$$

正过程的目的，是将每个包括 3 个待求节点变量的方程消去一个变量，使之成为两个待求变量的方程，继而把所有这些两个变量的方程的新系数值计算出来，直到边界获得节点从而获得边界上两个待求变量的方程。由于边界节点 N 的焓值是已知的，故可将边界变量的值逐一按次序回代到已求出系数的二变量方程中，便可求出全部待求变量。

当 $i = 0$ 时，有

$$h_0 = -\frac{c_0}{b_0} h_1 + \frac{d_0}{b_0} = A_0 h_1 + B_0$$

当 $i = 1$ 时，有

$$h_1 = -\frac{c_1}{a_1 A_0 + b_1} h_2 + \frac{d_1 - a_1 B_0}{a_1 A_0 + b_1} = A_1 h_2 + B_1$$

归纳得到对于任意 i 的方程为

$$h_i = -\frac{c_i}{a_i A_{i-1} + b_i} h_{i+1} + \frac{d_i - a_i B_{i-1}}{a_i A_{i-1} + b_i} = A_i h_{i+1} + B_i$$

对于节点 N，可得

$$h_N = \frac{d_N}{b_N} = B_N$$

因此，二变量方程式的通用形式为

$$h_i = A_i h_{i+1} + B_i$$

$$A_i = -\frac{c_i}{a_i A_{i-1} + b_i}; \quad B_i = \frac{d_i - a_i B_{i-1}}{a_i A_{i-1} + b_i}$$

边界点系数：

$$A_0 = -\frac{c_0}{b_0}, \quad B_0 = \frac{d_0}{b_0}$$

$$A_N = 0, \quad B_N = \frac{d_N}{b_N} = h_N$$

在计算过程中，只需算出全部系数 A_i，B_i，最后得到 B_N。

$B_N = h_N$，在逆回代过程中，只要应用通式 $h_i = A_i h_{i+1} + B_i$，便可算出全部节点的焓值。系数 A_i，B_i 的值与 a_i、b_i、c_i、d_i 相关。在离散控制方程过程中，采用隐式求解法，a_i、b_i、c_i、d_i 的值又由所求时间层上的液相率 ϕ_{li} 决定。ϕ_{li} 本身是一个待求值，无法直接计算出 a_i、b_i、c_i、d_i，也就不能直接得到系数 A_i、B_i 的值，无法运用 TDMA 算法求解代数方程，故计算过程中要采用迭代的方法。

具体实施过程：试探性给出所求时层上各个节点的 ϕ_{li} 值，由试探值 ϕ_{li} 的值来计算 a_i、b_i、c_i、d_i，继而得到系数 A_i、B_i 的值。运用 TDMA 算法求解代数方程得到各节点的焓值 h_i，而后由计算得到的 h_i 更新计算 ϕ_{li}，重复上面的步骤，得到新一轮的焓值 h_i。将第 k 次迭代得到的焓值记为 h_i^k，h_i^k 更新计算得到的液相率值记为 ϕ_{li}^{k+1}，第 $k+1$ 次迭代得到的焓值记为 h_i^{k+1}。

液相率 ϕ_{li} 的更新方法为

$$\phi_{li}^{k+1} = \frac{h_i^0 + a_i^k h_{i-1}^k + c_i^k h_{i+1}^k}{\rho_l \Delta h_m} + \phi_{li}^0$$

a_i^k、c_i^k 是第 k 次迭代过程中得到的系数值；h_{i-1}^k、h_{i+1}^k 是第 k 次迭代过程中得到焓值。h_i^0、ϕ_{li}^0 分别是上一时层中的焓值和液相率值。

计算得到的 ϕ_{li}^{k+1} 处理过程如下：$\phi_{li}^{k+1} \leqslant 0$ 时，令 $\phi_{li}^{k+1} = 0$；当 $\phi_{li}^{k+1} \geqslant 1$，令 $\phi_{li}^{k+1} = 1$；当 $0 < \phi_{li}^{k+1} < 1$ 时，无需处理。

当 $\max\{|\, h_i^{k+1} - h_i^k\,|\} \leqslant 10^{-3}$ 时，判定该时层上的迭代过程结束，计算得到的 ϕ_{li}^{k+1} 和 h_i^{k+1} 即为该时间层上各节点的液相率值和焓值。同时将 ϕ_{li}^{k+1} 和 h_i^{k+1} 作为初

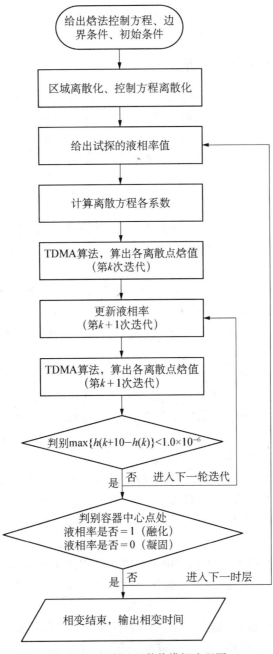

图 5-5　相变过程数值模拟流程图

始值,可以进行下一时层的计算。如此循序渐进,对各个时层中的各个节点焓值进行计算。

在 PCM 融化过程中,若在某一时间层上,边界点 0 点的液相率达到 1,则表明 PCM 已全部融化,相变过程结束,该时层的时间就是相变融化时间;在 PCM 凝固过程中,若在某一时层上,边界点 0 点的液相率值达到 0,则表明 PCM 已全部凝固,相变过程结束,该时间层就是相变凝固时间。

5.3　相变装置工作性能分析

相变装置的工作特性受多种因素的影响,包括海水环境温度、感温工质物理参数值、相变装置尺寸等。滑翔机航行过程中,感温工质是一定的,相变装置工作特性受此影响不大。因此,可以事先为相变装置遴选合适的感温工质。在此基础上,再分析其余因素对相变过程的影响,并根据计算结果,优化系统参数,提高温差能驱动装置的整体工作效率。

5.3.1　相变感温工质的遴选

感温工质的种类,大致可分为无机类、有机类、有机及无机化合物的混合类。无机混合物,包括盐水化合物、无机盐、金属及合金;有机混合物,包括石蜡、非蜡烃和多碳烃。

盐水化合物价格低廉,容易获得。盐水化合物存在过冷和相分离现象,在一定程度上限制了它们应用规模。现有的解决过冷的方法主要有两种:其一,是在盐水化合物中添加成核剂,以抑制或消除过冷现象;其二,是在化合物冷却过程中加以轻微震荡,解决相分离的“析出”问题。

作为感温工质,石蜡具有许多优点:无过冷现象,融化过程中无腐蚀,化学稳定,无需添加成核剂,无相分离现象,固液相变的体积变化率大,缺点是导热系数低。纯净的分析级石蜡非常昂贵,只有成本因素占次要地位时,方才考虑使用分析级石蜡。蓄能用的石蜡,多采用技术级石蜡——多种碳氢化合物的混合物,相变温度为一温度区间,不是一个固定的温度。

非蜡烃和多碳烃。此类物质主要有脂肪酸、脂、乙醇和乙二醇,等等。脂肪酸融化、凝固时,也无过冷现象,缺点是成本高,相当于石蜡的 3 倍。

感温工质的种类多,针对温差能动力系统的工作特性,选择必须满足基本的要求和标准。

热力学标准:合适的相变温度、相变潜热及密度、导热系数值。

固液相变温度:处于冷、暖海水温度之间。这是感温工质发生固液相变的首要条件。

相变潜热小:相变潜热越小,感温工质发生相变需要的温差能越少,可以缩短工质相变时间,同时降低滑翔机航行对海水环境温度的要求。

固相密度大于液相密度:满足这一条件的目的是感温工质发生固液相变后的体积变化规律,能符合整个温差能动力系统的工作要求。

固、液相导热系数大:导热系数大,感温工质发生固液相变或液固相变时间就短,获取温差能的工作效率就高。

动力学标准:凝固过程中无过冷现象。

化学标准:化学性质稳定,对相变装置容器无腐蚀性,无毒,不易燃、易爆,确保相变系统能够在水下长时间有效、安全工作;黏度小,提高感温工质液相流动性能,降低沿程阻力。

从表层到深层,海水温度范围基本在 5~28℃之间,所选用的感温工质,固液相变温度必须在此范围内。经过筛选,正十六烷可以符合感温工质的要求,如表 5-1 所示。

表 5-1　十六烷物性参数表

相变温度/℃	相变潜热 /(kJ·kg^{-1})	固相比热 /(kJ·(kg·K)$^{-1}$)	液相比热 /(kJ·(kg·K)$^{-1}$)
18	236	1.52	2.21
固相密度 /(kg·m^{-3})	液相密度 /(kg·m^{-3})	固相等效导热系数 /W·(m·K)$^{-1}$	液相等效导热系数 /W·(m·K)$^{-1}$
835	774.4	0.313	3.30

5.3.2　固液相变过程的数值模拟及影响因素分析

在温差能动力系统中,评判相变装置工作特性的主要标准参数,是相变总时间,即固液界面由初始容器壁面处移动至圆管中心所需的时间。它也可认为是固液相变过程中,感温工质从固态完全转为液态,即液相率由 0 增大至 1,或液固相变过程中,感温工质从液态完全转为固态,液相率从 1 降低至 0 所需的时间。

现以相变总时间作为衡量相变装置性能的参数。

1. 容器尺寸对相变过程的影响

为研究容器尺寸对相变过程的影响,需要确定滑翔机航行的海水环境温度和感温工质的初始温度。实际航程中,与感温工质热交换的海水温度不是恒定的,它与滑翔机所处的位置有关。采取由浅入深的方法,将冷、暖海水温度分别设为定值。一般情况下,海水温度范围在 5~28℃之间。在此,将冷海水温度定为 12℃,暖海水温度定为 24℃,两者与正十六烷的相变温度温差相同。为研究方便,将感温工质的初始温度定为它的相变温度,即把正十六烷发生固液相变或液固相变的初始温度定为 18℃。

在细长圆管半径为 12 mm、14 mm、16 mm 3 种工况下,分析相变装置的工作性能。

冷、暖海水温度与感温工质相变温度温差相同时,系统相变储能时间远小于相变释能时间。由图 5-6 至图 5-11 可知,圆管半径为 12 mm、14 mm、16 mm 3 种工况下,释能时间分别为 60.3 min,107.1 min,167.4 min;储能时间分别为 6.4 min,11.4 min,17.9 min。各工况下的释能总时间约为储能时间的 10 倍,说明液固相变总传热效率远低于固液相变的总传热效率。

究其原因,相变储能过程中,靠近容器壁面的正十六烷首先由固态转为液态,液态十六烷与海水换热方式包括导热和对流效应,等效导热系数高。随着固液界面不断向圆管中心推进,外层固体转化为液体。液体流动有助于里层固态相变材料的融化,相变储能速度快;在相变释能过程中,靠近容器壁面的十六烷,首先由液态变为固态,固态十六烷与海水换热方式只有纯导热,导热系数低,热阻大,阻碍了靠近圆管中心的液态十六烷与外界的换热,所以,相变释能过程历时长。

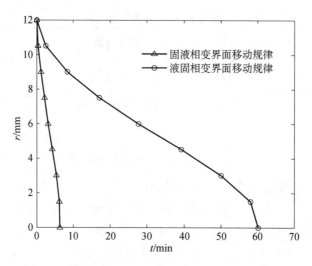

图 5-6　圆管半径为 12 mm 相界面移动规律曲线图

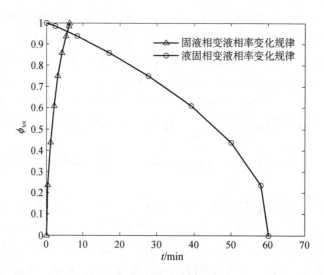

图 5-7　液相率变化规律曲线图

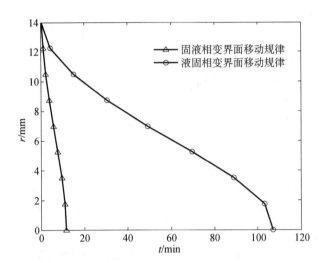

图 5-8　圆管半径为 14 mm 相界面移动规律曲线图

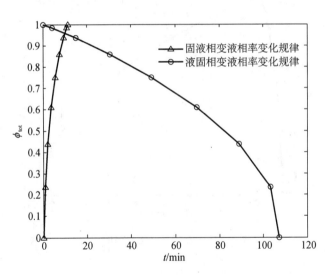

图 5-9　液相率变化规律曲线图

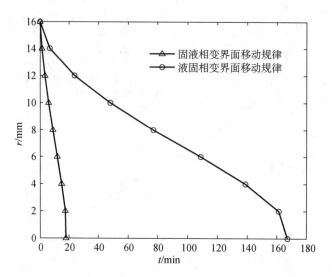

图 5-10　圆管半径为 16 mm 相界面移动规律曲线图

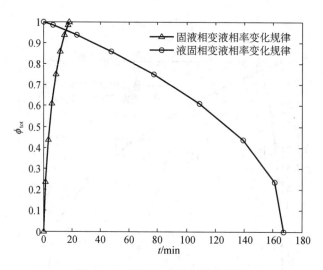

图 5-11　液相率变化规律曲线图

　　从图 5-12 可见,感温工质固液相变和液固相变总时间,都随圆管半径的增大而大幅延长。圆管半径由 12 mm 增大至 16 mm 时,释能时间在原来基础上延长了177%,储能时间则延长了 180%。从提高相变系统的工作效率的角度出发,相变容器的半径越小越有利。但是,也不能盲目选择半径非常小的圆管作为相变容器——在所需相变材料体积一定的情况下,管径越小,需要的管数就越多;过多的圆管容器安装在滑翔机外壳上,将影响滑翔机航行过程中的流体动力性质。

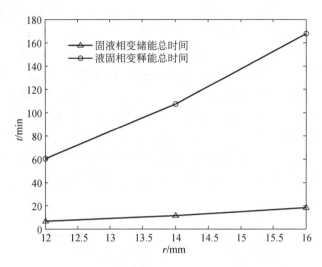

图 5-12　相变时间随圆管半径变化规律曲线图

2. 海水温度对相变过程的影响

固液相变和液固相变的总效率,都随着圆管半径的缩小而大幅度提高。从这一理论角度来分析,多根小管径细长圆管作为相变容器对系统是有利的。但是,根据滑翔机航行的实际情况,相变容器安装在滑翔机外部,始终暴露在海水中,管数过多,就会影响机体的流动性能,增大了滑翔阻力,对滑翔机驱动功率有更高的要求。为权衡这两个影响因素,现将滑翔机的相变容器半径设计为 14 mm。感温工质发生固液或液固相变的初始温度,仍旧定为相变温度,即 18℃。

在暖水温度分别为 28℃、26℃、24℃、22℃、20℃ 5 种工况下,分析固液相变工作特性。

冷水温度分别为 8℃、10℃、12℃、14℃、16℃ 的 5 种工况下,分析液固相变的工作特性。

从图 5-13 至图 5-16 可见,在初始温度一定的条件下,固液相变过程随暖水温度的变化规律而变化,与液固相变过程随冷水温度的变化规律变化非常相似。冷、暖海水温度与感温工质的初始温度差值相同的情况下,固液和液固相变过程的界面移动曲线和液相率变化曲线,都呈现出由密到疏的趋势。这就说明,在初始阶段,暖水温度和冷水温度对圆柱体容器内边界处的相变过程(暖水温度影响固液相变过程,冷水温度影响液固相变过程)影响不明显。但是,随着相变过程的进行,海水热量或冷量不断从圆管壁面传入圆管中心,曲线簇逐渐分离,间距变大,海水温度对感温工质相变过程的影响逐渐显著,最后,各工况下的相变总时间相差甚远。

暖水温度从 28℃降低至 26℃时,固液相变总时间从 7.0 min 延长到 8.7 min,延时率为 24.3%,水温从 26℃降至 24℃时,从 24℃降至 22℃时,从 22℃降至 20℃时,延时率分别为 31.9%、47.2%和 97.7%。同理,冷水温度从 8℃升高至 10℃时,从 10℃升高至 12℃时,从 12℃升高至 14℃时,从 14℃升高至 16℃时,液固相变总时间的延时率分别为 24.0%,32.2%,48.7%和 98.1%。可见,随着海水温度与感温工质相变温度差值的减小,无论是固液相变总时间、还是液固相变总时间,其延时率都呈递增趋势。据此可预测,滑翔机航行的环境,在海水温度接近其携带的感温工质相变温度的海域时,相变总时间受海水温度变影响大。在这一区域内,调整航程深度范围,适当增大海水温度与工质相变温度的差值,可显著提高相变系统工作效率。当滑翔机航行的环境,在海域水温与感温工质相变温度差别较大时,相变总时间受海水温度影响相对较小,相变系统工作效率对海水温度不敏感。

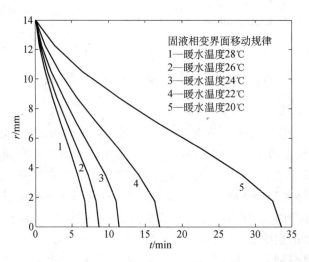

图 5-13　固液相界面移动规律曲线图

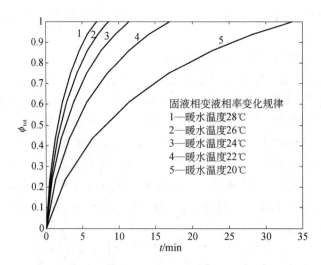

图 5-14　固液相变液相率变化规律曲线图

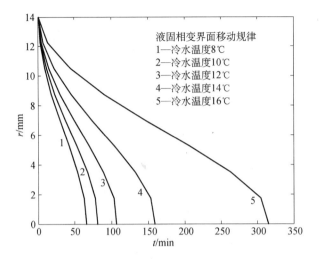

图 5-15　液固相变相界面移动规律曲线图

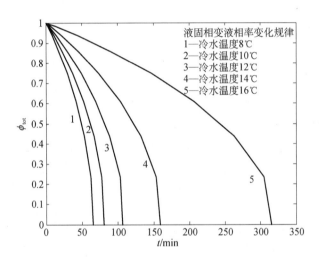

图 5-16　液固相变液相率变化规律曲线图

5.4　温差能动力系统储能工质的对比

　　水下滑翔机在水下运行时,动力系统中的相变材料通过容器壁与外界海水进行热量交换。通过相变材料状态的改变,不断地将海洋温差能转化为驱动滑翔机前进的机械能。在设计滑翔机时,应事先选定合适的储能工质,探讨改进动力系统工作性能的途径,提高温差能驱动滑翔机动力系统的传热效率。

　　储能工质可分为无机、有机、有机及无机化合物的混合物等几类。无机类包括盐水化合物、无机盐、金属及合金;有机类包括石蜡、非蜡烃和多碳烃。

　　盐水化合物价格低廉,容易获得,但盐水化合物存在过冷和相分离现象,这在一定程度上限制了它们应用范围。

　　石蜡作为储能工质具有许多优点,无过冷现象,融化过程无腐蚀,化学稳定性好,无需添加成核剂,无相分离现象。石蜡在固液相变过程中具有较大的体积变化率,但是导热系数较低。

　　非蜡烃和多碳烃。此类物质主要包括脂肪酸、脂、乙醇和乙二醇等。脂肪酸融化、凝固时也无过冷现象,但它们的成本较高,相当于石蜡的 3 倍。

　　根据滑翔机的工作环境,海洋温跃层间的海水温度经常在 5～28℃之间变化,所选用的相变材料的相变温度必须在此范围内。选择 5 种有机化合物类相变材料,进行相变传热分析,分别是正十五烷、正十六烷、十六号凝胶[38]、十五烷与十八烷混合物(4:6)、十四烷与十六烷混合物(2:8)。它们的热物性质如表 5-2 所示。

表 5-2　相变材料的热物性质

相变材料	融点 /℃	相变潜热 /(kJ·(kg)⁻¹)	比热 cp_s/cp_l /(kJ·(kg·K)⁻¹)	密度 ρ_s/ρ_l /(kg·m⁻³)	导热系数 k_s/k_{eff} /(w·(m·K)⁻¹)
正十五烷	10	207	1.61/2.21	776/727	0.14/1.5
正十六烷	18.15	236	1.64/2.09	864/773	0.14/1.48
十六号胶凝	17.35	150	1.89/2.1	770	0.4/1.6
十五烷与十八烷 混合物(4:6)	20.1	157.2	1.57/2.19	815/776.5	0.146/1.36
十四烷与十六烷 混合物(2:8)	14.2	184.6	1.64/2.1	839/770	0.142/1.51

　　上述材料置于直径为 40 mm 的圆柱形容器中,初始温度为相变温度,外壁温度保持恒定温度,高于相变温度 5℃。沿容器半径方向划分 50 个节点,时间步长为 1 s,数值计算的结果显示于图 5-17 和图 5-18 中。

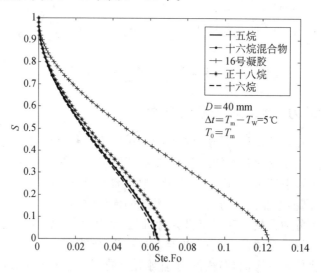

图 5-17　不同材料的相界面移动规律

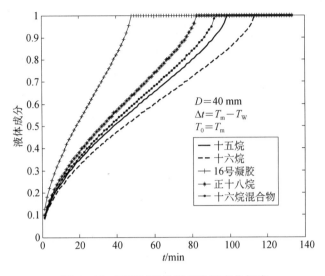

图 5-18　不同材料的液相分数变化规律

图 5-17 是无量纲相界面 S 随无量纲时间 Ste. Fo 的变化情况。图上所示，十六号凝胶的相界面移动速率最大，大约是其他材料的两倍。十五烷与十八烷混合物的相界面移动速率次之，其他相变材料的相界面移动速率相差不大。由以上结果可以看出，相变材料的热物性对相界面移动速率的影响很明显。其中，十六号凝胶的导热系数最大，相变潜热最小。

通过比较各材料的热扩散系数可知，固态十六号凝胶的热扩散系数比其他材料大一个数量级。材料的热扩散系数越大，传热过程中，材料内部温度趋于一致的能力越强，用于提高单元节点温度所需的热量就越小，传热能力越强。而且，相变潜热较小的材料，在相变过程中，单元节点发生相变所需的热量也较小，更多的热量向下一单元节点传递，相变速度较快。因此，提高材料的导热系数，减小材料密度和比热，减小相变潜热，可以提高相变材料的传热速率。

图 5-18 是融解过程中液相分数随时间的变化。图上显示的液相分数，是每个时间步长内各单元节点已融化液相成分的总和，其值在固态时为 0，完全融解后为 1，融解过程中在 0～1 之间变化。

图中显示了在融解过程中，各种相变材料的液相分数增长速率和完全相变所需的时间。十六号凝胶液相分数随时间增长速率最快，完全相变所需的时间最短，十六烷液相分数随时间增长速率最慢，完全相变所需的时间最长。其中，十六烷全相变所需的时间是十六号凝胶的 2.3 倍。

由不同材料的液相分数的变化规律可以得到与相界面移动规律相同的结论，相变材料的热扩散率越大，相变潜热越小，相变速率越快。

相变潜热的大小对完全相变所需的时间影响较大，但是，相变潜热小的材料，蓄放热过程所能储存的能量相对也较小。除了跟相变时间的长短有关外，贮能系统的储能效率还跟所储存能量的大小有关。在初始温度为相变温度的蓄能过程中，所储存的能量近似认为等于各相变材料的相变潜热大小。

图 5-19 给出了各种材料的单位时间储能量，其值等于不同材料的相变潜热与完全相变所需时间的比值。由图可见，十六号凝胶单位时间内的储能效率最大，是十五烷与十八烷混合物的 1.7 倍，其他材料的储能效率差不多。相同条件下，十六烷完全相变所需的时间最长，由于十六烷的相变潜热比较大，所以，它的储能效率比另外两种混合物的储能效率高。

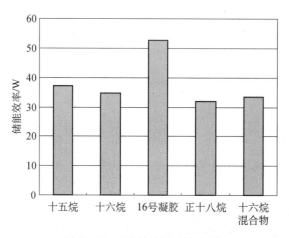

图 5-19　不同材料的储能速率

在传统的蓄能领域中，选择相变材料时，要求相变材料具有较大的储能效率。作为水下滑翔机的储能工质来说，在体积变化率一定的情况下，它的能量转换效率取决于相变材料的相变速率。在选择滑翔机的储能工质时，除了要求相变材料具有合适的相变温度外，还需具有较大的相变速率。十六号凝胶不仅具有较高的储能效率而且具有较大的相变速率，可以作为首选的贮能材料。以下以十六号凝胶为例，探讨相变过程的影响因素。

5.5　对流换热系数对相变过程的影响

将相变材料置于直径为 40 mm 的圆柱形容器中。相变材料的初始温度为相变温度，外界流体与相变材料的温差为 10 ℃，对流换热系数分别取 10 W/(m² · K)、40 W/(m² · K)、200 W/(m² · K)、400 W/(m² · K)和无穷大，进行计算，研究对流换热系数对相变过程的影响。

图 5-20 显示了融解过程中，相变材料的液相分数随时间变化的曲线。由图可见，随着对流换热系数的增大，液相分数增长速率增大，相变速率增大，完全相变所需的时间减小。当对流换热系数较小时，增大对流换热系数，提高相变速率效果显著。当对流换热系数较大时，增大对流换热系数，提高相变速率效果不明显。

对流换热系数从 10 W/(m² · K)增大到 40 W/(m² · K)时，完全相变所需的时

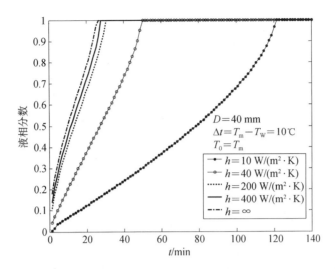

图 5-20　十六号凝胶在不同对流换热系数下的液相分数随时间变化曲线

间减小了 1/3。随着对流换热系数继续增大，完全相变所需的时间变化不明显。从图中看出，对流换热系数为 400 W/(m² · K)时的曲线，与对流换热系数为无穷大时的曲线相当接近。在结构尺寸确定的情况下，对流换热系数与流体物性、温度、速度有关。在海洋温跃层中，海水的温度是确定的，要提高对流换热系数，只能提高滑翔机的运行速度。因此，对流换热系数不可能无限制提高。

5.6　外界温度对相变过程的影响

将相变材料置于直径为 40 mm 的圆柱形容器中，外界流体温度分别取 20℃、22℃、24℃、26℃、28℃，计算以研究外界流体温度对相变过程的影响。在计算过程中，相变材料的初始温度为 5℃，外界流体与容器的对流换热系数为 200 W/(m² · K)。

图 5-21 显示了圆柱形容器中心温度随时间的变化曲线。由图可见，当中心点处的温度高于或低于相变温度时，曲线的斜率都比较大。初始时刻，相变材料处于固态，外界环境的温度高于相变材料的温度。这时，以导热的方式从外界流体中吸收显热，温度迅速升高。当相变材料的温度等于相变温度时，开始发生相变，需吸收大量相变潜热，温度保持不变。当相变材料的温度高于相变温度时，相变过程已经结束，但温度仍低于外界流体的温度，继续吸收显热，温度迅速升高。

从图中还可以看出，随着外界流体温度的升高，完全相变所需的时间减小。当外界温度从 20℃升高到 22℃时，完成相变的时间从 167 min 减小为 97 min，所需时间减小了 42%。当温度分别从 22℃升高到 24℃，从 24℃升高到 26℃，26℃升高到28℃时，所需时间分别减小了 29%、22%、18%。由此可见，外界温度越接近于相变温度时，增大温差，完全相变所需的时间变化较为明显。总之，在相同的初始条件下，随着外界温度的升高，温差减小，完全相变所需的时间变长，相变速率减小，而

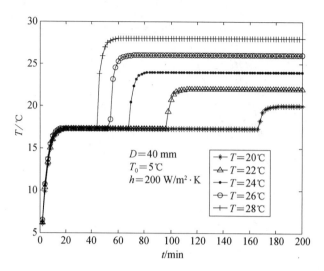

图 5-21 不同外界温度下，中心温度随时间变化曲线

且，温差越小，相变速率越小。

5.7 容器尺寸对相变过程的影响

将相变材料分别置于直径为 40 mm、50 mm、60 mm、70 mm、80 mm 的圆柱形容器中进行计算，研究容器尺寸对相变过程的影响。计算过程中，取相变材料的初始温度为 9℃，外界流体与材料相变温度的温差为 10℃，壁面温度保持不变。

图 5-22 显示了圆柱形容器中心温度随时间的变化曲线。由图中可见，不同直径的圆柱中心点处，开始相变的时间不同。直径越大，开始相变所需的时间越长。

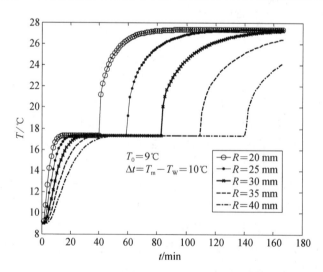

图 5-22 十六号凝胶在不同圆柱半径下的中心温度随时间变化曲线

原因是,直径大的圆柱,其中的相变材料厚,中心点处热阻大,传热速率小,要达到相变温度所需的时间就长。同理,不同直径的圆柱,中心点处结束相变的时间也不同:直径越大,结束相变所需的时间越长。圆柱半径增大一倍,完全相变所需的时间延长 3.5 倍。在满足储能管加工和相变材料充装工艺要求的前提下,容器的尺寸越小越好。若采用外置式的动力装置结构,在设计储能管的结构尺寸时,还需考虑储能管与整机的装配工艺性,以及对整机流体动力性能的影响。

5.8　不同结构对相变过程的影响

　　滑翔机动力系统的储能装置,可以是套叠式薄壁圆筒,也可以是外置式长圆柱。相变材料置于结构尺寸为内径 $\phi 169\,\text{mm}$、外径 $\phi 188\,\text{mm}$、长 $900\,\text{mm}$、体积 $4791\,\text{ml}$ 的薄壁圆筒形容器中,表面传热面积为 $0.53\,\text{m}^2$。若用体积相当、长 $1500\,\text{mm}$ 的圆柱盛装相变材料:用 4 根管时,管径为 $\phi 32\,\text{mm}$,表面传热面积为 $0.6\,\text{m}^2$;用 5 根管时,管径为 $\phi 28\,\text{mm}$,表面传热面积为 $0.66\,\text{m}^2$;用 6 根管时,管径为 $\phi 26\,\text{mm}$,表面传热面积为 $0.73\,\text{m}^2$。然后,分别对薄壁圆筒、直径 $\phi 32\,\text{mm}$、$\phi 28\,\text{mm}$ 和 $\phi 26\,\text{mm}$ 的圆柱进行相变传热分析。其中,假设薄壁圆筒两端和内壁面绝热,其外壁边界条件与圆柱形容器相同。以十六号凝胶为相变材料,初始温度均为 $26\,^\circ\text{C}$,外界海水温度为 $10\,^\circ\text{C}$。滑翔机稳定运行速度 $v_0=0.28\,\text{m/s}$。假设滑翔机在海洋温跃层间运动时,海水与圆柱壁面对流换热系数不变。

　　取海水的温度为 $T_\text{f}=10\,^\circ\text{C}$。海水物性为:比热容 $c_\text{p}=3.9861\times 10^3\,\text{kJ/(kg}\cdot\text{K)}$,密度 $\rho=1025\,\text{kg/m}^3$,导热系数 $\lambda=0.582\,\text{W/(m}\cdot\text{K)}$,热扩散系数 $\alpha=13.7\times 10^{-6}\,\text{m/s}^2$,动力黏度 $\mu=0.001219\,\text{kg/(m}\cdot\text{s)}$,普朗特数 $Pr=9.52$,运动黏度 $\gamma=1.188\times 10^{-6}\,\text{m/s}^2$[101]。

　　先判断流体的流动状态,流体的流动状态取决于雷诺数的大小,计算如下式:

$$Re=\frac{ul}{\gamma}=\frac{0.28\times 1.5}{1.188\times 10^{-6}}=0.3535\times 10^6<5\times 10^5 \tag{5-27}$$

　　流动属于层流,由于 d 远大于 δ,可近似用纵掠平壁计算式计算,根据传热学经验公式,流体外绕壁面强迫对流换热,对流换热系数为

$$\begin{aligned}
h&=\frac{\lambda_\text{w}}{l}\times 0.664Re_\text{m}^{1/2}Pr_\text{m}^{1/3}\\
&=\frac{0.582}{1.5}\times 0.664\times (0.3535\times 10^6)^{1/2}(9.52)^{1/3}\\
&=324\,\text{W/(m}^2\cdot\text{K)}
\end{aligned} \tag{5-28}$$

　　因此,对流换热系数取 $324\,\text{W/(m}^2\cdot\text{K)}$。

　　图 5-23 显示了相变材料温度随时间变化的曲线。其中,薄壁圆筒取靠近圆筒内壁面处的温度,直径 $\phi 32\,\text{mm}$、$\phi 28\,\text{mm}$ 和 $\phi 26\,\text{mm}$ 的圆柱,取中心点的温度。由图可见,对于圆柱形容器,不同直径的圆柱中心点的温度在相变过程中,它们的变化趋

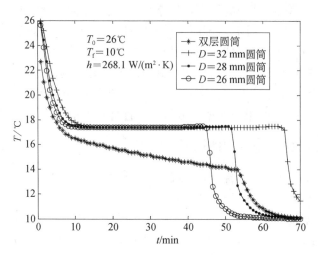

图 5-23　不同结构尺寸中温度随时间变化曲线

势相同。直径越大,完全相变所需的时间越长,$\phi 32\,mm$ 的圆柱完全凝固所需时间为 $67\,min$,$\phi 28\,mm$ 的圆柱完全凝固所需时间为 $53\,min$,$\phi 26\,mm$ 的圆柱完全凝固所需时间为 $46\,min$。

对于薄壁圆筒形容器,开始相变的时间和结束相变的时间都与 $\phi 28\,mm$ 的圆柱近似,完全凝固所需时间为 $54\,min$,居于 $\phi 32\,mm$ 和 $\phi 26\,mm$ 的圆柱之间,且相变过程的曲线形状与圆柱形容器有所不同。薄壁圆筒的内壁属于绝热边界条件,靠近壁面处的传热情况与圆柱形容器中心点的情况有所不同,因此,对整个相变过程有所影响。由此可知,相变初始时刻和相变结束时刻与边界条件和容器的结构尺寸有关。离壁面越近的点,热阻越小,传热越快,所需相变时间越短,而且离壁面越近的点,它的相变过程受边界状况的影响越大。

图 5-24 显示在不同结构容器中,相变材料的液相体积分数随时间的变化。在同一时刻,$\phi 26\,mm$ 的圆柱比 $\phi 32\,mm$ 的圆柱液相分数小,即相变速率大,表明直径小的圆柱形容器凝固快。初始时刻,薄壁圆筒形容器比 $\phi 32\,mm$ 的圆柱形容器相变速率小,但后期相变速率比 $\phi 32\,mm$ 的圆柱形容器大。薄壁圆筒形容器的横截面积比 $\phi 32\,mm$ 的圆柱形容器大。但它的传热速率比直径 $\phi 32\,mm$ 的圆柱形容器大。两者综合作用的结果,使得最终薄壁圆筒形容器的完全相变的时间,比直径 $\phi 32\,mm$ 的圆柱形容器的小。

相同体积的相变材料置于薄壁圆筒形容器中,与置于 5 根直径 $\phi 28\,mm$ 的圆柱形容器中的完全相变所需的时间相同,即输出功率相同。采用外置式的长圆柱形结构,滑翔机的航行阻力比采用薄壁圆筒形结构的阻力大。若直径不变,增加长圆柱形容器的根数,可以容纳更多的相变材料,相变材料的总体积增大,输出功率增加。但是,机体外布置的圆柱根数增加,滑翔机的整机航行阻力也随之增大。设计滑翔机时,要综合考虑滑翔机的输出功率、整机航行阻力、相变材料的充装及整机的结构

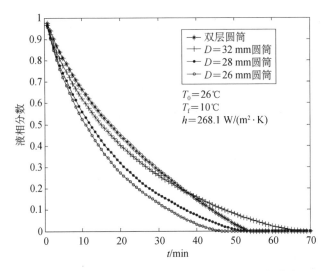

图 5-24　不同结构尺寸中液相分数随时间变化曲线

工艺性,综合进行全面的计算分析,使整机性能达到最优状态。

综上所述,可得到如下相关结论和提高相变传热速率的方法。

滑翔机的储能工质,需具有合适的相变温度和优良的热物性能。

在 5～30℃环境温度下,十六号凝胶的性能优于其他材料,是首选的滑翔机动力系统贮能材料。增大材料的热扩散系数和减小相变材料的相变潜热,都可以提高相变速率。

外界流体的对流换热系数增大,完全相变所需的时间减小。但是,随对流换热系数的继续增大,完全相变所需时间减小不明显。应根据具体的使用场合来设计对流换热系数的大小,无限制地增大对流换热系数,不仅是不可能的,而且是不科学的。

随着外界流体温度的升高,相变速率增大,完全相变所需的时间缩短,对于给定的材料,储能速率提高。在选择相变材料时,应考虑冷暖水层的温度与相变温度的温差,保证相变材料在融解和凝固过程中都具有较大的相变速率。

凝固过程的相变速率小于融解过程的相变速率。应适当增加相变温度与冷水层间的温差,或者延长滑翔机在冷水层的停留时间,提高凝固过程的相变速率,从而提高滑翔机动力系统从海洋温跃层获取能量的效率。

容器的半径越小,完全相变所需的时间越短。在满足储能管加工和相变材料充装工艺要求的前提下,容器的尺寸越小越好。

当采用外置式的动力装置结构时,在设计储能管的结构尺寸时,还需考虑储能管与整机的装配工艺性能和对整机流体动力性能的影响。应根据结构工艺和整机性能来合理选择储能容器的尺寸。

通过两种不同结构的贮能装置的传热分析,可知同体积的相变材料,对于外置式的相变管,可以采用多根小直径的圆管,提高相变速率;或者采用相同直径的相变管,增加圆管根数,增大相变材料总体积,提高总的贮热能力和输出功。

动力系统采用外置式的相变管,便于布置机体内的元件,但具有较大的流动阻力。

薄壁圆筒则具有结构简单、阻力小的优点。

动力系统结构的选择,需结合整机水动力性能进行研究。

第6章 动力装置相变过程中工质的体积变化率

温差能驱动的水下滑翔机,工作在几百米深的水下,动力系统的工作性能受到多种参数的影响:温跃层的温度分布、滑翔机的运行速度以及滑翔机的运行角度等。若采取试验的方法进行研究,需要耗费大量的人力物力,周期也长。采用数值模拟的方法,研究动力系统中的相变材料体积变化的一般规律,有助于探讨滑翔机在不同海域、不同运行参数下的工作过程,节省实验成本和时间。特别是在滑翔机的设计和性能优化阶段,突显其优越性。

Jun Su Lee 等采用数值分析的方法,对电热微执行器的工作过程进行数值模拟。模拟得到石蜡相变界面的位置、温度分布以及执行器的响应时间,为执行器的优化设计和了解执行器的工作特性提供了有用的信息。可惜,他们所采用的研究方法与传统贮能领域的研究方法相同,并没有对体积变化规律进行研究。

现根据相变传热数学模型,推导出体积变化率的数学模型,深入探讨各种因素对体积变化率的影响,可以为进一步模拟动力系统的工作过程提供理论依据。

6.1 相变体积变化过程的仿真

相变过程中,相变材料的体积变化是由固、液两相的密度不同引起的。体积变化量是相变前的体积与相变后的体积之差。根据相变传热的数学模型,模拟得到每个时间步长内已发生相变的液相或固相的体积分数,由此,可得到已发生相变的体积变化量。

圆柱形容器相变传热的数学模型为

$$c_{\mathrm{p}} \frac{\partial T}{\partial t} = \frac{k_{\mathrm{eff}}}{\rho} \left(\frac{\partial^2 T}{\partial r^2} + \frac{1}{r} \frac{\partial T}{\partial r} \right) - L \frac{\partial f_1}{\partial t} \tag{6-1}$$

其中,f_1 为液相体积分数,i 节点、第 j 步长的液相体积分数记为 $f_1(i,j)$,它的值在 $0 \sim 1$ 之间变化。将圆柱形容器沿径向划分为 n 个节点。方程离散后,可求得每个时间步长内,每个节点的液相体积分数。

在第 $\Delta t(j)$ 时间步长内,n 个节点的总液相分数为

$$f_1(j) = \frac{1}{n} \sum_{i=1}^{n} f_1(i) \tag{6-2}$$

对于初始状态为液态的凝固过程,单元 i 在第 j 个时间步长内的体积变化量为

$$\Delta V_{i,j} = \frac{m_i}{\rho_1} - \left(\frac{m_i \cdot (1 - f_1(i,j))}{\rho_s} + \frac{m_i \cdot f_1(i,j)}{\rho_1} \right)$$

$$= (1 - f_1(i,j)) \cdot m_i \cdot \left(\frac{1}{\rho_1} - \frac{1}{\rho_s} \right) \qquad (6-3)$$

式中, m_i 为单元 i 的质量, $m_i = \frac{A_i}{A} \cdot m = \frac{r_i^2 - r_{i+1}^2}{r^2} \cdot m$

同理,对于初始状态为固态的融解过程,体积变化量为

$$\Delta V_{i,j} = \left(\frac{m_i \cdot f_1(i,j)}{\rho_1} + \frac{m_i \cdot (1 - f_1(i,j))}{\rho_s} \right) - \frac{m_i}{\rho_s}$$

$$= f_1(i,j) \cdot m_i \cdot \left(\frac{1}{\rho_1} - \frac{1}{\rho_s} \right) \qquad (6-4)$$

式(6-3)和式(6-4)可用同一式子表示:

$$\Delta V_{i,j} = f_1'(i,j) \cdot m_i \cdot \left(\frac{1}{\rho_1} - \frac{1}{\rho_s} \right) \qquad (6-5)$$

其中,融解过程 $f_1'(i,j)$ 由 0 变到 1;凝固过程 $f_1'(i,j)$ 由 1 变到 0。那么,单元 i 在第 j 个时间步长内,相对于液态的体积变化率为

$$\phi_{i,j} = \frac{\Delta V_{i,j}}{V_1} = \frac{f_1'(i,j) \cdot m_i \cdot \left(\dfrac{1}{\rho_1} - \dfrac{1}{\rho_s} \right)}{\dfrac{m}{\rho_1}}$$

$$= f_1'(i,j) \cdot \left(\frac{1}{\rho_1} - \frac{1}{\rho_s} \right) \cdot \rho_1 \cdot \frac{m_i}{m} \qquad (6-6)$$

上式可化为

$$\phi_{i,j} = f_1'(i,j) \cdot \left(\frac{1}{\rho_1} - \frac{1}{\rho_s} \right) \cdot \rho_1 \cdot \frac{r_i^2 - r_{i+1}^2}{r^2} \qquad (6-7)$$

第 j 个时间步长时的总体积变化率为

$$\phi_j = \phi_{j-1} + \sum_{i=1}^{n} f_1'(i,j) \cdot \left(\frac{1}{\rho_1} - \frac{1}{\rho_s} \right) \cdot \rho_1 \cdot \frac{r_i^2 - r_{i+1}^2}{r^2} \qquad (6-8)$$

根据前述的相变材料数值求解方法,得到每个时间步长内的液相体积分数。再由推导出来的式(6-8),求出每个时间步长内对应的总体积变化率,由此可得相变过程中体积变化率随时间的变化规律。

前述实验过程中,采用了 5 mm 厚的有机玻璃管作为容器。在微分方程组中,加入固体壁面导热的控制方程,它是圆柱坐标下一维非稳态导热方程:

$$\frac{\partial T}{\partial t} = \frac{k_p}{\rho_p c_p}\left(\frac{\partial^2 T}{\partial r^2} + \frac{1}{r}\,\frac{\partial T}{\partial r}\right) \qquad (6-9)$$

其中，k_p，ρ_p，c_p 为有机玻璃的热物性，取值分别为密度 $\rho_p = 1190\,\text{kg/m}^3$、比热容 $c_p = 1470\,\text{J/(kg·K)}$、热导率 $k_p = 0.25\,\text{W/(m·K)}$。方程的离散方法与前面所述相同。数值计算中，以圆柱形容器的内径为 30 mm，外径为 40 mm，容器材料为有机玻璃，相变材料为正十六烷作为基本数据。

6.1.1　凝固过程比较

工质为正十六烷，分别取初始温度为 24℃、22℃、19℃、21℃、21.5℃、24℃，边界温度为 8℃、11℃、8℃、7.5℃、11.5℃、5℃，进行凝固过程体积变化率计算。图 6-1 显示了不同温度条件下，凝固过程体积收缩率随时间的变化曲线。由图可见，计算值与实验值能较好地吻合，在不同温度下的体积收缩率具有相同的变化规律。在凝固过程的初始阶段，体积收缩率变化速率较大，随着相变过程的进行，变化速率趋于缓慢，直到最后趋近于 0。

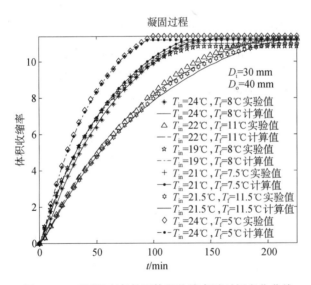

图 6-1　不同温度条件下体积收缩率随时间变化曲线

图 6-2 是不同温度条件下，完全凝固所需时间的比较。在相同的边界温度下，初始温度越低，体积收缩速率越大，完全凝固所需的时间就越短。在相同初始温度下，边界温度越低，凝固速率越快，完全凝固所需的时间就越短。实验值与模拟值间的最大误差为 6.8%。误差小于 10%，在工程计算允许的范围内。

6.1.2　融解过程比较

工质为正十六烷，分别取初始温度为 6℃、7℃、11℃、10℃、10℃、13℃、24℃，边界温度为 26℃、25℃、21℃、22.5℃、21.5℃、21.8℃、27℃，进行融解过程体积变化率计算。

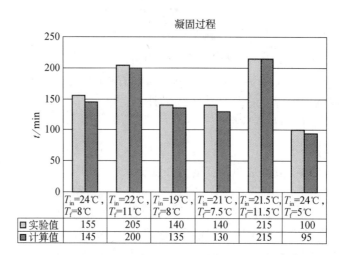

图 6-2 不同温度条件下完全凝固所需的时间比较

	T_{in}=24℃, T_f=8℃	T_{in}=22℃, T_f=11℃	T_{in}=19℃, T_f=8℃	T_{in}=21℃, T_f=7.5℃	T_{in}=21.5℃, T_f=11.5℃	T_{in}=24℃, T_f=5℃
实验值	155	205	140	140	215	100
计算值	145	200	135	130	215	95

图 6-3 是初始温度为 6℃、边界温度为 26℃和初始温度为 10℃、边界温度为 22.5℃的两组体积膨胀率随时间变化的曲线。由图可见,采用液相密度未经修正的数学模型计算,体积膨胀率的数值比实验值大。在融解过程中,随着十六烷体积的膨胀,刻度玻璃管中的液柱高度也随着增加。液柱产生的压力作用在液态十六烷上,使液态十六烷的密度减小,总体积膨胀率减小。边界温度越大,液态十六烷自然对流的影响越明显。从图 6-3 可见,在中间时段,边界温度为 26℃的体积变化率的实验值大于边界温度为 22.5℃的体积变化率的实验值。

在融解过程的数学模型中,引入等效热导率表示液相对流的影响,并对液相密度进行了压力修正。修正后的曲线与实验值更吻合。

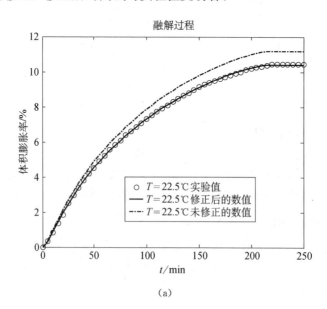

(a)

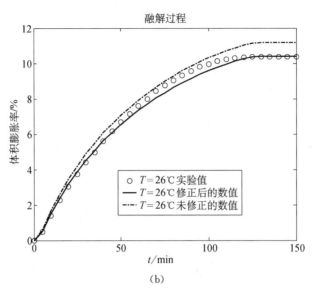

(b)

图 6-3　融解过程体积膨胀率实验值与计算值的比较

(a) 22.5℃时的比较；(b) 26℃时的比较

图 6-4 是不同温度条件下融解过程体积膨胀率随时间变化的曲线。图中,计算值与实验值吻合较好。融解过程与凝固过程具有类似的变化规律。在融解过程的初始阶段,体积变化速率较小,随着相变过程的进行,变化速率迅速增大,随后又逐渐减小,直到最后趋近于 0。

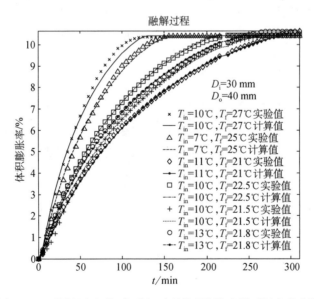

图 6-4　不同温度条件下,融解过程体积膨胀率随时间变化曲线

　　图6-5是在不同温度条件下,完全融解所需时间的比较。图中,初始温度相同时,边界温度越高,体积膨胀速率越快,完全融解所需的时间也越短。在边界温度相同时,初始温度越高,相变速率快,完全融解所需的时间短。实验值与模拟值间的最大误差为8%,小于10%,在工程计算中误差在允许的范围内。

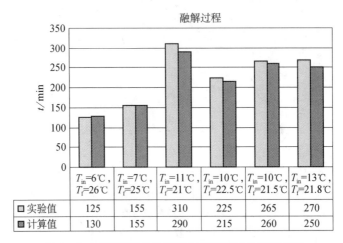

图6-5　不同温度条件下完全融解所需的时间比较

6.1.3　计算与实验的偏差分析

　　图6-6是不同温度条件下体积变化率计算值与实验值的相对误差曲线。由图可见,在初始阶段,相对误差值较大,最大值达到9.5%。随着相变过程的进行,误差值逐渐减小,最大值小于4%。

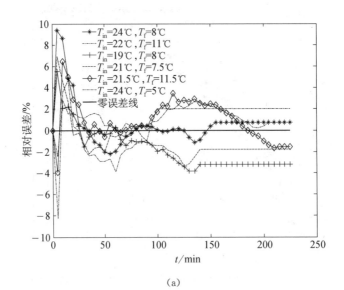

(a)

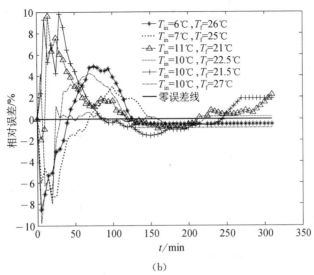

(b)

图 6-6　相变过程有关体积变化率的实验值与计算值的误差变化

(a)凝固过程；(b)融解过程

　　在凝固过程中，当初始温度较高的实验装置瞬间放入温度较低的水箱中时，有机玻璃管、水和液态十六烷以及橡胶管等因温度骤变发生收缩。其中，有机玻璃管和橡胶管的收缩使液柱升高，而水和液态十六烷的收缩使液柱降低，因此，初始阶段的实验值波动较大。随着相变过程的进行，温度骤变引起的误差波动趋于稳定。在滑翔机的实际运行过程中，其运行速度较小，而海洋温跃层的温度变化比较缓慢，这部分误差可以消除。但是，在十六烷凝固过程中，仍存在空穴形成的不稳定性。不稳定性引起了误差波动，这部分误差比较不容易消除。

　　在融解过程中，情况相反。初始温度较低的实验装置被瞬间放入温度较高的水箱中时，也存在因温度骤变引起的误差波动。随着融解过程的进行，液态十六烷的对流效应产生作用，使计算值与实验值之间存在偏差。虽然，在数学模型中引入有效热导率以进行修正，但是，所引用的修正公式是针对圆柱形容器水平放置的情形，计算值与实验值之间仍存在偏差。此外，在融解过程中，刻度玻璃管中的液柱作用在液态十六烷上的压力是变化的；模型中，密度是按压力为常数时进行修正的，因此，实验值与模拟值之间存在误差波动。这种误差工程上是允许的。

　　表 6-1 给出了在不同温度条件下，相变材料完全凝固和完全融解后，总体积变化率的实验值与计算值之间的误差。其中，融解过程体积膨胀率的计算值为 10.42%，而凝固过程体积收缩率的计算值为 11.19%。融解过程总体积变化率的计算，对液态十六烷的密度进行了压力修正，它的数值小于凝固过程的计算值。由表 6-1 可见，相变材料的总体积变化率的实验值与计算值间的误差小于 4%。

表 6 - 1　不同温度条件下,最大体积变化率计算值与实验值的误差

凝固过程			融解过程		
温度/℃	实验值/%	误差/%	温度/℃	实验值/%	误差/%
$T_{in}=24℃$, $T_f=8℃$	11.27	0.70	$T_{in}=6℃$, $T_f=26℃$	10.37	0.49
$T_{in}=22℃$, $T_f=11℃$	11.27	0.70	$T_{in}=7℃$, $T_f=25℃$	10.42	0.00
$T_{in}=19℃$, $T_f=8℃$	10.83	3.19	$T_{in}=11℃$, $T_f=21℃$	10.44	0.20
$T_{in}=21℃$, $T_f=7.5℃$	10.98	1.83	$T_{in}=10℃$, $T_f=22.5℃$	10.40	0.15
$T_{in}=21.5℃$, $T_f=11.5℃$	11.01	1.56	$T_{in}=10℃$, $T_f=21.5℃$	10.61	1.89
$T_{in}=24℃$, $T_f=5℃$	11.42	2.02	$T_{in}=10℃$, $T_f=27℃$	10.33	0.83

6.2　影响体积变化率的因素

6.2.1　过冷度和过热度的影响

过冷度是指融解过程中,相变材料的初始温度低于相变温度的程度。用 Sc 表示:

$$Sc = (T_m - T_i)/(T_f - T_m)。$$

过热度是指凝固过程中,相变材料的初始温度高于相变温度的程度。用 Sh 表示:

$$Sh = (T_i - T_m)/(T_m - T_f)。$$

其中, T_i 为初始温度, T_m 为相变温度, T_f 为边界温度。

Stefan 数是外界流体温度与相变温度之差与材料相变潜热的比值。对同一种材料,反映了外界流体温度对体积变化率的影响,表示为 $Ste = c_p(T_f - T_m)/L$。在凝固过程中,外界流体温度小于相变温度, $Ste_s = c_p(T_m - T_f)/L$;在融解过程中,外界流体温度大于相变温度, $Ste_1 = c_p(T_f - T_m)/L$。

在凝固过程,当 $Ste_s = 0.09$、圆柱直径为 30 mm 时,过热度取为 1、0.5 和 0.333,在恒定壁面温度条件下,分别进行计算。

图 6 - 7 显示了凝固过程体积收缩率随时间的变化曲线。在融解过程,当 $Ste_1 = 0.1151$、圆柱直径为 30 mm 时,取过冷度为 1、0.5 和 0.333,在恒定壁面温度条件下,分别进行计算。

图 6 - 8 显示了融解过程,体积膨胀率随时间的变化曲线。

由图可见,过冷度和过热度对体积变化率的影响并不明显。

在凝固过程中,初始时刻相变材料处于过热状态,以导热的方式向外界释放热量。当温度降低到相变温度时,开始凝固。从图 6 - 7 可以看出,当过热度分别为 1、0.5 和 0.333 时,对应着完全凝固时间分别为 6 048 s、5 962 s 和 5 870 s。过热度越小,释放显热所需的时间越短,完全凝固所需的时间也越短。当过热度减小 50% 和 67% 时,完全凝固时间分别减小 3% 和 3.5%。

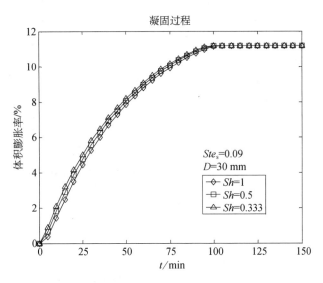

图 6-7　凝固过程中热度对体积收缩率的影响

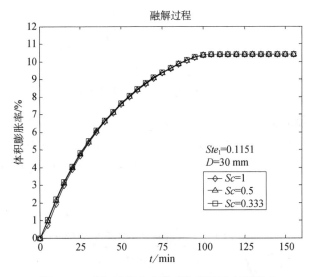

图 6-8　融解过程中冷度对体积膨胀率的影响

　　融解过程中,相变材料处于过冷状态,通过导热从外界吸收热量,直到温度达到相变温度时,开始融解。从图 6-8 可以看出,当过冷度分别为 1、0.5 和 0.333 时,对应的完全融解时间分别为 6109s、6038s 和 6010s。过冷度越小,所需要吸收的显热就越小,完全融解所需要的时间就越短。当过冷度减小 50% 和 67% 时,完全融解所需的时间只减小 1.2% 和 1.6%。

6.2.2　Stefan 数的影响

　　凝固过程与融解过程具有类似的体积变化规律,可将融解过程作为对象进行分析。当过冷度为1、圆柱直径为30 mm时，取 Stefan 数为 0.7647、0.3823、0.2549，在固定壁温条件下，分别进行计算。图 6-9 显示了不同 Stefan 数下的体积膨胀率随时间的变化曲线。由图可见，Stefan 数越小，相变速率越慢。当 Stefan 数减小50%和67%时，完全融解时间增加了 81%和 162%。可见，Stefan 数对相变过程的影响大于过冷度和过热度。

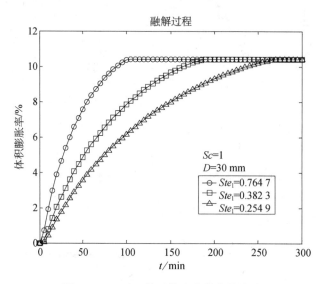

图 6-9　Stefan 数对体积变化率的影响

6.2.3　圆柱半径的影响

当 $Ste = 0.1151$、$Sc = 1$ 时，取圆柱半径为 20 mm、30 mm 和 40 mm，固定壁温，分别进行计算。图 6-10 是融解过程体积膨胀率随时间变化的曲线。圆柱半径越

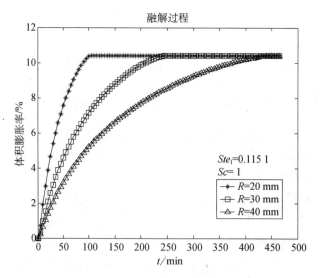

图 6-10　不同半径对体积膨胀率的影响

小,热阻越小,相变速率越大。圆柱半径增加 1.5 和 2 倍,完全融解时间增加 2.3 和 4.3 倍。可见,容器尺寸对体积变化率的影响相当大,在实际设计过程中应仔细考虑。

6.2.4 Biot 数的影响

Biot 数是内部导热热阻与表面对流换热热阻的比值。表示为 $Bi = hR/k$。当 $Ste = 0.1151$、$Sc = 1$、圆柱直径为 30mm 时,Bi 数取为 0.5、1、2、10、20、∞,分别进行计算。

图 6-11 显示了融解过程体积膨胀率随时间的变化曲线。由图可见,Bi 数越小,对流换热热阻越大,体积变化速率越小。Bi 数等于 0.5 时,在开始的 25 min 内,体积膨胀率为 0。由于 Bi 数很小,传热速率很慢,需要 25 min 将过冷的相变材料加热到相变温度,才开始融解。Bi 数较小时,相变速率比较小,体积变化速率也较小。从图上还可以看到,当 Bi 数较小时,增大 Bi 数对体积变化速率的影响较为明显;当 Bi 较大时,增大 Bi 数对体积变化速率的影响不明显。可见,当 Bi 数等于 20 时,曲线几乎接近于 Bi 数为 ∞ 时的曲线。在实际应用过程中,不可能也没有必要无限制地提高 Bi。

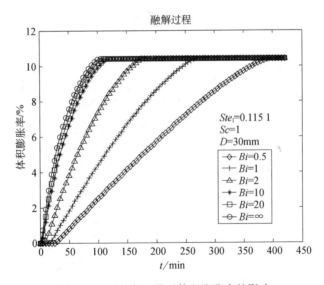

图 6-11 不同 Bi 数对体积膨胀率的影响

6.3 不同体积变化率的输出功率

对给定体积的相变材料,要提高动力系统的输出功率,就必须减小相变所需的时间。根据相变过程的体积变化规律,减小相变时间的方法有两种。一种是增大 Stefan 数、Biot 数和减小容器的尺寸,提高相变速率来减小相变所需的时间;另一种是利用初始阶段体积变化速率较大的特性,让相变材料部分融解,减小相变所需的时间。

　　当 $Sc=1$、圆柱直径为 30mm 时，Stefan 数取为 0.7647、0.3823、0.2549，在恒定的壁面温度条件下，对体积膨胀率为 30%、40%、50%、60%、70%、80%、90%、100% 时，分别进行计算。图 6-12 和图 6-13 分别显示正十六烷部分融解时所需的相变时间和输出功率大小。假设，液态相变材料的体积为 V_1，外界的压力为恒定值 p，输出功的大小为 $p \cdot \Delta V$，单位时间内的功率为 $\dfrac{p \cdot \Delta V}{t}$。其中，$\Delta V = \phi \cdot V_1$，$\phi$ 为体积膨胀率，t 为体积膨胀量达到 ΔV 时所需的时间。图 6-13 显示的功率为压力 1MPa、液相相变材料的体积为 1L 时的值。

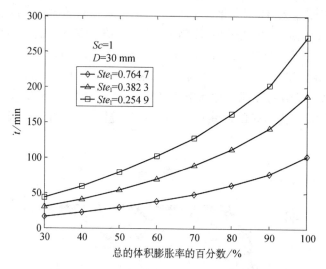

图 6-12　不同体积膨胀率时所需的相变时间

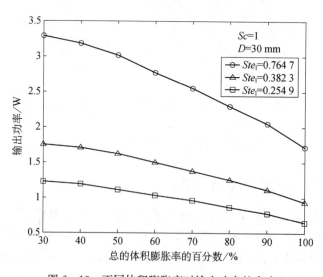

图 6-13　不同体积膨胀率时输出功率的大小

从图 6-12 可见,在同一相变过程中,体积膨胀率越大,所需的相变时间越长。当体积膨胀率为 70% 时,所需的相变时间是总相变时间的 50%。即剩余 30% 的相变材料完全融解所需的时间占总时间的 50%。

从图 6-13 可见,随着体积膨胀率的增大,输出功率减小。但是,较小体积膨胀率对应的体积变化量较小,输出功也比较小。应当合理选择体积膨胀率的大小,使滑翔机动力装置具有较大的输出功率,也可以获得较大的动力。

因此,可以事先确定一个合适的体积变化速率。当体积变化速率低于该值后,就停止相变材料与外界的热量交换。此时,对应的体积变化时间就是最佳相变时间,对应的曲线上的点就是最佳相变点,相应的体积变化率,就是相变材料的最佳相变体积变化率。根据滑翔机的浮力所需的体积变化量,可以确定经过优化后使用的相变材料总体积。

6.4　相变体积变化率的实验

固-液相变材料在相变时体积发生膨胀,因而具有对外做功能力,且承压能力强。近年来,被应用于微执行器阀门领域。王广振等研究了电感应无导线热膨胀微型机械驱动器。研究表明,石蜡不仅在融解点附近具有较大的体积膨胀率,而且具有较大的承压性能。Robin 等研制了以石蜡为相变材料的一次性、零泄漏的热膨胀阀,可达到 40 MPa 的承压能力。Klintberg 和 Carlen 等利用石蜡发生固液相转变产生的体积膨胀,研制了卫星的微机电推进器。研究表明,在 60 MPa 的压力下,石蜡仍可以产生 9% 的体积膨胀率。以上所列的相变材料体积膨胀性能的研究,只限于应用方面,未对体积变化规律进行深入探讨。

滑翔机输出功率的大小取决于相变材料的体积变化量。相变过程的体积变化规律,却是影响动力系统阀门控制和滑翔机稳定运行的关键因素。此外,微执行器的位移量、贮能装置的做功量,都与相变材料的体积变化率有关。

现提出一种测量相变材料体积变化率的方法,可以对相变过程的体积变化规律进行实验研究,初步分析影响体积变化率的因素,以便于进一步分析滑翔机的水下行程。

据前可知,十六号凝胶是适合的相变材料之一。但是,十六号凝胶需要特制,获取不易。前述的另一种材料,石蜡类相变材料,来源广泛,价格较低。石蜡作为蓄能做功的相变材料,除导热系数偏低外,能够满足温差能动力系统相变材料的选择原则和要求,具有合适的相变温度、较大的体积膨胀率,它性能稳定,无毒,无腐蚀性。石蜡作为相变蓄热材料,开发研究已经很深入。研究主要从提高石蜡的导热性能,或利用添加剂降低石蜡的融点进行研究,以达到应用目的。

石蜡是精制石油的副产品,从石油中提炼出来。它通常由原油的蜡馏分分离而得,需要经过常压蒸馏、减压蒸馏、溶剂精制、溶剂脱蜡脱油、加氢精制等工艺过程。石蜡主要由直链烷烃混合而成,可用通式 $C_n H_{2n+1}$ 表示,分为食用蜡、全精制石蜡、半精制石蜡、粗石蜡和皂用蜡等几大类,每一类又根据融点可分为从 52 号到 70 号等多个品种。短链烷烃融点较低,如乙烷（C_6H_{14}）为 $-95.4℃$。随着碳链增长融点升高,开始增长较快,而后增长较慢,如 $C_{30}H_{62}$ 融点为 $65.40℃$、$C_{40}H_{82}$ 是 $81.5℃$,最后将趋于一定值。随着链的增长,烷烃融解热也增大。

为研究正十六烷在融解与凝固过程中的体积变化规律,设计了如图 6-14 所示的实验装置。整个实验装置由主、副两个恒温水箱组成,水箱由厚为 8 mm 的 PVC 板制成。主水箱外包保温材料,并在内部布置 4 个温度测点,以保证水温均匀一致。副水箱由精密温控加热器对水加热,可调节水温在 6~30℃ 之间变化。为了不影响相变过程,采用透明的有机玻璃管来储存相变材料,在实验过程中,可以观察相变过程的相界面移动状况,了解融解过程的沉降运动、自然对流及接触融化对相变过程的影响,并通过观察判断相变过程是否结束。有机玻璃管的结构尺寸为内径 30 mm、壁厚 5 mm、长 500 mm。初始时,有机玻璃管中装入体积为 300 ml 的液态十六烷。

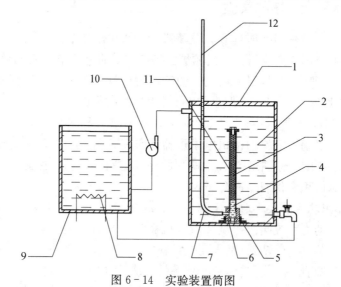

图 6-14　实验装置简图

1—主水箱;2—水;3—相变材料;4—水;5—基座;6—尼龙套管;7—橡胶管;
8—精密温控加热器;9—副水箱;10—水泵;11—有机玻璃管;12—带刻度的玻璃管

十六烷在凝固过程中会黏附在管壁上,若中间用活塞将十六烷与水隔开,活塞的移动受阻,不能真实反映相变过程的体积变化率。本实验装置中,有机玻璃管下端直接充满水,将水与十六烷混合。正十六烷与水不相溶,水的密度又比十六烷大,在整个相变过程中,水始终处在十六烷的下方。在凝固过程中,端部的十六烷先凝固,中间部分后凝固,十六烷内部容易产生缩孔。采用十六烷与水混合的方法后,体积收缩时,液态的水可以流入补充,减小缩孔对测量精度的影响。另外,用一根橡胶软管与带刻度的玻璃管相连,十六烷在相变过程中的体积变化量,即为刻度玻璃管中水的体积变化量。玻璃管测量精度为 0.02 ml。有机玻璃管两端用绝热材料密封,竖直放置于恒温水箱中。实验前,将十六烷融解、凝固几次,将里面的空气排出,当刻度管里的液面不再变化时,即可开始实验。

实验时,每隔 5 min 记录一次刻度玻璃管中水的体积读数 $V_i(i = 1, \cdots, n)$,当观察刻度玻璃管中的液面不再变化时,可认为相变已结束。这种方法更接近于滑翔机的实际工作过程。那么,每个时间间隔的体积变化量为 $\Delta V_i = V_{i+1} - V_i$,则总体积变化量为

$$V(t_j) = \sum_{i=1}^{j} \Delta V_i,\ t_j = i \times \Delta t,\ j = 1, \cdots, n$$

其中,$\Delta V_1 = 0$, $V(t_1) = 0$, $\Delta t = 5\text{min}$ 相变对液态十六烷的体积变化率为

$$\phi\% = \frac{|V(t_j) - V_1|}{V_1} \times 100\%,\ j = 1, \cdots, n \qquad (6-10)$$

其中,V_1——液态十六烷体积。

6.5　实验过程和结果分析

6.5.1　凝固过程的实验和结果

分别将初始温度为 24℃、22℃、19℃、21℃、21.5℃、24℃的正十六烷,放入到水温为 8℃、11℃、8℃、7.5℃、11.5℃、5℃的恒温水箱中,进行凝固实验。图 6-15 和图 6-16 分别显示了在不同初始温度和边界温度条件下,凝固过程体积收缩率随时间的变化曲线,以及完全凝固所需的时间。由图可见,在不同的初始温度、边界温度下,各曲线的变化趋势相同。在凝固过程的初始阶段,体积收缩率变化速率较大,即曲线的斜率较大;随着相变过程的进行,相变时间的增长,变化速率趋于缓慢,

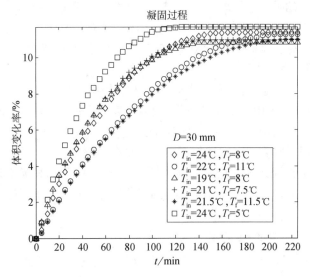

图 6-15　不同温度条件下体积收缩率与相变时间关系曲线

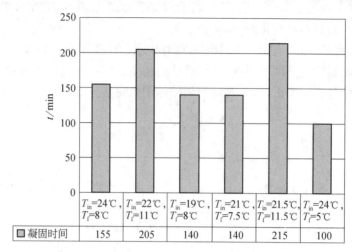

图 6-16　不同温度条件下完全凝固时间比较

直到最后趋近于 0。随着凝固过程的进行,在液态十六烷的外表面形成一层固态十六烷。这层固态十六烷逐渐增厚,使得传热热阻增大,传热速率减小,相变过程的进行逐渐减缓。

随着凝固过程的进行,液态十六烷的成分越来越少,每个时间间隔内凝固的十六烷也越来越少,直到最后,所有的十六烷完全凝固,体积变化量减小为 0。这时,体积收缩率达到最大。

在相同的 8℃ 边界温度下,十六烷的初始温度为 19℃ 时,体积收缩率变化量大于初始温度为 24℃ 时的体积收缩率变化量,即在相同的边界温度下,初始温度越低,体积收缩速率越大。初始温度与相变温度的温差越小,在凝固过程放出的显热就越小,开始凝固所需的时间就越短。由图 6-15 可知,初始温度 19℃ 的十六烷,完全凝固所需的时间为 140min,而初始温度 24℃ 的十六烷,完全凝固所需的时间为 155min。初始温度降低 5℃,完全凝固时间缩短了 10%。因此,初始温度越低,凝固速率越大,完全凝固所需的时间越短。

在相同的 24℃ 初始温度下,边界温度为 5℃ 的体积变化率曲线斜率大于边界温度为 8℃ 的曲线斜率。由图 6-16 可知,边界温度 8℃ 的十六烷,完全凝固所需的时间为 155min,而边界温度 6℃ 的十六烷,完全凝固所需的时间为 100min。边界温度降低 3℃,完全相变所需的时间缩短了 35%,即在相同初始温度下,边界温度越低,凝固速率越快,完全凝固所需的时间就越短。图 6-15 可见,初始温度不同,边界温度相近的曲线的变化速率相近。因此,初始温度对体积收缩速率的影响较小,边界温度对体积收缩速率的影响较大。

6.5.2　融解过程的实验和结果

分别将初始温度为 7℃、11℃、10℃、10℃、13℃、10℃ 的正十六烷,放入水温为 25℃、21℃、22.5℃、21.5℃、21.8℃、27℃ 的恒温水箱中,进行融解实验。

图 6-17 和图 6-18 分别给出了在不同初始温度和边界温度条件下,融解过程体积膨胀率随时间的变化曲线和完全融解所需的时间。

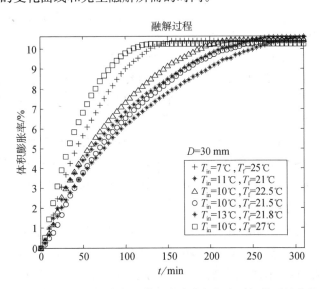

图 6-17　不同温度条件下体积膨胀率与相变时间关系的曲线

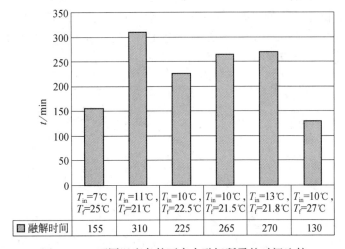

图 6-18　不同温度条件下完全融解所需的时间比较

　　由图 6-17 可知,融解过程与凝固过程具有类似的变化规律,即初始阶段具有较大的体积变化率。在融解过程的初始阶段,体积膨胀变化速率较小,即曲线的斜率较小,随着相变过程的进行,变化速率迅速增大,随后又逐渐减小,直到最后趋近于 0。随着相变过程的进行,固态十六烷开始融解,在表面形成液态十六烷。由于液态十六烷的导热系数小于固态十六烷的导热系数,初期阶段热阻比较大,体积变化率增长缓慢。随着液态十六烷成分的增多,在重力的作用下,液态十六烷内部因温差产生自然对流,固液密度不同引起沉降运动,都加速了融解过程的进行,体积变化速率增大。随着融解过程的进行,固态十六烷的成分越来越少,每个时间间隔内融解的十六烷也越来越少,直到最后,所有的十六烷完全融解,体积变化量减小为 0。这时,体积膨胀率达到最大。

由初始温度同为 10℃,边界温度分别为 21.5℃、22.5℃、27℃的体积变化率曲线可知,相变材料的初始温度相同时,边界温度越大,体积膨胀速率越快。由图 6-18 可知,温差越大,相变速率越快,完全融解所需的时间也越少。比较初始温度 10℃、边界温度 21.5℃的曲线和初始温度 13℃、边界温度 21.8℃的曲线可知,在边界温度相同时,初始温度越大,需要吸收的显热越少,开始融解所需的时间就越少,相变速率大,完全融解所需的时间短。其中,边界温度相近的几条曲线,即使初始温度相差较大,但变化速率相近。因此,初始温度对融解过程的影响小于边界温度。

6.5.3　凝固过程与融解过程比较

图 6-19 显示了初始温度 10℃、边界温度 27℃的融解过程曲线和初始温度 19℃、边界温度 8℃的凝固过程曲线,两者的边界温度与十六烷的融点具有相同的温差,初始温度对体积变化率的影响较小。因此,图 6-19 可以近似获得融解过程与凝固过程的体积变化规律。在初始阶段,由于十六烷固相的导热系数大于液相的导热系数,凝固过程的体积变化速率大于融解过程。接着,融解过程液态十六烷的自然对流加速了相变过程的进行,凝固过程所形成的固态十六烷薄层的热阻逐渐增大,使得融解过程的体积变化速率大于凝固过程,最终,融解过程完全相变所需的时间小于凝固过程完全相变所需的时间。

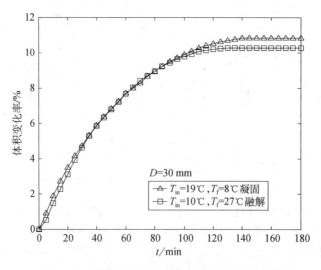

图 6-19　融解过程与凝固过程体积变化率比较

从图 6-19 还可以看出,融解过程的总体积变化率小于凝固过程的总体积变化率。在实验过程中,为了防止密度较轻的液态十六烷从刻度玻璃管中溢出,刻度玻璃管的最低液面需高于有机玻璃管中液态十六烷的高度。在相变过程中,刻度玻璃管中的水柱对液态十六烷产生附加压力。在凝固过程中,随着水柱的降低压力逐渐减小,在融解过程中这个压力逐渐增大。液态十六烷在压力的作用下,密度减小,使得融解过程中的总体积变化率小于凝固过程中的总体积变化率。

根据融解过程与凝固过程体积变化规律的比较分析可知,在相同的温差下,融解过程的体积变化速率大于凝固过程的体积变化速率;在外界压力的作用下,融解过程的总体积变化率小于凝固过程的总体积变化率。

由上分析,可得以下结论:

体积变化率与相变速率有关,即与相变过程中液相成分或固相成分的多少有关。所有影响相变速率的因素,都会影响体积变化速率。

对给定体积的相变材料,增大 Ste 数、Bi 数和减小圆柱形容器的尺寸,可以提高体积变化速率,提高输出功率,或者让相变材料部分融解,缩短相变时间,也可以提高输出功率。

在相同的边界温度下,初始温度越小,释放或吸收的显热越小,相变速率越快,体积变化速率越大。在相同的初始温度下,温差越大,相变速率越快,体积变化速率越大。

相变过程中,在相同的温差下,融解过程的体积变化速率大于凝固过程的体积变化速率;在外界压力的作用下,融解过程的体积变化率小于凝固过程的体积变化率。因此,在外界压力较高的应用场合,应考虑压力作用的影响,保证动力装置能够可靠地运行。

第7章 温差能动力推进系统的蓄能器

当滑翔机穿越冷海水层和暖海水层时，蓄能器需完成两项任务：一，存储能量。在暖水层航程中，感温工质吸收海水热量，发生固液相变，伴随体积膨胀，推动能量传递液体，蓄能器负责存储这部分推动功；二，释放能量。当滑翔机航行至既定的下限深度时，进行正浮力调节，蓄能器释放先前存储的能量，克服海水深度压力，将能量传递液体压入外胆，外胆体积增大，滑翔机获得正浮力，产生上浮的运动趋势。

蓄能器是温差能动力系统中的重要部件。蓄能器的行为，决定着温差能动力系统的工作性能。

7.1 蓄能器类型

蓄能器是液压系统中的能量储存装置，在许多方面有着重要的应用。

蓄能器可分为重力加载式、弹簧加载式和气体加载式 3 大类。

重力加载式蓄能器。它利用重物的位能来储存能量，是最古老的一种蓄能器。它能提供大容量、压力恒定的液体；缺点是尺寸庞大，反应迟钝。这种蓄能器用于固定的重型液压设备。

弹簧加载式蓄能器。它利用弹簧的压缩能来储存能量，其结构简单，反应较重力式灵敏；缺点是容积小。弹簧加载式蓄能器经常用于小容量、低压系统。

重力及弹簧式蓄能器在应用上都有局限性。现在，这两种蓄能器都很少使用。相比之下，大量使用的往往是气体加载式蓄能器。

气体加载式蓄能器的工作原理符合波义耳定律。在使用时，首先向蓄能器充入预定压力的工作气体，当外部系统的压力超过蓄能器的压力，即能量传递液体的液压大于工作气体压力时，气体受压缩，液体充入蓄能器；外部系统的压力低于蓄能器的压力时，蓄能器中的能量传递液体在压缩气体的作用下流向外部系统。

气体加载式蓄能器分为活塞气缸式、气囊式、气瓶式等几种。

气缸式蓄能器利用浮动自由活塞将气相和液相隔开，活塞和筒状蓄能器内壁之间有密封。其结构简单，寿命长。由于活塞惯性大，有密封摩擦阻力存在，反应灵敏性较差，气体和液体有相混的可能性。

活塞气缸式蓄能器的最佳放置方式是竖直放置，也可以水平放置，但务必保持油液清洁。不清洁的油液会损坏活塞密封。

气囊式蓄能器由耐压壳体、弹性气囊、充气阀、提升阀、油口等组成。提升阀的作用是防止油液排尽后气囊挤出容器之外。气囊式蓄能器容积较大，反应灵敏，不易漏气，没有油气混杂的现象。

气囊式蓄能器的最佳放置方式是竖直放置，充气阀在上方。也可以水平放置，但务必选择适当的充气压力，限制最大排液流量。

气瓶式蓄能器容量大、惯性小、反应灵敏、占地小，没有摩擦损失。这种蓄能器中，气体与液体直接接触，在蓄能器中分为油相和气相。当温度一定时，溶解在液体中的气体量与压力成正比，气体被液体吸收后会因反复游离而造成气蚀，使液体过早变质。

气瓶式蓄能器中的气液直接接触，气体易溶于液体中，在使用过程中，需经常灌注新气。若是以此类型作为温差能动力系统的蓄能器，就要求滑翔机定期浮出水面进行人工灌气。结果，就降低了滑翔机的续航能力。对于温差能动力系统来说，气瓶式蓄能器不是理想的选择。

气缸式蓄能器和气囊式蓄能器相比，总体性能相当。气囊式蓄能器反应灵敏，不易漏气，相比活塞气缸式蓄能器，它有一个致命缺点，就是失效快。

蓄能器失效常被定义为，在一定的压力范围内不能充进或排出一定容积的能量传递液体。失效原因通常是原充气压力的增大或减小。

气囊式蓄能器的失效原因是气囊破裂，这种失效是迅速的。

气缸式蓄能器的失效是逐渐的，失效原因通常有以下几种：

（1）油液漏入气体一端。这种失效通常是蓄能器在使用很长时间以后快速充放油所导致的。磨损的活塞密封每一行程都将有少量油液擦入气体端，当气体端慢慢充满油液，充气压力就上升了，这样，蓄能器只能充进或排出少量的油液。充气压力的上升是可测量的，所以，这种失效可以被预先察觉。

（2）气体泄漏。当活塞密封损坏以后，气体漏入油液中。活塞密封损坏的原因，是长时间的使用以及油液不洁引起密封的磨损，气体也常常从充气阀及气体端盖密封处漏出。低充气压力使排入系统的油液减少。这种充气压力的减少也可被预先察觉。航行在水下的滑翔机，若使用气囊式蓄能器，气囊破裂失效会瞬间导致整个动力系统瘫痪，滑翔机失去航行动力，有丢失在海水中的危险，无法回收，造成致命的损失。采用活塞气缸式蓄能器，就可以避免类似情况的发生。在预先察觉系统有失效趋势时，通过指令使滑翔机浮出水面，整修后再次投放入水，继续进行水下作业。

综合考虑，采用气缸式蓄能器作为温差能动力系统的蓄能器是合理的。

7.2　气缸式蓄能器的工作过程分析

气缸式蓄能器工作时，工作气体可看做一个独立的热力学系统；蓄能器的工作过程就是这一独立的热力学系统和外界进行能量传递和转化的过程。

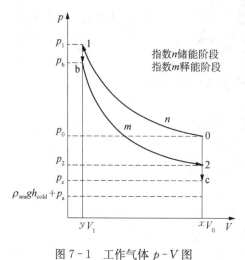

图 7-1 工作气体 p-V 图

在水下热滑翔机的一个锯齿形航行轨迹中,蓄能器中的工作气体经历了 4 个热力学过程,其 p-V 图如图 7-1 所示。

储能过程 $0 \rightarrow 1$。0 是工作气体的充气状态,1 是工作气体受压缩至体积最小的状态。在暖水层航程中,感温工质吸收暖海水热量,发生固液相变,体积膨胀,将能量传递液体挤入气缸式蓄能器。气体受压,体积减小,经历指数为 n 的多变过程。在此过程中,气体由初始充气状态——充气压力 p_0、充气体积 V_0 变化为 p_1、V_1 的状态。过程的气体体积变化量,就是系统的能量传递液体排挤量。

保压过程 $1 \rightarrow b$。气缸式蓄能器的储能过程结束后,当滑翔机航行至下限深度处,就开始了正浮力调节的间歇阶段,也就是保压过程。在保压间歇段,工作气体在受压储能后,温度变高,与周围环境存在温度差。气缸和活塞都不能绝对绝热,工作气体向环境放热,损失掉一部分能量。在这个间歇段中,气体经历了等容放热的过程,压力从 p_1 降至 p_b,体积维持不变。

释能过程 $b \rightarrow 2$。b 是工作气体正浮力调节过程的初始状态,2 是正浮力调节过程的终了状态。滑翔机航行至下限深度处进行正浮力调节时,打开三通阀,连通气缸式蓄能器和外胆。工作气体压力大于外胆受到的海水下限深度压力,气体膨胀对外做功,将蓄能器内部的能量传递液体压入外胆,外胆体积变大,滑翔机获得正浮力。在这一过程中,气体经历了指数为 m 的多变过程,气体状态由 p_b、V_b 变为 p_2、V_2。

保压过程 $2 \rightarrow c$。正浮力调节过程,即气缸式蓄能器释能过程结束后,就开始了感温工质新一轮的固液相变,这就是蓄能器重新参与储能过程的间歇段。在这一保压阶段中,工作气体继续对外放热,损失能量,经历等容放热过程。这一阶段,压力从 p_2 降至 p_c,体积维持不变。

从 p-V 图的储能、释能过程可以看出,滑翔机从暖水层航行至冷水层,再从冷水层回到暖水层的整个循环中,蓄能器内部的工作气体由初始状态 p_0、V_0 变为 p_c、V_c。工作气体经过一个循环过程后,无法恢复到初始状态。引起这种状况的两个因素是:一是储能释能过程中,气体经历的多变过程不一致,$m \neq n$;二是保压过程中,能量有损失。气缸和活塞不是绝对绝热的,气体温度较高,与环境存在温差,气体向环境等容放热就导致能量的损失。

为了保证温差能动力系统具有循环工作的特性,使下一循环开始时的工作气体状态处于充气状态 p_0、V_0,就要对工作气体进行额外的能量补偿。p-V 图上的 c→0 就是气体等容吸热的过程。为了实现这一过程,可在蓄能器气缸顶部安装一个电热丝,电热丝通电后将电能转化为热能,对气体加热,使其恢复到 p_0、V_0 状态。

7.3　工作气体热力过程对滑翔机航行深度的影响

从图 7-1 可知,正浮力调节过程 b→2 不是独立的,它是工作气体一个循环过程中的一部分。工作气体在正浮力调节过程的初始状态 b,由气体储能压缩过程 0→1 和保压过程 1→b 所共同决定的。热力循环过程的优劣,直接影响工作气体克服海水深度压力的能力,决定了滑翔机所能航行的最大深度。

在正浮力调节过程中,气体体积膨胀,压力减小;当压力降至海水深度压力时,膨胀过程结束,蓄能器流入外胆的能量传递液体量最大,正浮力调节幅度达到最大值。图 7-2 上的状态点 3,就是正常工作情况下系统排液量最大时气体的状态。当状态 2、3 重合在一起,即气体膨胀终了时,恰好恢复到充气体积,系统恰好完成既定液体量的传递,这是临界的情况,对应着

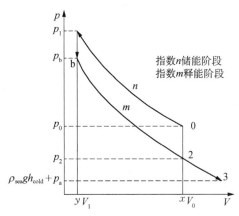

图 7-2　最大正浮力调节幅度示意图

$$p_2 = p_3 = p_{cold} \tag{7-1}$$

式中:p_{cold}——滑翔机航行的下限深度压力,即正浮力调节过程对应的海水深度压力。

$$p_{cold} = \rho_{sea} g h_{cold} + p_a \tag{7-2}$$

式中:ρ_{sea}——海水密度;

h_{cold}——滑翔机所处的下限海水深度;

p_a——当地大气压。

设蓄能器在保压过程 1→b 的保压效率为 η_1,保压过程 2→c 的保压效率为 η_2,即

$$\eta_1 = \frac{p_b}{p_1}, \quad \eta_2 = \frac{p_c}{p_2}$$

将滑翔机体积变化量记为 ΔV,则工作气体在各过程中的热力学状态参数为

储能过程 0→1:$V_1 = V_0 - \Delta V$, $p_0 V_0^n = p_1 V_1^n$, $p_1 = p_0 \left(\dfrac{V_0}{V_0 - \Delta V} \right)^n$

保压过程 1→b:$V_b = V_0 - \Delta V$, $\eta_1 = \dfrac{p_b}{p_1}$, $p_b = \eta_1 p_0 \left(\dfrac{V_0}{V_0 - \Delta V} \right)^n$

释能过程 b→2：$V_2 = V_0$，$p_b V_b^m = p_2 V_2^m$，$p_2 = \eta_1 p_0 \left(1 - \dfrac{\Delta V}{V_0}\right)^{m-n}$

保压过程 2→c：$V_c = V_0$，$\eta_2 = \dfrac{p_c}{p_2}$，$p_c = \eta_1 \eta_2 p_0 \left(1 - \dfrac{\Delta V}{V_0}\right)^{m-n}$

将 $p_2 = \eta_1 p_0 \left(1 - \dfrac{\Delta V}{V_0}\right)^{m-n}$ 和 $p_{\text{cold}} = \rho_{\text{sea}} g h_{\text{cold}} + p_a$ 代入式（3.1），得

$$\eta_1 p_0 \left(1 - \frac{\Delta V}{V_0}\right)^{m-n} = \rho_{\text{sea}} g h_{\text{cold}} + p_a \tag{7-3}$$

临界情况下，充气压力 p_0 对应的海水深度为滑翔机航行的下限深度最大值，记为 h_{cmax}，即

$$h_{\text{cmax}} = \frac{\eta_1 p_0 \left(1 - \dfrac{\Delta V}{V_0}\right)^{m-n} - p_a}{\rho_{\text{sea}} g} \tag{7-4}$$

蓄能器在储能和释能过程中，多变指数一般在 1～1.4 之间，即介于等温过程和绝热过程两者之间。储能过程中，系统的工作气体做功大于释能过程中气体对外做功，所以，一般而言，$n < m$；理想情况下，气缸工作效率为 100%，可将存储的能量完全释放出来，即 $n = m$。

n 和 m 的取值范围是

$$1 \leqslant n \leqslant m \leqslant 1.4$$

将储能、释能两个过程的多变指数偏差记为 χ，$\chi = m - n$，χ 的取值范围是

$$0 \leqslant \chi \leqslant 0.4$$

令 $\gamma = \dfrac{\Delta V}{V_0}$，代表单位体积工作气体的体积变化量，用以表征工作气体的体积利用率。γ 的取值范围是

$$0 < \gamma < 1$$

将 χ 和 γ 代入式（7-4），得

$$h_{\text{cmax}} = \frac{\eta_1 p_0 (1 - \gamma)^{\chi} - p_a}{\rho_{\text{sea}} g} \tag{7-5}$$

从式（7-4）可知，h_{cmax} 是一个有关保压效率 η_1、气体初始体积 p_0、多变指数差 χ 和气缸体积利用率 γ 的函数。为便于分析，可假设保压效率 $\eta_1 = 1$，海水密度 $\rho_{\text{sea}} = 1000\,\text{kg/m}^3$，大气压强 $p_a = 1.013 \times 10^5\,\text{Pa}$。

假定工作气体初始压力 $p_0 = 2\,\text{MPa}$，在气缸体积利用率 $\gamma = 0.1$，0.3，0.5，0.7，0.9 这 5 种工况下，可得到 h_{cmax} 与储能、释能过程的多变指数差 χ 的函数关系，见图 7-3。

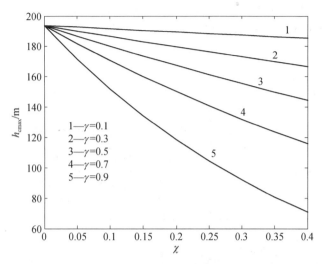

图 7 - 3　多变指数差对滑翔机航行深度影响曲线图

参见图 7 - 3,展开分析讨论:

(1) 多变指数差的大小,表征了系统循环的优劣。也就是气体在循环过程的释能终了状态与气体初始充气状态的偏差。χ 越大,偏离气体初始充气状态越远。在气体初始压力一定的情况下,5 种工况的曲线趋势一致,斜率为负,h_{cmax} 随着气体状态过程的多变指数差的增大而减小。气体的储能过程和释能过程相差大,航行深度就小。

(2) 随着气缸体积利用率 γ 的增大,函数曲线斜率绝对值增大。$\gamma = 0.1$ 时,曲线平坦,航行深度随多变指数差的值变化不大。$\chi = 0$,对应 $h_{cmax} = 194\,\mathrm{m}$,$\chi = 0.4$,对应 $h_{cmax} = 185\,\mathrm{m}$,两者仅相差 0.6%。当 $\gamma = 0.9$ 时,函数曲线陡,航行深度随多变指数差的值变化明显,$\chi = 0$,对应 $h_{cmax} = 194\,\mathrm{m}$;$\chi = 0.4$,对应 $h_{cmax} = 71\,\mathrm{m}$,前者是后者的两倍多。

(3) 在多变指数差一定的情况下,航行深度随气缸体积利用率的增大而减小。这两个参数对系统的优化是矛盾的。γ 越大,气缸体积利用率越高。在相变体积一定的情况下,可以降低气体初始充气体积,为滑翔机节省空间。但是,航行深度与 γ 呈反向关系:γ 增大,限制了航行深度,使滑翔机活动范围减少,甚至可能导致滑翔机无法在温跃层较深的海域航行。在设计中,要权衡两个参数所产生的影响。

(4) 5 种工况都经过同一点,即 $\lambda = 0$ 时,最大深度 $h_{cmax} = 194\,\mathrm{m}$。这表明,储能过程和释能过程完全一致时,即释能过程中气体经历的膨胀过程是储能过程中气体经历的压缩过程的逆过程时,h_{cmax} 与气缸体积利用率 γ 无关。此时,在系统有效工作的前提下,设计系统时就可以取较大的 γ 值,提高了工作气体的体积利用率。但是不能取 $\gamma = 1$,因为工作气体不能无限压缩,否则,当气体达到临界压力时就会液化。在选择 γ 时要留有余地。

取 $0 \leqslant \chi \leqslant 0.4$ 的中间值 0.2,即 $\chi = 0.2$,气缸体积利用率 $\gamma = 0.1, 0.3, 0.5,$ $0.7, 0.9$。对应这 5 种不同工况,得到了 h 与气缸初始压力 p_0 的函数关系,如图 7-4 所示。

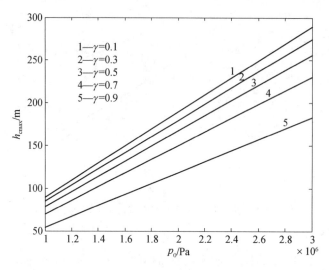

图 7-4　工作气体初始压力对滑翔机航行深度影响曲线图

参见图 7-4 可知:

(1) 在 χ 和 γ 一定的情况下,气体初始压力与滑行深度呈简单的线性关系;斜率为正,h_{cmax} 随着 p_0 的增大而增大。函数曲线斜率与气缸体积利用率 γ 相关,并与之呈反向关系。如图 7-4 所示,γ 越大,直线斜率越小,说明 γ 越大,p_0 对应的航行深度 h_{cmax} 越小。

(2) 在 p_0 较小的地方,各工况曲线较密,表明此时 γ 对 h_{cmax} 的影响力不大。随着 p_0 逐渐增大,直线由密变疏,表明气体初始压力较大时,γ 对 h_{cmax} 的影响也较大。

综上分析,气体压缩增压过程和膨胀做功过程之间的偏差,对系统是非常不利的。其结果,是限制了滑翔机的航行深度。为了提高航行效率,应尽量减小两过程之间的偏差。蓄能器体积利用率与航行深度两参数的优化存在矛盾,两者呈反向关系。若要求的航行深度较小,蓄能器体积利用率对航行深度影响小,系统设计时可偏向体积利用率值,即 γ 可取较大值,节省滑翔机机舱内部体积;若要求的航行深度较大,蓄能器对航行深度的影响就大。为权衡两个重要因素,体积利用率 γ 可在 0.5 附近取值。

7.4　蓄能器能量分析

温差能动力系统经历一个循环过程,相对应,滑翔机在水下完成一个锯齿形航行轨迹。在这一工作单元中,蓄能器除了经历储能和蓄能过程外,还存在能量损失过程。研究蓄能器的能量传递规律,计算能量损失总量,可为蓄能器的补能过程提供依据,确保工作气体在经历一个循环过程后恢复到初始充气状态,使温差能动力系统具备循环工作的特性。同时,根据能量传递过程的计算,能够准确获取蓄能器的节能效果。

7.4.1　蓄能器的能量传递过程

1. 输入功

在一个循环过程中,当滑翔机航行在暖水层时,感温工质因固液相变而产生体积膨胀效应,将能量传递液体由工作流体缸压入蓄能器,对蓄能器内部的工作气体挤压做功。这部分输入蓄能器的功,在图 7-1 上表现为 01yx 围成的面积,其值为

$$W_i = -\frac{p_0 V_0}{n-1}\left[1 - \left(\frac{V_0}{V_1}\right)^{n-1}\right] \tag{7-6}$$

2. 输出功

当滑翔机航行至既定的下限深度,系统进行正浮力调节,使机身产生上浮动力时,需要蓄能器对外做功,即工作气体克服海水深度压力和管道阻力,通过自身膨胀将蓄能器内的能量传递液体推入外胆。蓄能器输出的这部分功,在图 7-1 上表现为 byx2 所围成的面积,其值为

$$W_o = \frac{p_b V_b}{m-1}\left[1 - \left(\frac{V_b}{V_2}\right)^{m-1}\right] = \frac{\eta_1 p_0 V_b}{m-1}\left(\frac{V_0}{V_1}\right)^n\left[1 - \left(\frac{V_b}{V_2}\right)^{m-1}\right] \tag{7-7}$$

3. 蓄能器放出的热量

因活塞和气缸不完全绝热,工作气体在两个保压过程中存在热量散失。保压过程中,工作气体体积维持不变,所以,这部分热量的损失表现为气体内能的降低。

保压过程 1→b 中,气体对外放热引起的热量损失值为

$$\dot{q}_{o1} = m_g C_V \big|_{T_b}^{T_1}(T_1 - T_b) \tag{7-8}$$

式中:$C_V \big|_{T_b}^{T_1}$——保压过程 1→b 的平均比热。

保压过程 2→c 中,气体对外放热引起的热量损失值为

$$\dot{q}_{o2} = m_g C_V \big|_{T_c}^{T_2}(T_2 - T_c) \tag{7-9}$$

式中:$C_V \big|_{T_c}^{T_2}$——保压过程 2→c 的平均比热。

两个保压过程中气体对外共放出热量为

$$\dot{q}_{ot} = m_g C_V \big|_{T_b}^{T_1}(T_1 - T_b) + m_g C_V \big|_{T_c}^{T_2}(T_2 - T_c) \tag{7-10}$$

4. 蓄能器吸收的热量

正浮力调节过程结束后,蓄能器中的工作气体终了状态 c 偏离了充气状态 0。为保证蓄能器在下一个循环过程中能够保持同样的工作特性,必须对蓄能器进行能量补偿,使工作气体恢复至充气状态。补能过程中气体吸收的热量值为

$$\dot{q}_i = \Delta u = m_g C_V \big|_{T_c}^{T_0}(T_0 - T_c) \tag{7-11}$$

式中:$C_V |_{T_c}^{T_0}$——气体在 T_0 至 T_c 之间的平均比热容。

5. 蓄能器能效计算

蓄能器的工作效率是指在单位能量输入情况下,系统输出有用功值。正浮力调节过程中,蓄能器克服海水深度压力输出的功才是有用功,这部分功为

$$W_u = (\rho_{sea} g h_{cold} + p_a) \cdot \Delta V \tag{7-12}$$

输入蓄能器的总能量为

$$E = W_i + \dot{q}_i = -\frac{p_0 V_0}{n-1}\left[1 - \left(\frac{V_0}{V_1}\right)^{n-1}\right] + m_g C_V |_{T_c}^{T_0} (T_0 - T_c) \tag{7-13}$$

蓄能器的总能效为

$$\eta = \frac{\text{输出有用功}}{\text{输入的总能量}} \times 100\%$$

$$= \frac{(\rho_{sea} g h_{cold} + p_a) \cdot \Delta V}{-\dfrac{p_0 V_0}{n-1}\left[1 - \left(\dfrac{V_0}{V_1}\right)^{n-1}\right] + m_g C_V |_{T_c}^{T_0} (T_0 - T_c)} \times 100\% \tag{7-14}$$

7.4.2 温差能动力推进系统的节能效果

在理想情况下,滑翔机动力系统可将温差能转化为机械能,无须额外的能量输入,即可驱动自身航行,在水下形成锯齿形的航行轨迹。

根据蓄能器的工作过程和能量分析,由于经过一个锯齿形航行轨迹后,工作气体无法恢复到初始的充气状态,仅依靠系统获取的温差能,无法保证动力具有循环工作的特性。

图 7-1 显示,在滑翔机的一个锯齿形航行轨迹终了时,工作气体对应的状态为 c,偏离了充气状态 0,此时若不采取补能措施,工作气体下一轮储能、释能循环过程的初始状态就是上一工作过程的终了状态 c,如图 7-5 所示。

进入滑翔机的第二个锯齿型航行轨迹后,感温工质开始新一轮的固液相变,体积膨胀,将工作流体缸的能量传递液体再次压入工作气体缸,工作气体由状态 c 被压缩储能至状态 3,储能过程结束后至滑翔机航行至下限深度间歇段中,气体经过保压过程到达状态 d;滑翔机到下限深度后进行正浮力调节,气体从状态 d 处开始膨胀释能,气体压力随体积的膨胀而降低,当压力降至海水深度压力时,工作气体和海水之间的压差

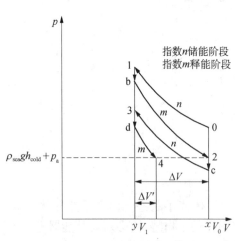

图 7-5 无补能措施的工作气体
二次循环 p-V 图

消失,无法再将能量传递液体由工作气缸压送至外胆,膨胀过程结束,对应气体状态为4。工作气体的释能过程中,即正浮力调节过程中,气体由状态 d 变为状态 4,体积变化量小于要求的滑翔机体积变化量 ΔV,造成的后果是外胆体积变化量减小,滑翔机不能获得既定的正浮力,上浮速度降低,甚至可能无法进行上浮运动。

可见,温差能驱动系统除了主要依靠海水温差能外,还必须额外输入一定的能量,使工作气体在一轮储能、释能过程后恢复到初始充气状态。

在实际航行过程中,每一个锯齿型航行轨迹都需要对蓄能器补充能量,才能保证温差能动力系统有效循环工作。这部分能量,就是气体在补能过程中吸收的热量 $\dot{q}_i$。根据文献推荐的数据,氮气的比热容 $C_V = 730.4 + 0.08955\{t\}_{°C}$,则

$$\dot{q}_i = m_g \cdot \frac{1}{2}\big[730.4 + 0.08955(T_0 - 273) + 730.4 + 0.08955(T_2 - 273)\big] \cdot$$
$$(T_0 - T_2) \tag{7-15}$$

计算得到工作气体状态 2 处的温度为

$$T_2 = \eta_1\eta_2(V_0/V_1)^{n-1}(V_b/V_2)^{m-1}T_0 = \eta_1\eta_2(1-\gamma)^{m-n}T_0 = \eta_1\eta_2(1-\gamma)^{\chi}T_0$$

故 $\dot{q}_i$ 可进一步简化为

$$\dot{q}_i = m_g T_0 \cdot \big[705.95 + 0.044775T_0(1 + \eta_1\eta_2(1-\gamma)^{\chi})\big] \cdot \big[1 - \eta_1\eta_2(1-\gamma)^{\chi}\big] \tag{7-16}$$

根据克拉柏龙方程 $p_0V_0 = m_g R_g T_0$,$T_0 = \dfrac{p_0 V_0}{R_g m_g}$,将所得到的蓄能器临界充气压力值代入方程,得

$$T_0 = \frac{\rho_{sea}gh_{cold} + p_a}{R_g m_g \eta_1(1-\gamma)^{\chi}}V_0$$

故

$$\dot{q}_i = \frac{(\rho_{sea}gh_{cold} + p_a)V_0}{\eta_1 R_g(1-\gamma)^{\chi}} \cdot \left[705.95 + 0.044775\frac{\rho_{sea}gh_{cold} + p_a}{R_g m_g \eta_1(1-\gamma)^{\chi}}V_0(1 + \eta_1\eta_2(1-\gamma)^{\chi})\right] \cdot$$
$$\big[1 - \eta_1\eta_2(1-\gamma)^{\chi}\big] \tag{7-17}$$

电驱动型水下滑翔机利用步进电机推动液压缸中活塞,将缸内传递液体排入外胆,所耗的电能就等于排开体积为 ΔV 的冷海水所克服的海水深度压力,如图 7-6 所示。

电动机耗能

$$W = (\rho_{sea}gh_{cold} + p_a)\Delta V \tag{7-18}$$

要使温差能驱动型水下滑翔机比电驱动

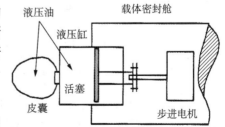

图 7-6　电动水下滑翔机动力系统原理图[36]

型滑翔机更能节约电能，必须满足$\dot{q_i}<W$。为了定量分析温差能驱动滑翔机较之电驱动滑翔机的节能效率，需要确定有关重要参数。

1. 保压效率

在保压过程 1→b 中，气体在状态 1 时的温度较高，与环境温差较大，向环境放热量大；而在保压过程 2→c 中，气体在状态 2 对应的温度较低，与环境温差小，向环境放热量小，很明显，保压效率 η_1 低于 η_2。假定 $\eta_1=0.98$，则 $\eta_2=1$。

2. 滑翔机体积变化量

现有水下滑翔机体积变化量一般在 300～900 ml 之间，将温差能驱动水下滑翔机体积变化量定为 410 ml，即 $\Delta V=410\,\text{ml}$。

3. 气体质量

气缸内气体质量 $m_g=0.05\,\text{kg}$。

以温差能动力系统和电动驱动系统耗能比值为基准，分析温差能动力系统的节能效果。

相对耗能系数记为 $\Gamma=\dfrac{\dot{q_i}}{W}$。根据$\dot{q_i}$和 W 的表达式可知，在上述参数一定的条件下，温差能动力系统的相对耗能系统是一个和航行深度、工作气缸体积利用率、工作气体储能、释能过程指数差相关的复杂函数。为有效分析温差能动力系统节能效果，需分析各参数对相对耗能系数的影响。

当 $\gamma=0.5$ 时，航行深度分别为 100 m、500 m、900 m 的 3 种工况下，可得相对耗能系数 Γ 的变化规律，如图 7-7 所示。

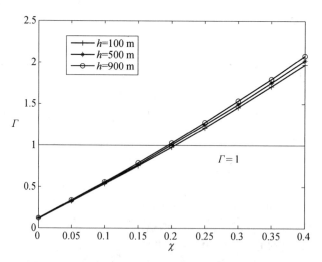

图 7-7　滑翔机航行深度对相对耗能系数影响曲线图

由图 7-7 可知，在给定的设计工况下，为保证温差能动力系统能够循环工作，额外输入的能量和电驱动滑翔机所耗的电能之比，即相对耗能系数，与工作气体储能、释能过程的状态指数差χ密切相关，并随着χ的增大而增大。这就说明，气体储能、释能过程偏差越大，需要额外输入的能量也就越多，温差能动力系统的节能效果就越差。

　　航行深度分别为 $100\,\mathrm{m}$、$500\,\mathrm{m}$，$900\,\mathrm{m}$ 的 3 种工况下，相对耗能系数随气体工作过程指数差的变化曲线非常接近，可见，航行深度对动力系统的节能效果影响不大。

　　$\Gamma = 1$，代表温差能动力系统与电动系统耗能相等。在图 7-7 中，3 条曲线与 $\Gamma = 1$ 交点都在点 $(\chi，\Gamma) = (0.2，1)$ 附近，说明工作气缸体积利用率为 0.5 时，在 $0 \leqslant \chi < 0.2$ 范围内，$\Gamma < 1$，即 $\dot{q}_i < W$，温差能动力系统比电驱动系统更为节能。在 $0.2 < \chi \leqslant 0.4$ 范围内，$\Gamma > 1$，即 $\dot{q}_i > W$，温差能动力系统耗能比电动系统多，不具节能效果，在此范围内设计温差能驱动系统是没有意义的。

　　在 $\chi = 0$ 时，即蓄能器储能、释能过程相互可逆时，$\Gamma = 0.1$，而不为零，这是因为，在保压过程 $1 \rightarrow b$ 存在能量损失，在这种情况下，补能过程中输入的能量 $\dot{q}_i$ 就等于保压过程 $1 \rightarrow b$ 中气体损失的能量。理想情况下，保压效率 $\eta_1 = \eta_2 = 1$，且储能、释能过程无偏差，即 $\chi = 0$ 时，温差能驱动系统就不需要补充额外的能量，此时，$\Gamma = 0$。

　　再研究工作气缸体积利用率分别为 0.1、0.3、0.5、0.7、0.9，相对耗能系数 Γ 的变化规律，如图 7-8 所示。

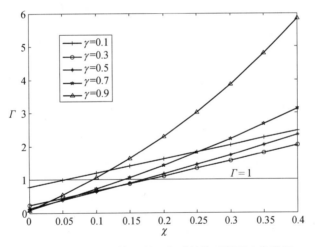

图 7-8　工作气缸体积利用率对耗能系数影响曲线图

　　图 7-8 说明，工作气缸体积利用率这一参数，对相对耗能系数的影响非常复杂，节能范围各不相同。

　　当 $\gamma = 0.1$ 时，在 $0 \leqslant \chi \leqslant 0.052$ 范围内，$\Gamma < 1$，是温差能动力系统的节能区域；

　　当 $\gamma = 0.3$ 时，节能区域范围是 $0 \leqslant \chi \leqslant 0.178$；

　　当 $\gamma = 0.5$ 时，节能区域范围是 $0 \leqslant \chi \leqslant 0.169$；

　　当 $\gamma = 0.7$ 时，节能区域范围是 $0 \leqslant \chi \leqslant 0.141$；

　　当 $\gamma = 0.9$ 时，节能区域范围为 $0 \leqslant \chi \leqslant 0.095$。

　　可见，$\gamma = 0.3$ 时，对应的节能区域范围最广，说明系统对蓄能器储能、释能过程偏差要求最低。

5 种工况曲线参差不齐,互相交错,各工况下节能区域有部分重叠。为提高动力系统的节能效果,应将 $0 \leqslant \chi \leqslant 0.178$ 细分为四大区域:

当 $0 \leqslant \chi \leqslant 0.007$ 时,$\gamma = 0.9$ 对应的相对耗能系数最小,节能效果较好;

当 $0.007 \leqslant \chi \leqslant 0.034$ 时,$\gamma = 0.7$ 对应的相对耗能系数最小,节能效果较好;

当 $0.034 \leqslant \chi \leqslant 0.135$ 时,$\gamma = 0.5$ 对应的相对耗能系数最小,节能效果较好;

当 $0.135 \leqslant \chi \leqslant 0.178$ 时,$\gamma = 0.3$ 对应的相对耗能系数最小,节能效果较好。

第3篇
水下热滑翔机在非典型温差层中的工作

第8章　弱温差层和逆温差层中的相变

8.1　引言

水下热滑翔机利用相变材料的相变过程作为推进的动力,相变材料的性能是水下热滑翔机性能的重要部分。以前述的建模求解方法为基础,研究水下热滑翔机在弱温差层和逆温层下的相变性能,可以得到弱温差和逆温差对相变过程的影响,有关结果,对于进一步研究水下热滑翔机在弱温差和逆温下的控制和优化手段,是必不可少的依据和基础。

8.2　海洋的弱温差层和逆温差层

确定温跃层的厚度时,应满足温跃层的温度梯度大于或等于规定的最小限度。按照国家技术监督局的规定,水深 200 m 内海域的温跃层,其温度梯度应大于 0.2 ℃/m,水深超过 200 m 海域的温跃层,温度梯度最低标准值为 0.05 ℃/m。

如图 8-1 是几个海洋温度剖面的实例。其顶端温度分别为 24 ℃、20 ℃、17 ℃ 和 13 ℃,都具有 150 m 厚度的混合层,然后分别按照 0.05 ℃/m、0.04 ℃/m、0.03 ℃/m 和 0.02 ℃/m 的温度梯度延伸,海水的温度随水深下降呈明显下降。在水深 500 m 处,温度梯度进一步递减,最后完全混合成冷水区域。

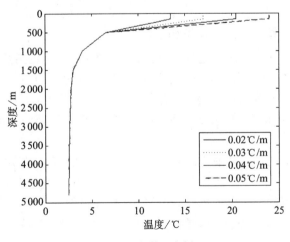

图 8-1　海洋温度剖面

　　按照国家监督局的规定,图 8-1 中的几个海洋温度剖面都不可以称为海洋温跃层。但是,这些温度剖面在海洋环境中的出现是十分常见的。海洋表层的海水温度主要受到太阳辐射的影响,其表层海水温度根据所在地区太阳辐射的不同而各不相同;海洋底层的海水,由于常年不能接受太阳辐射,保持在一个相对稳定的温度。

　　由此可见,温度梯度低于 0.05℃/m、高于 0.02℃/m 的海水层,温度分布的变化还是相对明显的,是水下热滑翔机经常不得不遭遇的海况。这种海水层的温度梯度略小于温跃层,可称为弱温差层。为了方便表述,将温度梯度大于 0.02℃/m 的弱温差层区域,还是称为温跃区。

　　逆温层,是在某一深度范围内海水温度随着深度增加不减反而升高的现象。这种实例较为少见。一般而言,在深海沟处,有时会出现水温随深度缓升的逆温现象,形成逆温差层。不过,水下热滑翔机作为一种新型的水下机器人,其续航能力和航行的范围深度是其最大的优势。新一代的水下滑翔机将向着更深的下潜深度和更长的续航时间发展,这就使水下热滑翔机遭遇逆温层的概率提高了。

　　因此,对水下热滑翔机在弱温差和逆温层的相变性能进行研究是必要的。

　　如前所述,应用比较广泛的相变材料,主要是无机化合物类和有机化合物类。无机化合物相变材料应用较广的,主要是结晶水合盐;有机化合物相变材料应用较广的,主要有脂肪酸和石蜡。

　　现以正十五烷作为相变材料,进行计算分析。

　　在水下热滑翔机相变过程的求解过程中,需要用到海水的密度、比热、导热系数和黏度等参数。

8.3　弱温差对水下热滑翔机相变性能的影响

　　弱温差层是水下热滑翔机经常遭遇的海洋环境。数值求解不同温度梯度下海洋弱温差层下的相变过程,再引入临界航程的概念,就可以分析水下热滑翔机相变性能的影响。

8.3.1　弱温差层海洋剖面的模型和参数

　　水下热滑翔机在执行任务过程中,绝大部分时间为稳定的滑翔运动。运动的调节过程,只发生在设定的滑翔范围的上下界点处,非常短暂。为了便于分析,假设水下热滑翔机的垂直速度大小不变,取值为 0.21 m/s。不计运动调节过程发生的时间,认为水下热滑翔机在设定的滑翔范围节点处,可以直接调整运动状态,没有中间过程。

　　水下热滑翔机的运行环境为图 8-1 中 4 个不同的海洋温度剖面内,水下热滑翔机的运行范围为水深 70 m 到 1400 m 之间,预设的海洋温度剖面的取值,主要基于太平洋北半球已有的海水温度数据,并以季节性的水面温度变化为参考,即夏季太阳辐射能丰富时,水面温度较高,春秋季节开始下降,冬季达到最低。温度剖面的各项参数如表 8-1 所示。

表 8-1　海洋温度剖面参数

温度剖面	温度梯度/(℃ · m^{-1})	厚度/m	深度/m
1	0.05	350	150
2	0.04	350	150
3	0.03	350	150
4	0.02	350	150

由表 8-1 可知,4 个海洋温度剖面具有相同的深度和厚度,唯一不同之处,在于海洋温度剖面的温度梯度不同,从 0.05℃/m 到 0.02℃/m 依次递减。同时,4 个海洋温度剖面都符合弱温差层的定义。

8.3.2　弱温差条件下水下热滑翔机的相变过程

根据前文给出的参数条件,利用 Matlab 编写数值求解程序,对于 4 个海洋温度剖面,都可以得出相变材料中间节点温度变化、相变材料液相分数、相变材料的体积膨胀率,以及水下滑翔机深度随时间的变化关系。

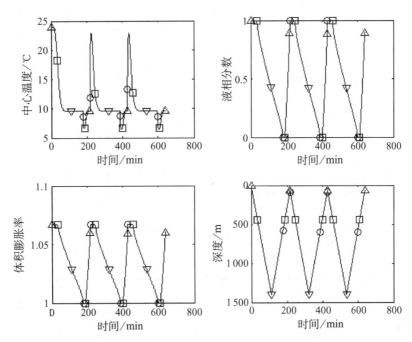

图 8-2　海洋温度剖面 1 的计算结果

图 8-2、图 8-3、图 8-4、图 8-5 分别是 4 个海洋温度剖面的求解结果。图中△表示水下滑翔机位于航程的上界点的时刻,▽表示水下热滑翔机位于航程的下界点的时刻,○表示水下热滑翔机全部完全相变的时刻,□表示水下热滑翔机相变过程开始反向的时刻,这一时刻的相变材料不一定要求全部完成相变过程,只要求其改变方向,即由融化过程到凝固过程或者凝固过程到融化过程。

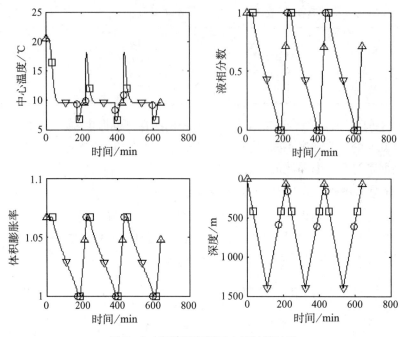

图 8-3　海洋温度剖面 2 的计算结果

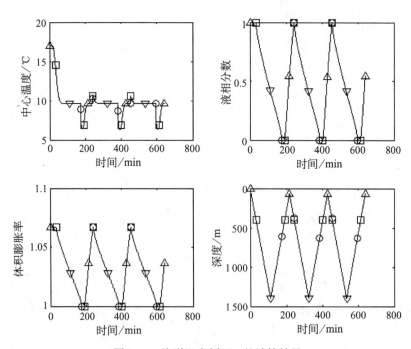

图 8-4　海洋温度剖面 3 的计算结果

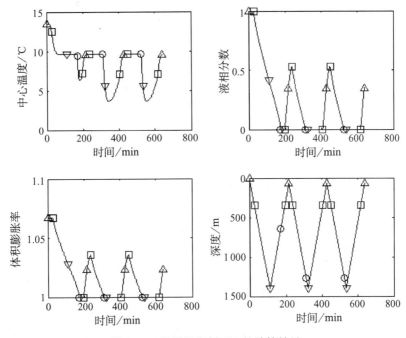

图 8-5　海洋温度剖面 4 的计算结果

由图 8-2、图 8-3、图 8-4、图 8-5 可见，水下热滑翔机的相变材料在其初始时刻，位于水面与海水环境下时处于热平衡状态；水下热滑翔机下沉时，相变材料放热；当所处的环境低于其融点时，相变材料开始凝固，这是液相分数开始从 1 逐步下降；当水下热滑翔机到达航程的下界时，相变材料并没有完全完成相变过程。不过，这并不会影响水下热滑翔机的性能，原因是，正浮力调节的过程是通过储能器高压工作气体储存的能量将传输液体从储能器压入外胆中的过程。相变材料并不直接参与传输液体的流动，只需相变工质在滑翔机的循环过程中能够完成相变过程，提供足够的体积变化即可。

水下热滑翔机到达航程的下界后，通过机内质量块和本身传输液流动的共同作用，使净浮力由负变正。同时，调整机体的姿态进入上升航程。由于模型简化的原因，认为这一个过程是瞬间完成的。

当水下热滑翔机进入上升航程后，其仍然处在的海洋冷水区域，海水温度仍然低于相变温度，相变材料的凝固过程仍然继续，凝固过程完成后，液相分数变为 0。这时，水下热滑翔机推进系统内的传输液体，沿着内胆流入储能管，其体积达到了指定的份额，完成了一个完整相变凝固过程。

完成相变凝固后，水下滑翔机继续上升，机体周围的海水温度也继续上升。当海水温度大于相变温度时，相变材料开始融化，相变材料的液相分数开始从 0 增大。当水下滑翔机到达滑翔上界点时，负浮力调节过程开始，这时，相变材料并没有完全完成相变融化过程，不过，水下滑翔机净浮力的负调节过程是靠内外胆之间的压差来完成的,是将传输液体从外胆压入内胆。因此,相变材料在滑翔上界点处的液相分数不影响水下热滑翔机的性能。

　　负浮力调节过程中,传输液体由于内外胆压力差由外胆流入内胆,净浮力减少。与此同时,在传输液体和内部质量的共同作用下,水下滑翔机的姿态得到调节,开始下沉过程。

　　当水下热滑翔机开始下沉时,机体仍处于暖水区,海水的温度仍然大于相变温度,相变材料的融化过程继续进行。随着水下热滑翔机的下降,相变材料的液相分数继续增大,当液相分数增到 1 时,相变材料完全融化,相变融化过程结束。

　　这就是储能管中的传输液体由相变融化产生的压力,压入到储能器中,完成一个完整的相变融化过程。

　　水下热滑翔机继续向下滑翔,海水温度继续下降。环境温度低于相变温度时,相变材料开始一个新的凝固过程。这就使水下热滑翔机的相变材料在海洋温差条件下,为推进系统不断地循环提供能量,保证水下热滑翔机的顺利运行。

8.3.3　弱温差条件对水下热滑翔机相变过程的影响

　　水下热滑翔机的相变过程按循环的形式进行。能否保证相变过程循环完整顺利,是影响水下热滑翔机性能的重要指标。分析相变过程,主要关注液相分数的变化规律。液相分数的变化规律不仅反映了相变过程的速度,也反映了相变过程的完整程度。因此,4 个海洋温度剖面下的液相分数,可以作为分析弱温差条件下水下热滑翔机相变过程影响的标准。

　　从图 8-6 可以看出,不同的温度剖面下,相变材料的凝固速度大致相同。这是因为,凝固过程主要发生在温跃区以下的冷水区,4 个温度剖面的冷水区的温度分布是相同的。然而,相变材料的融化过程主要发生在温跃区内,其相变速度受到温度梯度的明显影响。

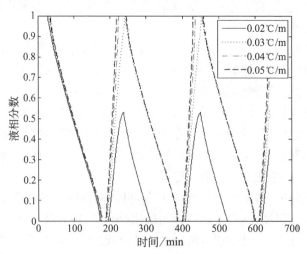

图 8-6　4 个海洋温度剖面下的液相分数变化规律

从图看出,较低的温度梯度对相变过程有明显的阻碍作用,当温度梯度过低的时候(如 0.02℃/m),相变材料无法在一个滑翔过程内完全融化,也就是液相分数最大值<1,这就对水下热滑翔机的性能造成了严重影响。一旦相变材料在滑翔机的航程范围内无法完成相变过程,就不能产生足够的体积和压力变化,就会影响传输液体的流动,正负浮力调节值也就不能达到标准。这样,水下热滑翔机的滑翔循环受到破坏,热滑翔机无法正常工作。

为了保证水下热滑翔机正常工作,必须使相变材料在每个滑翔的循环中完整地完成相变过程。这就需要通过调整水下滑翔机的航程范围,来满足相变过程完整进行的条件。

为了衡量水下滑翔机在弱温差下需要的航程范围的最小值,这里提出临界航程概念。

临界航程定义如下:在某一航程深度范围内,若满足滑翔机的凝固过程结束时,相变工质刚好全部转化为固相,就可以开始融化过程;接着,融化过程结束时,相变工质刚好全部转化为液相,就可以开始凝固过程。这一航程范围称为临界航程范围。

当实际航程范围大于临界航程范围时,相变工质就可完成相变储能、相变释能过程,系统可以稳定工作,滑翔机可以实现周期性的锯齿形轨迹航行。

当航程范围小于此临界值时,相变材料无法完全完成相变储能、相变释能过程,动力系统循环工作特性遭到破坏,热滑翔机无法按预设的锯齿形轨迹运行。

临界航程的引入,求解算法的循环判据必须由以前滑翔机位置是否达到设定的航程上下界点加以修改,改为相变材料中心节点的液相分数是否为 0 或 1,将中心节点液相分数为 0 或者 1 的点,作为滑翔上下界点,并计算上下界点的水深等参数,以结果的形式输出和保存。

这样,新的计算流程如图 8-7 所示。

计算流程调整后,再次针对 4 个海洋温度剖面进行求解,可以得出图 8-8、图 8-9、图 8-10 和图 8-11 的结果。

图 8-8、图 8-9、图 8-10 和图 8-11 表明,基于临界航程的算法求解,相变材料在任何海洋温度剖面上,都能通过调整临界航程范围来保证相变过程的完整。其计算的目标函数,即中心节点液相分数为 0 或 1 时,速度反向,水下热滑翔机开始一个新的反向航程。通过该算法可以得到较为满意的效果。然而,仍有个别节点无法做到○与□完全重合。原因是,算法所选取的时间步长并没有经过合理的优化,这也将是未来改进算法的任务。

由于求解引入了临界航程的概念,弱温差条件对水下热滑翔机的影响将体现在液相分数变化规律和航程范围变化规律上。为了明确地比较不同温度梯度对水下热滑翔机相变过程的影响,以航程范围和液相分数变化规律作为研究对象。

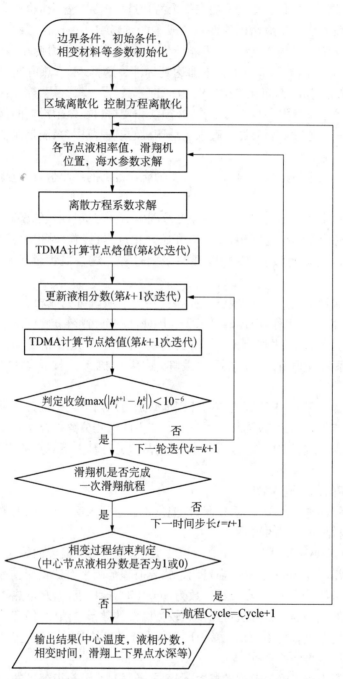

图 8-7　基于临界航程的水下热滑翔机的相变过程计算流程图

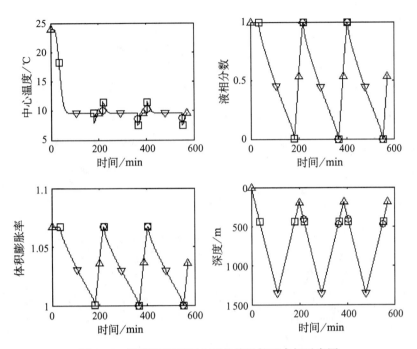

图 8-8 海洋温度剖面 1 下的临界航程求解示意图

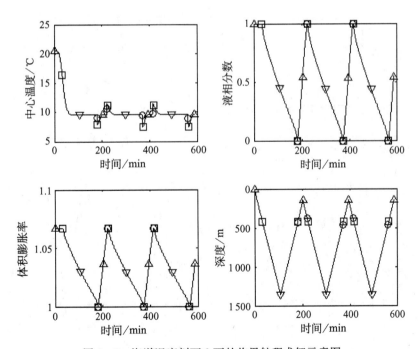

图 8-9 海洋温度剖面 2 下的临界航程求解示意图

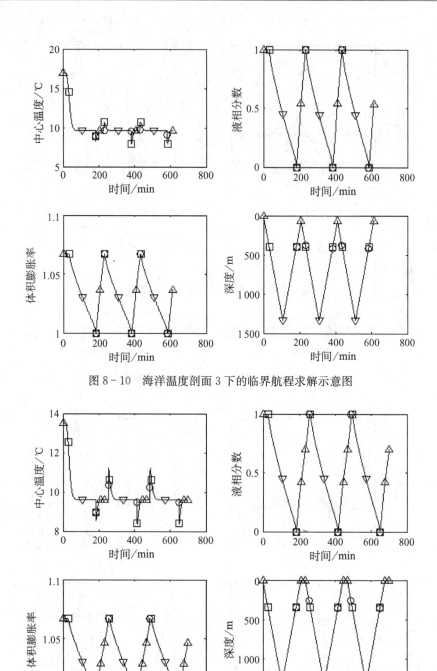

图 8 - 10　海洋温度剖面 3 下的临界航程求解示意图

图 8 - 11　海洋温度剖面 4 下的临界航程求解示意图

　　表 8-2,图 8-12 和图 8-13 分别是水下热滑翔机在不同温度剖面下的临界航程范围、相变材料体积液相分数变化规律和航程变化规律。

表 8-2　不同温度梯度下的临界航程范围

温度梯度 /(℃·m⁻¹)	临界航程上限 /m	临界航程下限 /m	上限停留时间 /min	下限停留时间 /min	循环时间 /min
0.05	190	1 360	0	0	185.8
0.04	145	1 355	0	0	192.0
0.03	70	1 340	0	0	201.6
0.02	0	1 320	30	0	239.6

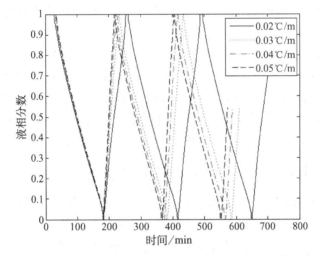

图 8-12　基于临界航程的 4 个海洋温度剖面下的液相分数变化规律

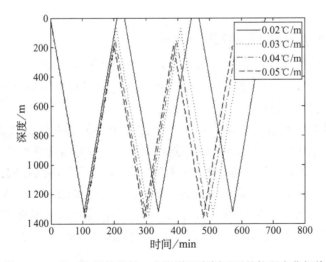

图 8-13　基于临界航程的 4 个海洋温度剖面下的航程变化规律

相变材料的融化速度随着温度梯度降低而减缓,凝固速度则基本保持不变。原因在于,没有引入临界航程范围时,在不同的温度剖面,暖水区域或海水上层的温度变化强度较为明显,冷水区域或海水下层的温度变化强度则基本未变。这样,相变材料的融化过程也就是滑翔机穿越暖水区的过程,海水温度随温度梯度降低而降低,相变材料与外界的换热量降低,使融化过程减慢。

相变材料的凝固过程也就是滑翔机穿越冷水区的过程,海水温度随温度梯度降低的变化不大,相变材料与外界的换热量基本相同,凝固速度基本相同。融化速度的降低,也是滑翔机临界航程循环时间加大的主要原因。

随着温度梯度的降低,滑翔机的临界航程上下限升高,滑翔机的整个滑翔循环时间增加。由于海洋的温度梯度降低,较其他温度剖面相同深度处,海水温度下降了,滑翔机就需要更长时间停留在暖水层中,使相变材料完成融化过程。特别是在温度梯度为 $0.02℃/m$ 时,滑翔机需要在水面停留 $30\ \mathrm{min}$,才能完成相变过程。这一点对滑翔机的工作十分不利。这种情况是工作过程中应该避免的。

滑翔机是在机体下降时,机翼上产生向前分力而前进的,没有其他动力装置。滑翔机停留在水面,不产生向前的分力,无法向前运行,也无法保持现有位置。当滑翔机停留时,若是海面风浪大,就会影响滑翔机的运动,使滑翔机偏离预定位置,严重时,也会对滑翔机机体造成损坏,无法工作。

8.4　逆温差对水下热滑翔机相变过程的影响

逆温差条件在水下热滑翔机的运行中较为罕见。不过,在逆温差环境下,海洋温度梯度会出现随水深增加而升温的情况。这种情况必然会对水下热滑翔机的相变过程造成不良影响。因此,有必要研究逆温层条件下水下热滑翔机的相变性能。借助定航程范围和定临界航程范围两种求解算法,可以对水下热滑翔机相变性能的影响加以分析。

8.4.1　逆温差层海洋剖面的模型和参数

为了便于分析,仍假设热滑翔机的垂直速度大小不变,取值为 $0.21\ \mathrm{m/s}$,不计运动调节过程发生的时间,认为水下热滑翔机在设定的滑翔范围节点处,可以直接调整运动状态,没有中间过程。

水下热滑翔机的运行环境为图 8-14 的 4 个不同的海洋温度剖面。滑翔机的运行范围为水深 70 m 到 1400 m 之间,以前文提出的温度梯度为 $0.05℃/m$ 的海洋温度剖面为基础,在预设的海洋温度剖面中引入两个逆温差层。一个逆温层发生在水深 $200\sim300\mathrm{m}$ 之间的温跃层;另一个发生在水深 $500\sim600\mathrm{m}$ 之间,位于温跃区下方的冷水区。根据排列组合,建立 4 个不同的海洋温度剖面:无逆温层(intitial),温跃区存在逆温层(up),冷水区存在逆温层(down),两个逆温层同时存在(both)。

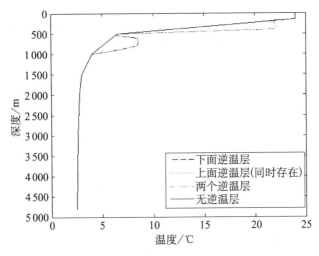

图 8 - 14　逆温层下的温度剖面结构

8.4.2　逆温差条件下水下热滑翔机的相变过程

无逆温层下的水下滑翔机的相变过程,已在前面进行了求解,不再给出结果,以下只给出存在逆温层时的结果。

8.4.3　逆温差条件对水下热滑翔机相变过程的影响

为了研究逆温层对相变过程的影响,提取液相分数随时间的变化规律加以分析。

通过图 8 - 2、图 8 - 15、图 8 - 16、图 8 - 17 和图 8 - 18 可知,如果温跃区存在逆温层,相变材料在上升过程中就能够进行相变的融化过程。这是因为,逆温层的存在,使逆温层下方的温跃区温度梯度加大,明显加快了融化的速度。逆温层上部有一小段水温随水深减小而减小,但是,其水温仍然在相变温度以上,不会对相变过程产生干扰。

冷区存在逆温层的情况,和温跃区存在逆温层的情况相反。逆温层出现在冷水区,逆温层上部存在一个随水深下降温度上升的区域。当水下热滑翔机经过这一区域时,相变过程明显受到阻碍,相变速度降低。但是,逆温层的最高温度仍然低于相变温度,不会出现相变反向现象。由于逆温层对相变过程的阻碍,相变凝固过程在设定的航程内无法完成,造成了水下热滑翔机不能达到指定净浮力变化的状态,无法正常工作。当两个逆温层同时存在时,对相变过程的影响可以视为两个逆温层分别对相变过程影响的叠加。

同分析弱温差条件对水下热滑翔机相变性能的影响一样,在分析逆温层对相变性能的影响时,再次引入临界航程概念。利用前文给出的基于临界航程的相变过程的求解方法,对图 8 - 14 给出的 4 个不同的海洋温度剖面进行计算求解,可以得到图 8 - 19、图 8 - 20、图 8 - 21 的结果。原始情况如前,此处只给出包含逆温层的计算结果。

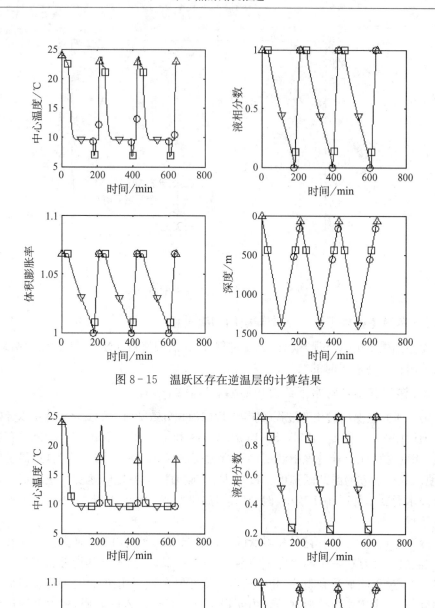

图 8-15 温跃区存在逆温层的计算结果

图 8-16 冷水区存在逆温层的计算结果

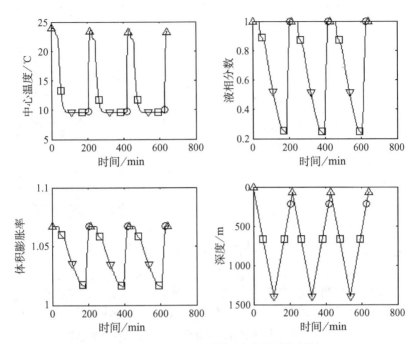

图 8-17　两个逆温层同时存在的计算结果

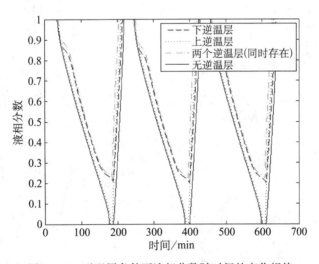

图 8-18　逆温层条件下液相分数随时间的变化规律

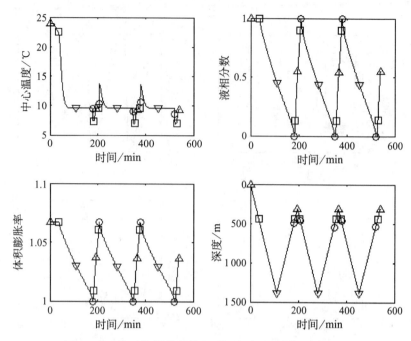

图 8 - 19　基于临界航程的温跃区存在逆温层的计算结果

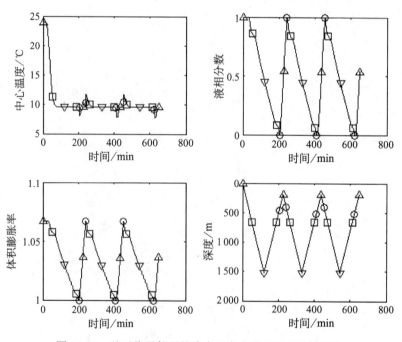

图 8 - 20　基于临界航程的冷水区存在逆温层的计算结果

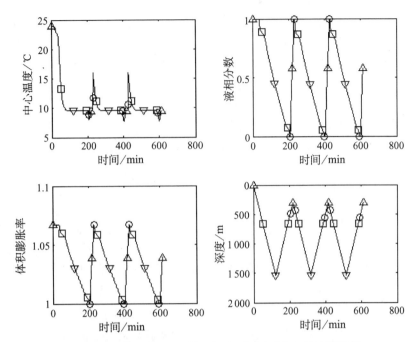

图 8-21　基于临界航程的两个逆温层同时存在的计算结果

提取液相分数随时间的变化规律和航程范围的变化规律作为分析的对象,可以得到如表 8-3 和图 8-22、图 8-23 所示的结果。

表 8-3　逆温层条件下不同海洋温度剖面的临界航程范围

逆温层	临界航程上限 /m	临界航程下限 /m	上限停留时间 /min	下限停留时间 /min	循环时间 /min
上面(1)	190	1520	0	0	211.1
下面(2)	310	1390	0	0	171.4
1+2	300	1535	0	0	196.0
原始	190	1360	30	0	185.8

根据图示结果可知,滑翔机进入逆温层 1,凝固速度明显降低,但是,逆温层内的温度没有超过相变温度,就不会出现融化现象。滑翔机穿过逆温层后,凝固速度加快,滑翔机进入逆温层 2。逆温层使下部的温度梯度加大,加快了融化过程,相变材料在未穿过逆温层时就完成了相变过程,临界航程上限因此下降,使临界航程变化异常。

发生在冷水区域的逆温层,会影响相变材料的凝固过程,使滑翔机的临界航程下限受到影响;发生在暖水层的逆温层,对相变材料的融化过程有类似的影响。

强度较低的逆温层,会对滑翔机内相变材料的行为产生阻碍的作用;当遭遇强度较大的逆温层时,相变材料的行为可能出现异常变化,严重影响水下热滑翔机的性能。

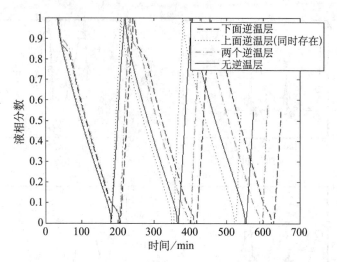

图 8 - 22　基于临界航程的不同逆温层条件下液相分数变化规律

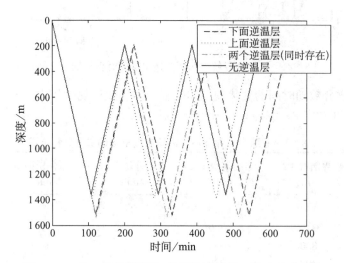

图 8 - 23　基于临界航程的不同逆温层条件下航程变化规律

第9章 弱温差层和逆温差层中 热滑翔机的参数优化

9.1 引言

    水下热滑翔机在弱温差和逆温差下相变过程会受到阻碍,对其性能造成不良的影响。为了保证水下热滑翔机能够在弱温差和逆温差正常运行,就应该从分析影响水下热滑翔机相变过程的参数着手,研究各种参数对相变过程和水动力性能的影响,分析弱温差和逆温差下水下热滑翔机选取相关参数的规律。因此,本章应从两方面进行研究,一是分析影响水下热滑翔机相变过程的参数,二是研究这些参数对水下滑翔机水动力性能的影响。

9.2 水下热滑翔机水动力分析

    水下热滑翔机运行在三维的海洋环境中,但是由于影响水下滑翔机相变过程的主要是垂直面上的运动,因此建立水下热滑翔机的二维模型进行分析。水下热滑翔机机身一般采用轴对称几何体。机身静止且保持水平状态时,其所受重力和浮力相等。其中,浮心与几何中心相重合,而重心则位于浮心正下方,这样就可以保证滑翔机的稳定性,当水下热滑翔机受到外界扰动时,能够较快地进入稳定状态。

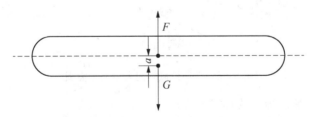

图 9-1 滑翔机水平静止时的受力图

    稳定的航行过程中,除了受到重力、浮力外,水下热滑翔机还受到与航行方向平行的阻力,以及作用在机身和水平机翼上的升力,升力方向与滑翔机航行方向垂直。滑翔机将在重力、浮力、阻力和升力及它们产生的力矩的共同作用下达到运动中的稳定平衡,如图 9-1 所示。这种运动状态称为定常运动。

    当水下热滑翔机需要倾斜向下航行时,移动机身内部滑动质量块,使其沿轴向往靠近机身头部方向运动,滑翔机重心前移,同时将外胆中的能量传递液体压入机身,滑翔机整体体积缩小,浮力降低,浮心沿着轴线往靠近机身尾部方向后移。至此,滑翔机在竖直方向的受力不再平衡,重力大于浮力产生负的俯仰角度,头部向下,同时在机翼升力的作用下开始倾斜向下航行,如图9-2所示。

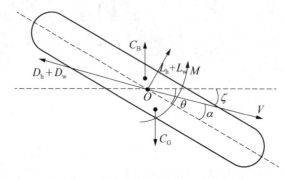

图9-2 滑翔机倾斜向下运动受力图

航行至一定深度,滑翔机需要倾斜向上航行时,再次移动机身内部滑动质量块,使其沿轴向往靠近机身尾部方向运动,滑翔机重心后移。同时将机身内部的能量传递液体压入外胆,滑翔机整体体积增大,浮力提高,浮心沿着轴线往靠近机身头部方向迁移。至此,滑翔机在竖直方向的受力不再平衡,重力小于浮力产生正的俯仰角度,头部向上,同时在机翼升力的作用下开始倾斜向上航行,如图9-3所示。

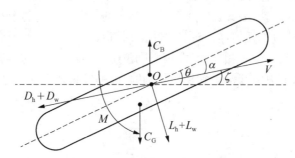

图9-3 滑翔机倾斜向上运动受力图

图中:O——水下热滑翔机的几何中心;

  C_B——水下热滑翔机的浮心;

  C_G——水下热滑翔机的重心;

  G——水下热滑翔机重力;

  F——水下热滑翔机所受浮力;

  D_h——水下热滑翔机机身所受的阻力(不包括机翼);

  D_w——水下热滑翔机机翼所受的阻力;

  L_h——水下热滑翔机壳体所受的升力;

L_w——水下热滑翔机机翼所受的升力；

M——水下热滑翔机受到的流体力矩；

J——水下热滑翔机轴向的转动惯量；

θ——水下热滑翔机俯仰角，水下热滑翔机机体中心轴线和水平面的夹角；

α——攻角，水下热滑翔机航行速度与滑翔机中心轴线之间的夹角；

ζ——航行角，水下热滑翔机航行速度和水平面的夹角，$\zeta = \theta - \alpha$。

水下滑翔机受到的水阻力、升力、流体力矩分别由以下公式计算：

$$D_w + D_h = (K_{D0} + K_D \alpha^2)V^2 \tag{9-1}$$

$$L_w + L_h = (K_{L0} + K_L \alpha^2)V^2 \tag{9-2}$$

$$M = (K_{M0} + K_M \alpha^2)V^2 \tag{9-3}$$

对于某一固定的外形，K_{D0}、K_D、K_{L0}、K_L、K_{M0}、K_M 是常数。

鉴于在一个锯齿形航行轨迹中，水下热滑翔机斜向上航行和斜向下航行的过程具有一定的对称性，水动力性能相似，故只分析其中一种情况即可清楚地掌握滑翔机在水下的运动规律。现分析垂直平面内水下滑翔机斜向上航行的过程。

设水下热滑翔机总质量 m_v，内部滑动质量块 m_s，沿轴向后移距离 l_s，水下热滑翔机重心沿轴后移距离为

$$x_s = \frac{m_s g l_s}{mg} = \frac{m_s l_s}{m} \tag{9-4}$$

水下热滑翔机在上浮过程中的净浮力记为 ΔF，$\Delta F = F - G$。

设外胆离机身几何中心的距离为 l_b，浮心沿轴向前移距离 $x_b = \dfrac{\Delta F l_b}{mg}$

$$(F - G)\cos \zeta = L_h + L_w = (K_{L0} + K_L \alpha^2)V^2 \tag{9-5}$$

$$(F - G)\sin \zeta = D_h + D_w = (K_{D0} + K_D \alpha^2)V^2 \tag{9-6}$$

$$G \frac{m_s l_s}{m}\cos \theta + F \frac{(F-G)}{mg}\cos \theta = (K_{M0} + K_M \alpha^2)V^2 \tag{9-7}$$

根据以上的公式就可以求得水下热滑翔机的水动力性能。

为了简化计算，可以将水下热滑翔机的阻力，通过类似于海军系数法的计算公式进行表示，那么水下热滑翔机所受的阻力可用下式表示[1, 2]：

$$D = C_D \Delta^{\frac{2}{3}} V^2 \tag{9-8}$$

式中：Δ——滑翔机排水量，kg；

C_D——阻力系数，根据现有热滑翔机的可用数据计算其值约为 0.8。

通过对以上公式求解，可以得到稳定滑翔速度为

$$|V| = \left(\frac{-\Delta F \cdot g \cdot \sin \zeta}{C_D \cdot \Delta^{\frac{2}{3}}}\right)^{\frac{1}{2}} \qquad (9-9)$$

相应地,垂直方向的速度为

$$|V_Z| = \left(\frac{|\Delta F| \cdot g \cdot \sin|\zeta|}{C_D \cdot \Delta^{\frac{2}{3}}}\right)^{\frac{1}{2}} \cdot \sin|\zeta| \qquad (9-10)$$

水平方向速度为

$$|V_Z| = \left(\frac{|\Delta F| \cdot g \cdot \sin|\zeta|}{C_D \cdot \Delta^{\frac{2}{3}}}\right)^{\frac{1}{2}} \cdot \cos|\zeta| \qquad (9-11)$$

9.3　水下热滑翔机参数对相变过程的影响

通过前文对水下热滑翔机内的相变过程的建模和求解,可以知道相变材料的相变过程除了受到海洋温跃层梯度的影响外,还受到水平储能管半径和滑翔机的纵向速度的影响,而且这两个影响因素是水下滑翔机的重要参数,因此当水下热滑翔遭遇弱温差时,应从这两方面分析水下热滑翔机参数对相变过程的影响,为优化水下热滑翔机的参数提供参考。

9.3.1　水平储能管半径对水下热滑翔机性能的影响

水平储能管作为储存相变材料的容器,暴露在海水中。因此水平储能管的性质对相变过程有直接影响。影响相变过程的水平储能管参数有:采用的材料的热物性能和水平储能管半径。考虑到相变过程建模时的基本假设和相变材料的物性,选择铜为水平储能管的材料。铜的导热系数、比热、密度分别为 386 W/(m·K),383 J/(kg·K),8 954 kg/m,是一种比较理想的容器材料,也可以合理地满足忽略管壁热阻的基本假设。为了研究水平储能管半径对水下热滑翔机相变性能的影响,本文选取 3 种不同的半径的水平储能管,其半径已在表 9-1 中给出。

表 9-1　水平储能管半径

储能管	1	2	3
半径/mm	10	15	20

水下热滑翔机运行在 3、4 章中给出的 4 号海洋温度剖面下,即深度 150 m,厚度 350 m,温度梯度 0.02℃/m 的弱温差层中,且水下热滑翔机的垂直速度大小不变,取值为 0.21 m/s。根据前文的计算结果,在这个海洋剖面水下热滑翔机需要停留在水面 3 min 来完成相变,这对水下热滑翔机的运行十分不利,因此,设定的运行范围为水深 0 m 到 1 400 m 之间,当水下热滑翔机到达航程上界点时,不在表面停留而直接进入下降航程。利用第 2 章给出的数值求解方法,对 3 种不同半径的水平储能管半径下的相变过程进行求解,可以得出以下结果。

　　提取不同半径下液相分数随时间变化的规律进行分析。

　　根据图 9-4、图 9-5、图 9-6 和图 9-7 可知,相变速度随着储能管的半径增大而增大,这是由于储能管的半径增大,则相变材料柱体本身的半径也同样增大,单位

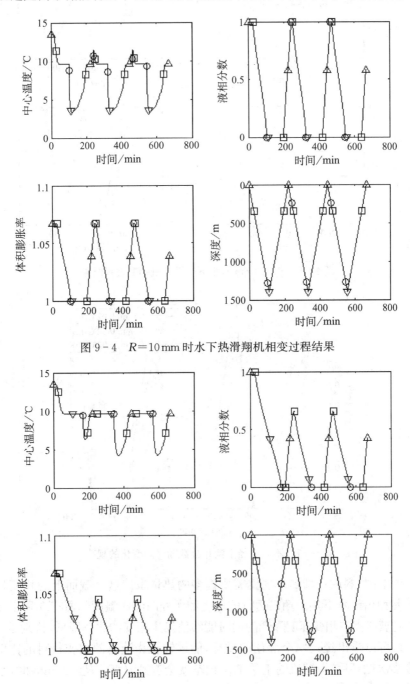

图 9-4　$R=10\,\mathrm{mm}$ 时水下热滑翔机相变过程结果

图 9-5　$R=15\,\mathrm{mm}$ 时水下热滑翔机相变过程结果

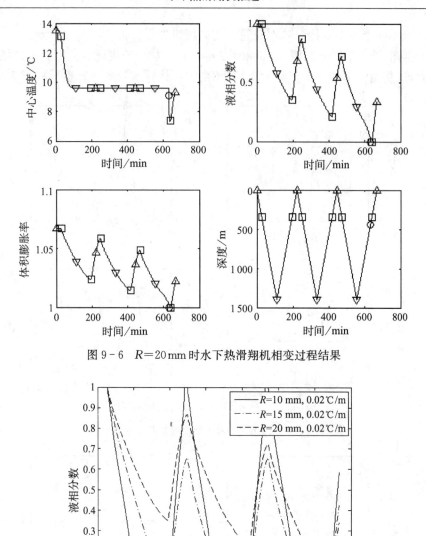

图 9-6　$R=20\,\text{mm}$ 时水下热滑翔机相变过程结果

图 9-7　不同半径下液相分数随时间变化的规律

截面上的相变材料的量增加。这就需要更多的热量来使这个截面上的相变材料完成相变,然而由于水下热滑翔机运行的速度和所处的海洋温度剖面在 3 种工况下保持不变,这就必然在相变速度降低的同时能够使发生相变的比例降低,特别是当 $R=20\,\text{mm}$ 时,可以看出经过每个滑翔的循环,能够转化为液态的相变材料的比例都在减少,在多次循环后,滑翔机的正常工作状态就会遭到破坏。$R=10\,\text{mm}$ 时,水下热滑翔机可以不在水面进行任何停留就能完成相变过程,相比原情况来说,选择较小

的储能管半径,可以有效地减少单位截面上需要进行相变材料的量,从而可以使水下热滑翔机正常地完成相变过程,保证其在弱温差下的工作性能。

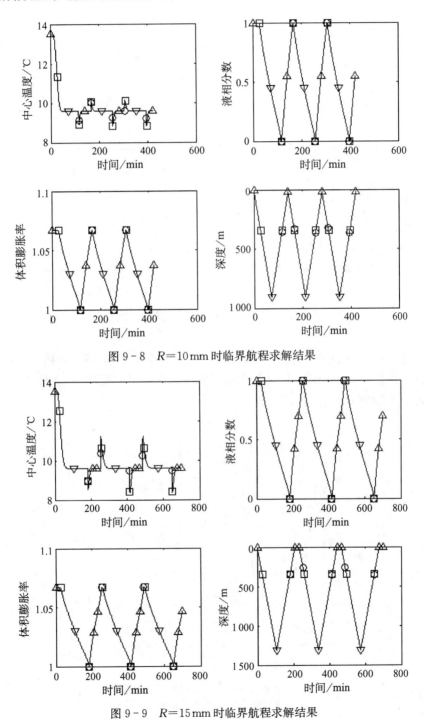

图 9-8　$R=10\,\mathrm{mm}$ 时临界航程求解结果

图 9-9　$R=15\,\mathrm{mm}$ 时临界航程求解结果

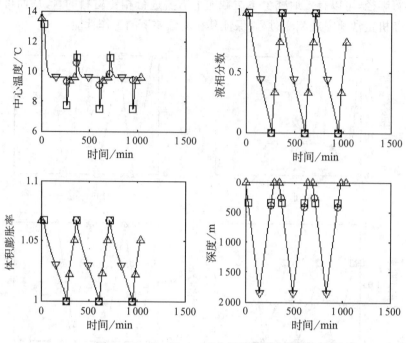

图 9 - 10　$R=20\,\text{mm}$ 时临界航程求解结果

同样,引入临界航程的概念对以上的问题进行求解和分析,可以得到以下的结果:

为了可以明确地比较不同半径的储能管对水下热滑翔机相变过程的影响,提取航程范围和液相分数变化规律作为研究的对象。

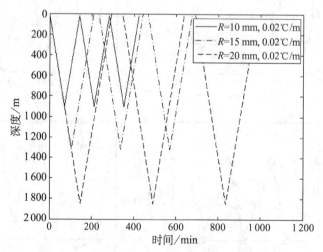

图 9 - 11　基于临界航程的不同半径储能管下航程随时间变化的关系示意图

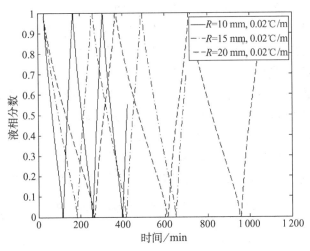

图 9-12　基于临界航程的不同半径储能管下液相
分数随时间变化的关系示意图

表 9-2　不同半径储能管下的临界航程范围

半径 /mm	临界航程上限 /m	临界航程下限 /m	上限停留时间 /min	下限停留时间 /min	循环时间 /min
10	20	905	0	0	140.4
15	0	1320	30	0	239.6
20	0	1850	65	0	358.6

从图 9-8、图 9-9、图 9-10、图 9-11、图 9-12 和表 9-2 中可以明显看出,利用临界航程算法求解后,可以明显看出相变速度随着储能管的减小而增大,从而使相变材料的凝固和融化时间缩短。滑翔机的临界航程上限随着水平管半径增大而上升,这是因为水平管半径增大,相变材料相变速度减缓,滑翔机需要更多时间停留在暖水层,当临界航程上限到达 0 m(水面)时,滑翔机需要一定的时间停留在水面来完成相变过程。随着水平管直径的增大,相变材料的相变速度减缓,水下热滑翔机需要更多时间停留在冷水层来使相变材料完全凝固,这就使临界航程下限下降。因此,减小储能管的半径可以有效地减小水下热滑翔机的临界航程,使水下热滑翔机能够在弱温差条件下正常运行。

9.3.2　垂直方向速度对水下热滑翔机性能的影响

水下热滑翔机在完成一次上升和下沉过程后,会在设定的深度通过调整机体内的质量块来调整重心位置,通过改变其排水体积来改变净浮力,从而使滑翔机改变姿态。而滑翔机的垂直方向速度是影响相变材料周围海水温度随时间变化的决定因素,因此垂直方向速度是影响相变过程和滑翔机性能的参数。

特别是垂直方向速度作为水下热滑翔机的水动力参数,其与储能管半径具有不同性质。储能管半径为设计时应该研究和考虑的属性,当水下热滑翔机完工时,储能管半径就得到了固定,当遭遇弱温差条件时,储能管半径不能得到改变。然而,垂直方向速度可以在水下热滑翔机运行过程中,通过控制内部质量块的移动来调整水下热滑翔机的姿态,进而得到改变。本文通过对 3 种不同的垂直方向速度条件下的相变过程的求解,分析和研究垂直方向速度对水下热滑翔机相变过程的影响。

水下热滑翔机以表 9-3 中给出的垂直方向速度运行在 3、4 章中给出的 2 号海洋温度剖面下,即深度 150 m,厚度 350 m,温度梯度 0.04℃/m 的弱温差层中,且水下热滑翔机的垂直速度大小不变,取值为 0.21 m/s,设定的运行范围为水深 70 m 到 1400 m 之间。这样,根据前文给出的求解算法就可以求得以下结果。

表 9-3　水下热滑翔机的垂直方向速度

方案	1	2	3
速度/(m·s⁻¹)	0.15	0.21	0.25

提取不同半径下液相分数随时间变化的规律进行分析。

根据图 9-13、图 9-14、图 9-15 和图 9-16 可知,随着垂直方向速度的上升,水下热滑翔机将更快地穿越温水层和冷水层,这就相当于为相变过程提供的时间减少了,同时,由于速度的上升,在单位时间可以穿越更加厚的水层,另一方面相当于增大了海洋温度剖面的温度梯度。这点也在图中得到了验证,随着垂直方向速度的

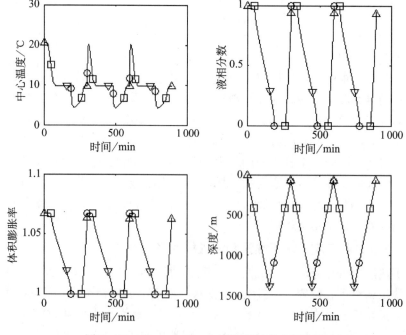

图 9-13　$V_z = 0.15$ m/s 时相变过程求解结果

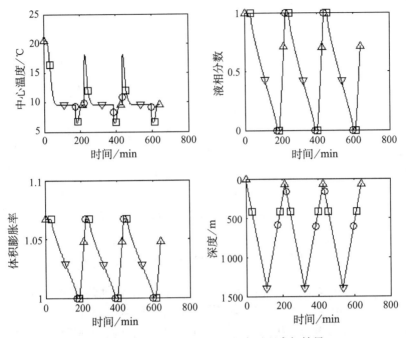

图 9 - 14　$V_Z = 0.21\,\text{m/s}$ 时相变过程求解结果

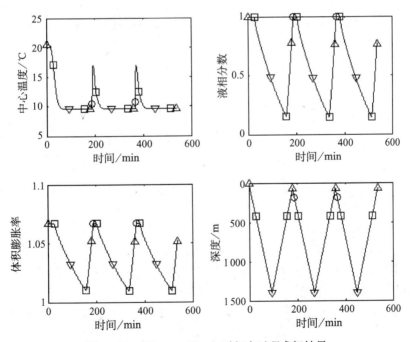

图 9 - 15　$V_Z = 0.25\,\text{m/s}$ 时相变过程求解结果

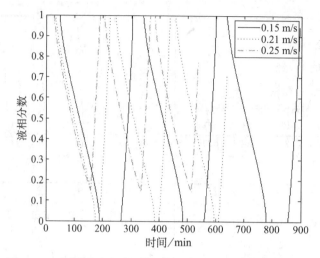

图 9-16　不同垂直方向速度下液相分数随时间的变化关系图

上升,相变过程的速度上升,液相分数的变化斜率加大,然而速度的上升会引起滑翔时间缩短,这虽然使相变过程速度增加,但是相变时间会明显缩短。因此,在固定航程范围下的水下热滑翔机的相变随着垂直方向速度上升而受到阻碍。

　　同样,引入临界航程的概念对以上的问题进行求解和分析,可以得到以下的结果:

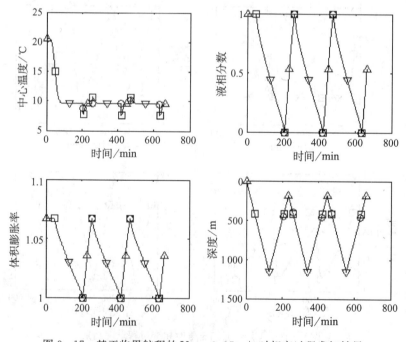

图 9-17　基于临界航程的 $V_z = 0.15\,\mathrm{m/s}$ 时相变过程求解结果

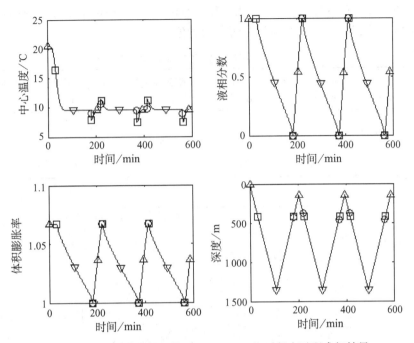

图 9-18　基于临界航程的 $V_z = 0.21\,\mathrm{m/s}$ 时相变过程求解结果

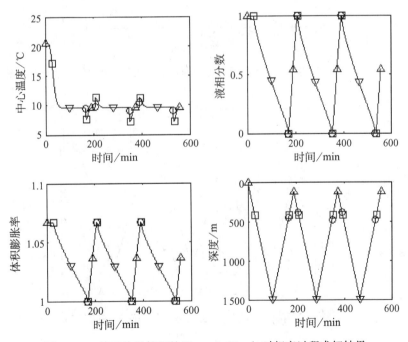

图 9-19　基于临界航程的 $V_z = 0.25\,\mathrm{m/s}$ 时相变过程求解结果

　　为了可以明确地比较不同半径的储能管对水下热滑翔机相变过程的影响,提取航程范围和液相分数变化规律作为研究的对象。

表 9-4　不同纵向速度下的临界航程范围

纵向速度 /(m·s⁻¹)	临界航程上限 /m	临界航程下限 /m	上限停留时间 /min	下限停留时间 /min	循环时间 /min
0.15	190	1150	0	0	213.3
0.21	145	1355	0	0	192.0
0.25	120	1490	0	0	182.7

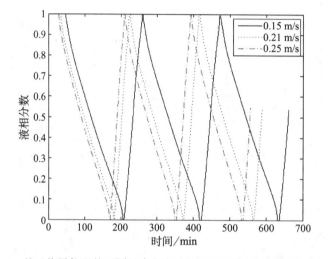

图9-20　基于临界航程的不同垂直方向速度下液相分数随时间的变化关系图

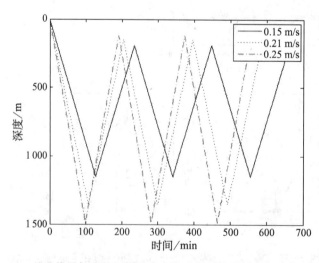

图9-21　基于临界航程的不同垂直方向速度下航程随时间的变化关系图

从图 9 - 17、图 9 - 18、图 9 - 19、图 9 - 20、图 9 - 21 和表 9 - 4 可以看出,随着垂直方向速度的上升,水下热滑翔机在单位时间内经历的水温变化加大,相变过程加速,相变需要的时间缩短。同时,由于垂直方向速度的上升,虽然相变需要的时间缩短,但是在相变过程发生时,水下热滑翔机的运行范围增加,临界航程上界点减小,下界点增大,临界航程范围增加。因此,水下滑翔机的垂直方向速度应根据工作条件选取,虽然合理地减小垂直方向速度可以有效地克服弱温差对相变过程带来的阻碍,增加滑翔循环的时间,减少单位时间内因为调整姿态而产生的操作次数,从而节约了能源。但是在实际运行时也应同时考虑水下热滑翔机通信和导航的要求,应在规定的时间间隔内完成通信和定位,使水下热滑翔机可以达到工作的要求。

9.4　水下热滑翔机参数的优化

9.4.1　水平储能管的半径优化

水平储能管作为相变材料的容器,应该满足相变材料能够在水平储能管中完成相变过程而不流出,因此水平储能管的体积应满足:

$$V_P \geqslant \max(V_1, V_s) \qquad (9-12)$$

式中:V_1——相变材料全部液相时的体积,m^3;

　　　V_s——相变材料全部固相时的体积,m^3。

相变材料全部液相时的体积 V_1 应根据水下热滑翔机需要的净浮力来确定,假设需要的净浮力用排水量 ΔV 来表示,那么

$$\Delta V = V_1 - V_s \qquad (9-13)$$

考虑到水下热滑翔机的相变材料在运行过程中总体质量保持不变,可用 m_{PCM} 表示,那么式(9 - 13)可以写为

$$\Delta V = \frac{m_{PCM}}{\rho_1} - \frac{m_{PCM}}{\rho_s} \qquad (9-14)$$

求解可以得到

$$m_{PCM} = \frac{\Delta V \cdot \rho_1 \cdot \rho_s}{\rho_s - \rho_1} \qquad (9-15)$$

考虑到相变材料液相密度小于固相密度,那么水下热滑翔机所需的储能管的体积应为

$$V_P \geqslant \frac{\Delta V \cdot \rho_s}{\rho_s - \rho_1} \qquad (9-16)$$

也可以表示为

$$V_P = a \cdot \frac{\Delta V \cdot \rho_s}{\rho_s - \rho_l} \tag{9-17}$$

式中：a——大于1的实数。

考虑到储能管是圆柱体，储能管的体积可以用下式进行计算：

$$V_P = a \cdot \frac{\Delta V \cdot \rho_s}{\rho_s - \rho_l} = n_P \cdot \pi r_P^2 l_P \tag{9-18}$$

式中：n_P——储能管的根数；

　　　r_P——储能管的半径，m；

　　　l_P——储能管的长度，m。

在对储能管的半径进行优化时，需要满足的条件主要有以下两点：

（1）水动力条件。储能管以副体的形式水平安装在水下热滑翔机的机体以外，这会对水下热滑翔机的水动力性能带来不良的影响，造成附加质量和伴流分数的增加，这会增加水下热滑翔机的运行阻力，因此在设计时应加以考虑。

（2）体积条件。储能管的总体积应满足相变材料的体积要求，并略有空余。

根据前文给出的储能管的半径对相变材料的影响可知，较小半径的储能管可以更好地适应弱温差海洋环境，因此，在对储能管的半径优化时，应在不影响水下热滑翔机的水动力性能前提下尽量减少储能管的半径。

图9-22给出了假设储能管长度不变时的储能管半径优化方向，即储能管半径的减小会有效地提高相变性能，因此，尽量减小储能管半径，增加储能管根数将是合算的优化方向。当储能管的根数足够多的时候，储能管就能环绕机体分布，这时，就可以将其转变为环形结构。当然，此种环形结构不同于天津大学研制的热滑翔机，天津大学研制的热滑翔机的感温工质置于与机体合成一体的薄壁圆筒中，如图9-23所示。

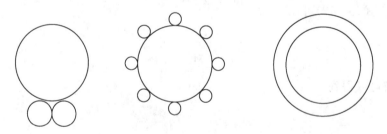

图9-22　储能管的半径优化示意图

按照天津大学设计的模型，其相变材料只有一面与海水接触，这样就减少了换热面积。而为了加强换热，经优化的环形结构应该能够使内外壁均与海水接触。给出的设计理念如图9-24所示。

图9-24给出的两种优化储能管后的水下热滑翔机，具有环形的储能管。若假设环形的内径为R_I，外径为R_O，其长度为L，那么这个环形应该满足以下条件，即

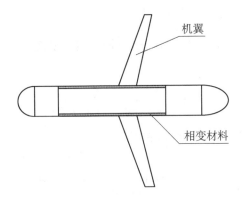

图 9‑23　天津大学设计的水下滑翔机

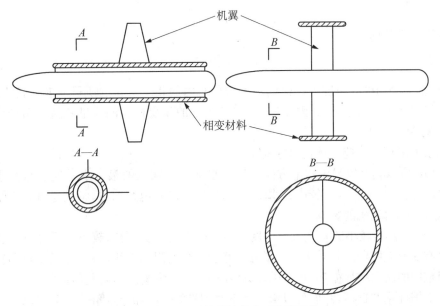

图 9‑24　环形储能管的水下热滑翔机

$$\pi \cdot (R_\mathrm{O}^2 - R_\mathrm{I}^2) \cdot l = V_\mathrm{P} \tag{9-19}$$

因此,相变储能管选用围绕机体的环形结构可以有效地克服弱温差对水下热滑翔机相变过程的阻碍作用。

9.4.2　垂直方向速度的优化

通过公式(9‑9)、公式(9‑10)和公式(9‑11)可知,稳定滑翔速度及其分量取决于水下热滑翔机的净浮力、阻力系数、排水量和滑翔角等参数。其中,水下热滑翔机的净浮力由其储存的相变材料的体积决定,可以表示为

$$\Delta F = m_{\text{PCM}} \left(\frac{\rho_s - \rho_l}{\rho_l \cdot \rho_s} \right) \rho_{\text{sw}} \tag{9-20}$$

阻力系数 C_D 取决于水下热滑翔机的外形,这里把它看做常数,排水量可以表示为

$$\Delta = \frac{F}{\rho_{\text{sw}} \cdot g} = \frac{\Delta F + G}{\rho_{\text{sw}} \cdot g} \tag{9-21}$$

因此,水下热滑翔机的航行速度可以表示为

$$|V| = \left\{ \frac{-m_{\text{PCM}} \left(\dfrac{\rho_s - \rho_l}{\rho_l \cdot \rho_s} \right) \rho_{\text{sw}} \cdot g \cdot \sin \zeta}{C_D \cdot \left(\dfrac{m_{\text{PCM}} \left(\dfrac{\rho_s - \rho_l}{\rho_l \cdot \rho_s} \right) \rho_{\text{sw}} + G}{\rho_{\text{sw}} \cdot g} \right)^{\frac{2}{3}}} \right\}^{\frac{1}{2}} \tag{9-22}$$

可以进一步整理为

$$|V| = f(m_{\text{PCM}}) g \cdot \sin \zeta \tag{9-23}$$

因此,水下滑翔机的速度可以根据水下滑翔机内的相变材料的质量和航行角求出。而且根据整理得出水下滑翔机的速度与其内部的相变材料的质量和航行角均为递增的关系。

水下滑翔机的速度优化时应满足:

(1) 应该具有较高的水平方向速度。水下热滑翔机的最大水平速度是其重要的水动力参数,只有具有较高的水平方向速度,才能快速地前进,特别是可以克服海流对水下热滑翔机的影响。

(2) 应具有较小的垂直方向速度。根据前文的分析可知,较小的垂直方向速度可以有效地克服弱温差对水下热滑翔机相变过程的阻碍作用,而且可以在减小临界航程范围的同时增加循环时间,因此,较小的垂直方向速度是有利的。

根据优化的目标,我们可以给出水下滑翔机的速度和滑翔角的关系,如图 9-23 所示。

图 9-25 中,▽为水下热滑翔机的速度,它随着航行角的增大而增大。○表示水下热滑翔机的垂直方向速度,也是随着航行角的增大而增大。□表示水下热滑翔机的水平方向速度,它在 $0 \sim 35°$ 之间时随着航行角的增大而增大,当航行角大于 $35°$ 时,水平方向的速度随着航行角的增大而减少。因此,为了保证水下热滑翔机具有较大的水平速度,滑翔角应选择在 $25° \sim 45°$ 之间。同时,在水平速度满足水下热滑翔机的推进要求时,应尽量采用较小滑翔角。

通过对水下热滑翔机的水动力性能和相变过程的分析,得出了在弱温差和逆温差下主要影响相变过程的参数:储能管半径和垂直方向速度。通过改变两个参数对水下热滑翔机的相变过程进行求解和分析,可以得出储能管半径和垂直方向速度对

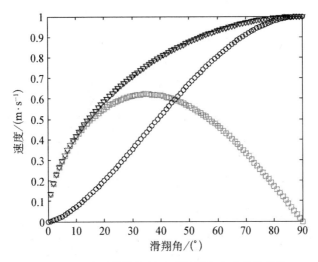

图 9 - 25　水下滑翔机的速度随滑翔角变化的规律

临界航程和相变性能的影响,并以此给出了优化参数的目标和方法,通过对储能管半径和垂直方向速度的优化,提出了使用环形相变储能管的设想,并给出了水下热滑翔机滑翔角在 25°~45°之间能够同时具有较高的水平方向速度和较好的相变性能的结论。

第4篇
水下热滑翔机的动力特性

第10章 海洋温跃层对水下热滑翔机动力推进性能的影响

10.1 引言

水下热滑翔机的动力推进依赖于自身体积变化所引起的浮力变化,这种体积变化又取决于温差能热机管内的相变工质 PCM。工质在热滑翔机穿梭于海洋的过程中,经历凝固和融化过程,引起体积变化。在这个过程中,海洋温度剖面的形态也就是海洋温度的铅直分布,起着关键性的作用。不同的海域、不同的航区、不同的时间、不同的季节,海洋温度的分布都不一样,影响着温差能热机性能乃至热滑翔机性能。海洋温跃层的深度、厚度和强度是 3 个示性特征量,也是海洋温度剖面的重要特征。从这 3 个示性特征量着手,以数值方法和实验方法,可以研究海洋温跃层对温差能热机性能的影响。

10.2 管内相变过程建模与数值求解

10.2.1 基本假设及液相相变材料自然对流的处理方法

温差能热机管采用细长圆管结构,其内储存工作流体 PCM,如图 10-1 所示。温差能热机圆管安装在滑翔机耐压壳体外部,圆管外壁直接与海水接触。在滑翔过程中,温差能热机圆管内部 PCM 通过管壁与海水进行热交换,而自身交替经历凝固和融化等相变过程,如图 10-2 所示。为了使问题简化,便于数学建模,假设如下:

(1) PCM 无过冷和性能劣化现象;

(2) PCM 是各向同性的;

(3) PCM 的热物理性质不随温度而变化,但是固相与液相是不同的;

(4) PCM 的相变温度和潜热为确定的常数,相变过程为等温相变过程且具有明确的移动界面;

(5) 忽略细长圆管在轴向和周向的传热,只考虑径向的传热;

(6) 忽略管壁的热阻;

(7) 相变过程以导热方式为主,在融化过程中液相 PCM 的自然对流作用由等效导热系数来决定。

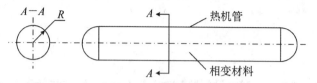

图 10 - 1   温差能热机圆管外形图

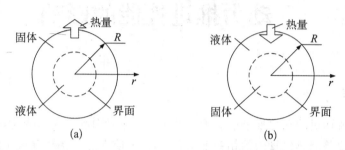

图 10 - 2   相变过程示意图

(a)凝固过程;(b)融化过程

自然对流主要跟瑞利数 Ra 有关,它是格拉晓夫数 Gr 与普朗特数 Pr 的乘积。Gr 数是浮升力与黏性力之比的一种度量,它是描述自然对流的一个准则数。Gr 数的增大,表明浮升力作用的相对增大。它反映了自然对流流动强度对对流换热强度的影响。Pr 数是动量扩散厚度与热量扩散厚度之比的一种度量,反映热物性对对流换热强度的影响。通常,有限空间自然对流换热用等效导热系数来表示,它考虑到了导热和对流共同作用下的传热效应。对于圆管结构,采用如下实验关联式来计算等效导热系数:

$$\frac{k_{eq}}{k_1} = \begin{cases} 1, & Ra \leqslant 10^3 \\ 0.105(Ra)^{0.3}, & 10^3 < Ra \leqslant 10^6 \\ 0.40(Ra)^{0.2}, & 10^6 < Ra \leqslant 10^{10} \end{cases} \quad (10-1)$$

在近似计算中,式(10-1)可写成:

$$\frac{k_{eq}}{k_1} = \begin{cases} 1, & Ra \leqslant 10^3 \\ 0.18(Ra)^{0.25}, & Ra > 10^3 \end{cases} \quad (10-2)$$

式中:k_{eq}——等效导热系数,$W/(m \cdot K)$;

k_1——液相 PCM 导热系数,$W/(m \cdot K)$;

Ra——瑞利数,$Ra = Gr \cdot Pr = \dfrac{g\beta l^3 \Delta T}{\nu^2} \cdot \dfrac{\nu}{\alpha} = \dfrac{g\beta l^3 \Delta T}{\nu\alpha}$;

g——重力加速度,m/s^2;

β——体胀系数(热胀系数),$1/K$;

l——特征长度(取液层厚度),m;

ΔT——液层两端面温度差的绝对值,K;

ν——运动黏度,m^2/s;

α——热扩散率(导温系数),m^2/s,$\alpha = \dfrac{k}{\rho c}$。

此外,计算中的特性温度取液层两端面温度的平均值。

10.2.2 相变传热控制方程

上述简化的物理模型可采用焓法进行数学表述。焓法是将热焓和温度作为待求函数,在整个区域(包括液相、固相和两相界面)建立一个统一的能量方程,利用数值方法求出热焓分布,然后再确定两相界面。

对于以导热方式为主的相变过程,圆柱坐标下一维能量守恒方程的焓法模型可由单位体积总焓和温度表达如下:

$$\frac{\partial H}{\partial t} = \frac{1}{r}\frac{\partial}{\partial r}\left(k_k r \frac{\partial T}{\partial r}\right) \qquad (10-3)$$

式中:H——单位体积总焓,J/m^3;

t——时间,s;

r——径向坐标,m;

k_k——PCM 导热系数,$W/(m \cdot K)$;

T——绝对温度,K。

单位体积总焓是 PCM 显热与潜热之和,也就是:

$$H = h + \rho_l f_l h_m \qquad (10-4)$$

式中:h_m——PCM 融化潜热,J/kg;

ρ——PCM 密度,kg/m^3;

h 是 PCM 的显热,可写成:

$$h = \int_{T_m}^{T} \rho_k c_k \mathrm{d}T \qquad (10-5)$$

式中:T_m——参考温度(对于等温相变,文中取相变温度),K;

c——PCM 比热,$J/(kg \cdot K)$。

对于等温相变过程,液相体积分数由下式给出:

$$f_l = \begin{cases} 0, & T < T_m \\ 1, & T > T_m \end{cases} \qquad (10-6)$$

如果 $0 < f_l < 1$,此区域称为糊相区。

由式(10-4)~(10-6),PCM 的总焓计算如下:

$$H = \begin{cases} \int_{T_\mathrm{m}}^T \rho_\mathrm{s} c_\mathrm{s} \mathrm{d}T, & T < T_m \\ \rho_\mathrm{l} f_\mathrm{l} h_\mathrm{m}, & T = T_\mathrm{m} \\ \int_{T_\mathrm{m}}^T \rho_\mathrm{l} c_\mathrm{l} \mathrm{d}T + \rho_\mathrm{l} h_\mathrm{m}, & T > T_\mathrm{m} \end{cases} \qquad (10-7)$$

式中：下标 s——表示固相；

下标 l——表示液相。

由式（10-7），PCM 的温度计算如下：

$$T = \begin{cases} T_\mathrm{m} + \dfrac{H}{\rho_\mathrm{s} c_\mathrm{s}}, & H < 0 \\ T_\mathrm{m}, & 0 \leqslant H \leqslant \rho_\mathrm{l} h_\mathrm{m} \\ T_\mathrm{m} + \dfrac{H - \rho_\mathrm{l} h_\mathrm{m}}{\rho_\mathrm{l} c_\mathrm{l}}, & H > \rho_\mathrm{l} h_\mathrm{m} \end{cases} \qquad (10-8)$$

利用式（10-4）和式（10-5），式（10-3）可以写成如下形式：

$$\frac{\partial h}{\partial t} = \frac{1}{r} \frac{\partial}{\partial r}\left(\alpha r \frac{\partial h}{\partial r}\right) - \rho_\mathrm{l} h_\mathrm{m} \frac{\partial f_\mathrm{l}}{\partial t} \qquad (10-9)$$

在水下热滑翔机每次执行任务之前，温差能热机管内 PCM 与周围海水处于稳定的热平衡状态。也就是说，计算的初始条件为：PCM 的温度等于海面海水温度。

在温差能热机圆管中心轴线处，由于假设传热是各向同性的，边界条件为对称（绝热）边界条件：

$$\left. \frac{\partial T}{\partial r} \right|_{r=0} = 0 \qquad (10-10)$$

在温差能热机圆管外壁处，由于滑翔机运动引起强制对流，边界条件为第三类边界条件（Robin 条件）：

$$-k \left. \frac{\partial T}{\partial r} \right|_{r=R} = h_\mathrm{conv}(T - T_\mathrm{sw}) \qquad (10-11)$$

式中：R——热机圆管半径，m；

T_sw——周围海水温度，K；

h_conv——平均表面传热系数（对流换热系数），W/(m² · K)。

采用茹卡乌斯卡斯（Zhukauskas）关联式计算海水外掠温差能热机管束的换热，此关联式适用于 $Pr \in (0.5, 600)$。用于计算平均表面传热系数的关联式（$\geqslant 16$ 排）如下：

$$Nu_f = \begin{cases} 0.9Re_f^{0.4}Pr_f^{0.36}(Pr_f/Pr_w)^{0.25}, & Re_f \in (1, 10^2) \\ 0.52Re_f^{0.5}Pr_f^{0.36}(Pr_f/Pr_w)^{0.25}, & Re_f \in (10^2, 10^3) \\ 0.27Re_f^{0.63}Pr_f^{0.36}(Pr_f/Pr_w)^{0.25}, & Re_f \in (10^3, 2\times10^5) \\ 0.033Re_f^{0.8}Pr_f^{0.36}(Pr_f/Pr_w)^{0.25}, & Re_f \in (2\times10^5, 2\times10^6) \end{cases}$$

$$(10-12)$$

式中:Re——雷诺数,$Re = \dfrac{ul}{\nu}$,表示惯性力与黏性力之比的一种度量;

Nu——努塞尔数,$Nu = \dfrac{h_{conv}l}{k}$,表示壁面上流体的无量纲温度梯度;

下标 f——表示流体;

下标 w——表示壁面。

对于排数小于 16 的管束,其平均表面传热系数应再乘以小于 1 的修正值。

此外,在计算平均表面传热系数时,还需要海水的密度、比热、导热系数和黏度等数据。

10.2.3　计算区域与控制方程的离散化

1. 计算区域的离散

相变传热问题的数值计算,首先要对计算区域和控制方程进行离散化。在空间区域离散过程中对节点的设置采用外节点法,控制方程的离散采用有限容积法中的控制容积积分法。

由于温差能热机圆管是轴对称的,只需研究半个圆管即可。对圆管在径向进行区域离散,如图 10-3 所示,P、W、E 表示所研究的节点及相邻的两个节点,w、e 表示控制容积 P 相应的界面。相邻两节点的距离用 δr 表示,相邻两界面间的距离用 Δr 表示。文中使用均分网格,则 $\delta r = \Delta r$。

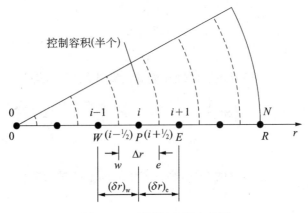

图 10-3　计算区域径向离散

2. 内部节点处控制方程的离散

温差能热机圆管径向节点分为内部节点和边界节点，节点 $1 \sim N-1$ 为内部节点，分别拥有一个完整的控制容积，内侧边界节点 0 和外侧边界节点 N 只具有半个控制容积。以下先建立内部节点的离散方程，然后再对边界节点进行处理。

将控制方程式(10-9)两边都乘以 r，可得：

$$r \frac{\partial h}{\partial t} = \frac{\partial}{\partial r}\left(\alpha r \frac{\partial h}{\partial r}\right) - r \rho_1 h_{\mathrm{m}} \frac{\partial f_1}{\partial t} \tag{10-13}$$

将上式在控制容积 P 及 Δt 时间间隔内对空间与时间做积分，把可积的部分积出后得：

$$\int_{w}^{e} r(h^{t+\Delta} - h^{t}) \mathrm{d}r = \int_{t}^{t+\Delta}\left[\left(\alpha r \frac{\partial h}{\partial r}\right)_{e} - \left(\alpha r \frac{\partial h}{\partial r}\right)_{w}\right]\mathrm{d}t$$
$$- \int_{w}^{e} r \rho_1 h_{\mathrm{m}} (f_1^{t+\Delta} - f_1^{t}) \mathrm{d}r \tag{10-14}$$

在控制容积积分法中，控制容积界面上被求函数插值方式，即型线的选取是离散过程中极为重要的一步。在有限容积法中选取型线，仅是为了导出离散方程。一旦离散方程建立起来，型线就完成了使命而不再具有任何意义。在选取型线时主要考虑的是实施的方便及所形成的离散方程具有满意的数值特性，而不必追求一致性。也就是说，同一控制方程中不同的物理量可以有不同的分布曲线；同一物理量对不同的坐标可以有不同的分布曲线；甚至同一物理量在不同项中对同一坐标的型线可以不同。

在非稳态项中，将 h 随 r 变化的型线选为阶梯式，即同一控制容积中各处的 h 值都等于节点 P 上的值 h_{p}，于是有：

$$\int_{w}^{e} r(h^{t+\Delta} - h^{t}) \mathrm{d}r = (h_{P}^{t+\Delta} - h_{P}^{t}) \int_{w}^{e} r \mathrm{d}r$$
$$= \frac{1}{2}(r_{e}^{2} - r_{w}^{2})(h_{P}^{t+\Delta} - h_{P}^{t}) \tag{10-15}$$

在扩散项中，选取一阶导数随时间作隐式阶跃式的变化，得：

$$\int_{t}^{t+\Delta}\left[\left(\alpha r \frac{\partial h}{\partial r}\right)_{e} - \left(\alpha r \frac{\partial h}{\partial r}\right)_{w}\right]\mathrm{d}t = \left[\left(\alpha r \frac{\partial h}{\partial r}\right)_{e}^{t+\Delta} - \left(\alpha r \frac{\partial h}{\partial r}\right)_{w}^{t+\Delta}\right]\Delta t \tag{10-16}$$

进一步，取 h 随 r 呈分段线性的变化，则上式中界面上的扩散项 $\left(\alpha r \frac{\partial h}{\partial r}\right)$ 可分别表示如下：

$$\left(\alpha r \frac{\partial h}{\partial r}\right)_{e}^{t+\Delta} = \alpha_{e} r_{e} \frac{h_{E}^{t+\Delta} - h_{P}^{t+\Delta}}{\Delta r} \tag{10-17}$$

$$\left(\alpha r \frac{\partial h}{\partial r}\right)_{\mathrm{w}}^{t+\Delta t} = \alpha_{\mathrm{w}} r_{\mathrm{w}} \frac{h_{\mathrm{P}}^{t+\Delta t} - h_{\mathrm{W}}^{t+\Delta t}}{\Delta r} \tag{10-18}$$

分别将式(10-17)和式(10-18)代入式(10-16)，可得：

$$\int_{t}^{t+\Delta t}\left[\left(\alpha r \frac{\partial h}{\partial r}\right)_{\mathrm{e}} - \left(\alpha r \frac{\partial h}{\partial r}\right)_{\mathrm{w}}\right]\mathrm{d}t = \left(\alpha_{\mathrm{e}} r_{\mathrm{e}} \frac{h_{\mathrm{E}}^{t+\Delta t} - h_{\mathrm{P}}^{t+\Delta t}}{\Delta r} - \alpha_{\mathrm{w}} r_{\mathrm{w}} \frac{h_{\mathrm{P}}^{t+\Delta t} - h_{\mathrm{W}}^{t+\Delta t}}{\Delta r}\right)\Delta t$$

$$\tag{10-19}$$

在源项中，将 f_{l} 随 r 变化的型线选为阶梯式，即同一控制容积中各处的 f_{l} 值相同，等于节点 P 上的值 f_{lP}，于是有

$$-\int_{w}^{e} r \rho_{\mathrm{l}} h_{\mathrm{m}}(f_{\mathrm{l}}^{t+\Delta t} - f_{\mathrm{l}}^{t})\mathrm{d}r = -\rho_{\mathrm{l}} h_{\mathrm{m}}(f_{\mathrm{lP}}^{t+\Delta t} - f_{\mathrm{lP}}^{t})\int_{w}^{e} r \mathrm{d}r$$

$$= -\frac{1}{2}\rho_{\mathrm{l}} h_{\mathrm{m}}(r_{\mathrm{e}}^2 - r_{\mathrm{w}}^2)(f_{\mathrm{lP}}^{t+\Delta t} - f_{\mathrm{lP}}^{t}) \tag{10-20}$$

将非稳态项、扩散项和源项的离散式代入式(10-14)中，得到

$$\frac{1}{2}(r_{\mathrm{e}}^2 - r_{\mathrm{w}}^2)(h_{\mathrm{P}}^{t+\Delta t} - h_{\mathrm{P}}^{t}) = \left(\alpha_{\mathrm{e}} r_{\mathrm{e}} \frac{h_{\mathrm{E}}^{t+\Delta t} - h_{\mathrm{P}}^{t+\Delta t}}{\Delta r} - \alpha_{\mathrm{w}} r_{\mathrm{w}} \frac{h_{\mathrm{P}}^{t+\Delta t} - h_{\mathrm{W}}^{t+\Delta t}}{\Delta r}\right)\Delta t$$

$$- \frac{1}{2}\rho_{\mathrm{l}} h_{\mathrm{m}}(r_{\mathrm{e}}^2 - r_{\mathrm{w}}^2)(f_{\mathrm{lP}}^{t+\Delta t} - f_{\mathrm{lP}}^{t}) \tag{10-21}$$

其中，上标 t 表示上一时层的计算值，上标 $t+\Delta t$ 表示下一时层的计算值，即 h_{P}^{t} 代表 P 点在上一时层的焓值，$h_{\mathrm{P}}^{t+\Delta t}$ 代表 P 点在下一时层的焓值。为方便计，h_{P}^{t} 记为 h_{P}^{0}，$h_{\mathrm{P}}^{t+\Delta t}$ 记为 h_{P}，其余参数作类似处理，则上式可表示为

$$\frac{1}{2}(r_{\mathrm{e}}^2 - r_{\mathrm{w}}^2)(h_{\mathrm{P}} - h_{\mathrm{P}}^{0})$$

$$= \left(\alpha_{\mathrm{e}} r_{\mathrm{e}} \frac{h_{\mathrm{E}} - h_{\mathrm{P}}}{\Delta r} - \alpha_{\mathrm{w}} r_{\mathrm{w}} \frac{h_{\mathrm{P}} - h_{\mathrm{W}}}{\Delta r}\right)\Delta t - \frac{1}{2}\rho_{\mathrm{l}} h_{\mathrm{m}}(r_{\mathrm{e}}^2 - r_{\mathrm{w}}^2)(f_{\mathrm{lP}} - f_{\mathrm{lP}}^{0})$$

$$\tag{10-22}$$

其中，$r_{\mathrm{e}} = r_{\mathrm{P}} + \frac{1}{2}\Delta r$，$r_{\mathrm{w}} = r_{\mathrm{P}} - \frac{1}{2}\Delta r$，$(r_{\mathrm{e}}^2 - r_{\mathrm{w}}^2) = 2 r_{\mathrm{P}}\Delta r$。

将上式整理成 $a_{\mathrm{P}} h_{\mathrm{P}} = a_{\mathrm{E}} h_{\mathrm{E}} + a_{\mathrm{W}} h_{\mathrm{W}} + S$ 的简化形式，其中，$a_{\mathrm{E}} = \dfrac{\Delta t \alpha_{\mathrm{e}}\left(r_{\mathrm{P}} + \frac{1}{2}\Delta r\right)}{r_{\mathrm{P}}(\Delta r)^2}$，$a_{\mathrm{W}} = \dfrac{\Delta t \alpha_{\mathrm{w}}\left(r_{\mathrm{P}} - \frac{1}{2}\Delta r\right)}{r_{\mathrm{P}}(\Delta r)^2}$，$a_{\mathrm{P}} = a_{\mathrm{E}} + a_{\mathrm{W}} + 1$，$S = h_{\mathrm{P}}^{0} - \rho_{\mathrm{l}} h_{\mathrm{m}}(f_{\mathrm{lP}} - f_{\mathrm{lP}}^{0})$。

3. 内侧边界节点处边界条件的处理及控制方程的离散

将控制方程式(10-9)写成：

$$\frac{\partial h}{\partial t} = \frac{\partial}{\partial r}\left(\alpha \frac{\partial h}{\partial r}\right) + \frac{1}{r}\left(\alpha \frac{\partial h}{\partial r}\right) - \rho_{\mathrm{l}} h_{\mathrm{m}} \frac{\partial f_{\mathrm{l}}}{\partial t} \tag{10-23}$$

由内侧边界条件式(10-10)可得：

$$\rho c \left. \frac{\partial T}{\partial r} \right|_{r=0} = 0 \qquad (10-24)$$

即

$$\left. \frac{\partial h}{\partial r} \right|_{r=0} = 0 \qquad (10-25)$$

由此可得：

$$\frac{1}{r}\left(\alpha \frac{\partial h}{\partial r}\right)\bigg|_{r=0} = \frac{\alpha \dfrac{\partial h}{\partial r}}{r}\bigg|_{r=0} = \frac{0}{0} \qquad (10-26)$$

由上式中分子与分母同时对 r 求导，可得：

$$\frac{1}{r}\left(\alpha \frac{\partial h}{\partial r}\right) = \frac{\partial}{\partial r}\left(\alpha \frac{\partial h}{\partial r}\right) \qquad (10-27)$$

式(10-27)代入式(10-23)，控制方程化为

$$\frac{\partial h}{\partial t} = 2 \frac{\partial}{\partial r}\left(\alpha \frac{\partial h}{\partial r}\right) - \rho_\mathrm{l} h_\mathrm{m} \frac{\partial f_\mathrm{l}}{\partial t} \qquad (10-28)$$

如图 10-4 所示，根据对称边界的特点，对上式进行离散，可得：

$$\begin{aligned}
\frac{h_\mathrm{P} - h_\mathrm{P}^0}{\Delta t} &= \frac{2}{\Delta r}\left[\left(\alpha \frac{\partial h}{\partial r}\right)_\mathrm{e} - \left(\alpha \frac{\partial h}{\partial r}\right)_\mathrm{w}\right] - \rho_\mathrm{l} h_\mathrm{m} \frac{f_\mathrm{IP} - f_\mathrm{IP}^0}{\Delta t} \\
&= \frac{2}{\Delta r}\left(\alpha_\mathrm{e} \frac{h_\mathrm{E} - h_\mathrm{P}}{\Delta r} - \alpha_\mathrm{e} \frac{h_\mathrm{P} - h_\mathrm{E}}{\Delta r}\right) - \rho_\mathrm{l} h_\mathrm{m} \frac{f_\mathrm{IP} - f_\mathrm{IP}^0}{\Delta t} \qquad (10-29)
\end{aligned}$$

将上式整理成 $a_\mathrm{P} h_\mathrm{P} = a_\mathrm{E} h_\mathrm{E} + a_\mathrm{w} h_\mathrm{w} + S$ 的简化形式。其中，$a_\mathrm{E} = \dfrac{4\alpha_\mathrm{e} \Delta t}{(\Delta r)^2}$，$a_\mathrm{w} = 0$，$a_\mathrm{P} = a_\mathrm{E} + a_\mathrm{w} + 1$，$S = h_\mathrm{P}^0 - \rho_\mathrm{l} h_\mathrm{m}(f_\mathrm{IP} - f_\mathrm{IP}^0)$。

4. 外侧边界节点处边界条件的处理及控制方程的离散

如图 10-4 所示，引入虚拟节点 $N+1$，对式(10-23)离散，可得：

$$\frac{h_\mathrm{P} - h_\mathrm{P}^0}{\Delta t} = \alpha_\mathrm{P} \frac{h_\mathrm{E} - 2h_\mathrm{P} + h_\mathrm{W}}{(\Delta r)^2} + \frac{\alpha_\mathrm{P}}{R} \frac{h_\mathrm{E} - h_\mathrm{W}}{2\Delta r} - \rho_\mathrm{l} h_\mathrm{m} \frac{f_\mathrm{IP} - f_\mathrm{IP}^0}{\Delta t} \qquad (10-30)$$

由外侧边界条件式(10-11)可得：

$$-k\rho c \left. \frac{\partial T}{\partial r} \right|_{r=R} = h_\mathrm{conv}(\rho c T - \rho c T_\mathrm{sw}) \qquad (10-31)$$

即

$$-k\frac{\partial h}{\partial r}\Big|_{r=R}=h_{\mathrm{conv}}(h-h_{\mathrm{sw}}) \tag{10-32}$$

仍然使用虚拟节点 $N+1$ 对上式进行离散,可得:

$$-k_{\mathrm{P}}\frac{h_{\mathrm{E}}-h_{\mathrm{W}}}{2\Delta r}=h_{\mathrm{conv}}(h_{\mathrm{P}}-h_{\mathrm{sw}}) \tag{10-33}$$

联立式(10-30)和式(10-33):

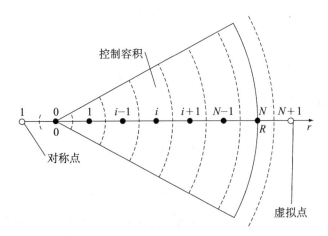

图 10-4　边界处的对称节点和虚拟节点

$$\frac{h_{\mathrm{P}}-h_{\mathrm{P}}^{0}}{\Delta t}=\frac{2\alpha_{\mathrm{P}}}{(\Delta r)^{2}}h_{\mathrm{W}}-\left[\frac{2\alpha_{\mathrm{P}}}{(\Delta r)^{2}}+\frac{\alpha_{\mathrm{P}}h_{\mathrm{conv}}}{k_{\mathrm{P}}}\left(\frac{2}{\Delta r}+\frac{1}{R}\right)\right]h_{\mathrm{P}}$$
$$+\frac{\alpha_{\mathrm{P}}h_{\mathrm{conv}}}{k_{\mathrm{P}}}\left(\frac{2}{\Delta r}+\frac{1}{R}\right)h_{\mathrm{sw}}-\rho_{\mathrm{l}}h_{\mathrm{m}}\frac{f_{\mathrm{lP}}-f_{\mathrm{lP}}^{0}}{\Delta t} \tag{10-34}$$

将上式整理成 $a_{\mathrm{P}}h_{\mathrm{P}}=a_{\mathrm{E}}h_{\mathrm{E}}+a_{\mathrm{W}}h_{\mathrm{W}}+S$ 的简化形式。其中,$a_{\mathrm{E}}=0$,$a_{\mathrm{W}}=\dfrac{2\alpha_{\mathrm{P}}\Delta t}{(\Delta r)^{2}}$,

$a_{\mathrm{P}}=a_{\mathrm{E}}+a_{\mathrm{W}}+a_{\mathrm{sw}}+1$,$a_{\mathrm{sw}}=\dfrac{\Delta t\alpha_{\mathrm{P}}h_{\mathrm{conv}}}{k_{\mathrm{P}}}\left(\dfrac{2}{\Delta r}+\dfrac{1}{R}\right)$,$S=a_{\mathrm{sw}}h_{\mathrm{sw}}+h_{\mathrm{P}}^{0}-\rho_{\mathrm{l}}h_{\mathrm{m}}(f_{\mathrm{lP}}-$

$f_{\mathrm{lP}}^{0})$。

10.2.4　离散方程的求解

为了计算方便,将 $a_{\mathrm{P}}h_{\mathrm{P}}=a_{\mathrm{E}}h_{\mathrm{E}}+a_{\mathrm{W}}h_{\mathrm{W}}+S$ 改写为

$$a_{i}h_{i}=b_{i}h_{i+1}+c_{i}h_{i-1}+d_{i} \tag{10-35}$$

式中:

当 $i=0$ 时,$b_{i}=\dfrac{4\alpha_{i+1/2}\Delta t}{(\Delta r)^{2}}$,$c_{i}=0$,$a_{i}=b_{i}+c_{i}+1$,$d_{i}=h_{i}^{0}-\rho_{\mathrm{l}}h_{\mathrm{m}}(f_{\mathrm{li}}-f_{\mathrm{li}}^{0})$;

当 $i=1,\cdots,N-1$ 时,$b_{i}=\dfrac{\Delta t\alpha_{i+1/2}\left(r_{i}+\dfrac{1}{2}\Delta r\right)}{r_{i}(\Delta r)^{2}}$,$c_{i}=\dfrac{\Delta t\alpha_{i-1/2}\left(r_{i}-\dfrac{1}{2}\Delta r\right)}{r_{i}(\Delta r)^{2}}$,$a_{i}=$

$b_i + c_i + 1$, $d_i = h_i^0 - \rho_1 h_m (f_{1i} - f_{1i}^0)$;

当 $i = N$ 时,$b_i = 0$, $c_i = \dfrac{2\alpha_i \Delta t}{(\Delta r)^2}$, $a_i = b_i + c_i + a_{sw} + 1$, $a_{sw} = \dfrac{\Delta t \alpha_i h_{conv}}{k_i}\left(\dfrac{2}{\Delta r} + \dfrac{1}{R}\right)$, $d_i = a_{sw} h_{sw} + h_i^0 - \rho_1 h_m (f_{1i} - f_{1i}^0)$。

此外,界面上当量导热系数采用调和平均(harmonic mean)公式计算,它可以看成是串联过程热阻叠加原则的反映,即

$$\frac{\Delta r}{k_{i-1/2}} = \frac{\Delta r/2}{k_{i-1}} + \frac{\Delta r/2}{k_i} \tag{10-36}$$

$$\frac{\Delta r}{k_{i+1/2}} = \frac{\Delta r/2}{k_i} + \frac{\Delta r/2}{k_{i+1}} \tag{10-37}$$

则与之相关的热扩散率计算如下:

$$\alpha_{i-1/2} = \frac{k_{i-1/2}}{(\rho c)_i} = \frac{1}{(\rho c)_i}\frac{2k_{i-1}k_i}{(k_{i-1}+k_i)} \tag{10-38}$$

$$\alpha_{i+1/2} = \frac{k_{i+1/2}}{(\rho c)_i} = \frac{1}{(\rho c)_i}\frac{2k_i k_{i+1}}{(k_i + k_{i+1})} \tag{10-39}$$

方程组(10-35)的系数矩阵为三对角阵的代数方程组,用三对角阵算法(Tri-Diagonal Matrix Algorithm,TDMA)求解。现导出消元与回代过程中系数计算的通式。

消元的目的是要把式(10-35)化成如下形式的方程:

$$h_i = P_i h_{i+1} + Q_i \tag{10-40}$$

当 $i = 0$ 时,有

$$h_0 = \frac{b_0}{a_0} h_1 + \frac{d_0}{a_0} \tag{10-41}$$

则

$$P_0 = \frac{b_0}{a_0},\ Q_0 = \frac{d_0}{a_0} \tag{10-42}$$

当 $i = 1,\cdots,N-1$ 时,有

$$h_i = \frac{b_i}{a_i - c_i P_{i-1}} h_{i+1} + \frac{d_i + c_i Q_{i-1}}{a_i - c_i P_{i-1}} \tag{10-43}$$

则

$$P_i = \frac{b_i}{a_i - c_i P_{i-1}},\ Q_i = \frac{d_i + c_i Q_{i-1}}{a_i - c_i P_{i-1}} \tag{10-44}$$

当 $i = N$ 时,有

$$h_N = \frac{d_N + c_N Q_{N-1}}{a_N - c_N P_{N-1}} \tag{10-45}$$

则

$$P_N = 0, \ Q_N = \frac{d_N + c_N Q_{N-1}}{a_N - c_N P_{N-1}} \tag{10-46}$$

由以上 6 式,系数 P_i、Q_i 是递归的,可从左端点的离散方程算起,到最后一个端点时再逐个回代,从而得到结果。

以上系数计算都需要用到液相分数 f_{li},其本身未知,需迭代求解。Voller 提出的 TDMA 迭代及液相分数更新的方法如下:

(1) 用上一时层的值作为初值;

(2) 对每一个节点,如果 $0 < f_{li} < 1$,则此节点正在经历相变过程,显热 $h_i = 0$;在此节点令系数 a_i 等于一个很大的值(如 10^{15}),则按式(10-35)计算的显热 h_i 非常接近于零,收敛速度加快;

(3) 基于步骤(2),在式(10-35)中令显热 $h_i = 0$,重新排列整理后,可得液相分数的更新计算公式如下:

$$f_{li}^{k+1} = \begin{cases} \dfrac{b_i^k h_{i+1}^k + h_i^0}{\rho_l h_m} + f_{li}^0, & i = 0 \\[3mm] \dfrac{b_i^k h_{i+1}^k + c_i^k h_{i-1}^k + h_i^0}{\rho_l h_m} + f_{li}^0, & i = 1, \cdots, N-1 \\[3mm] \dfrac{a_{sw}^k h_{sw}^k + c_i^k h_{i-1}^k + h_i^0}{\rho_l h_m} + f_{li}^0, & i = N \end{cases} \tag{10-47}$$

将上式应用于每个相应的节点,并应用下式修正:

$$f_{li}^{k+1} = \begin{cases} 0, & f_{li}^{k+1} < 0 \\ 1, & f_{li}^{k+1} > 1 \end{cases} \tag{10-48}$$

(4) 反复应用步骤(2)和步骤(3),直到收敛(如 $\max(|h_i^{k+1} - h_i^k|) < 10^{-4}$)。

10.3 温差能热机圆管材料和相变材料的选择

10.3.1 圆管材料的选择

Sharma 等人曾用焓法研究过热交换器材料的热物理性质对潜热储存系统性能的影响。研究结果表明,随着热交换器材料的导热系数、比热和密度的增加,PCM 的融化时间减少。进一步研究表明,当材料的导热系数达到一定的值时(如 150 W/(m·K)),继续提高材料的导热系数对融化过程没有显著的作用。

铜的导热系数、比热、密度分别为 386 W/(m·K),383 J/(kg·K),8 954 kg/m,是

一种比较理想的容器材料。从传热的角度，本文选用铜作为温差能热机圆管材料。同时可知，温差能热机管内相变过程建模时忽略管壁热阻的基本假设也是合理的。

10.3.2　管内相变材料的选择

应用广泛的相变工质 PCM 可分为无机化合物和有机化合物。无机化合物应用比较广泛的主要是结晶水合盐（salt hydrate），有机化合物应用比较广泛的主要有脂肪酸（fatty acid）和石蜡（paraffin）。

结晶水合盐可用通式表示为 $AB \cdot nH_2O$，其特点是价格便宜、融解热较大、导热系数较大、相变过程体积变化小、与塑料容器相容。使用中最大的问题是存在析出和过冷现象：当加热到融点以上时，有些盐仍处于非溶解状态，此时残留的固态物因密度大而沉到容器底部。过冷现象是当液态物质冷却到凝固点时并不结晶，而须冷却到凝固点以下一定温度时才开始结晶。

脂肪酸可用通式表示为 $CH_3(CH_2)_{2n} \cdot COOH$，其特点是价格昂贵、融解热较大、导热系数较小、易燃、高温下不稳定、具有一定的毒性和腐蚀性。

石蜡主要由直链烷烃混合而成，可用通式表示为 C_nH_{2n+2}，融点和融解热都随着链的增长而增大，链更长时都将趋于一定值。其特点是价格便宜、融解热较小、导热系数较小、无过冷现象、无析出现象、性能稳定、无毒性、无腐蚀性、与金属容器相容但许多塑料会被其溶化。

根据温差能热机的工作原理以及考虑到海洋温度环境，所选 PCM 的性能应满足如下要求：

（1）具有合适的相变温度，即相变温度必须在海水的温度范围以内；

（2）具有较小的相变潜热、较好的导热性能；

（3）固相密度大于液相密度，具有较大的相变体积变化和较强的抗压能力；

（4）性能稳定，无析出和过冷现象；

（5）不易燃，不易爆，无毒，无腐蚀，与容器材料相容。

综合以上考虑，正十五烷和正十六烷是较好的选择。

由海洋温跃层分布可知，大洋表层水温变化在 $-2 \sim 30$℃之间，而年平均值仅为 17.4℃。温暖的表层海水也只是很薄的一层。正十六烷相变温度高达 18.2℃，如果把它选作 PCM，热滑翔机在暖水层运行时，正十六烷与海水之间的温差小，高于正十六烷相变温度的海水层很薄，致使热滑翔机在这一海水层运行的时间很短。这就使正十六烷储存热量慢而时间不足，最终导致热滑翔机再次从暖水层进入冷水层时，正十六烷尚未完全融化，从而影响温差能热机正常循环工作。与正十六烷相比，正十五烷相变温度低、融解热小，如果把它选作 PCM，热滑翔机在暖水层运行时正十五烷与海水之间的温差相对增大，且高于正十五烷相变温度的海水层相对增厚而使热滑翔机在这一海水层运行时间相对延长。这样，使正十五烷储存热量相对较快，有利于改善选正十六烷作为 PCM 所引起的问题。此外，热滑翔机在冷水层运行时，正十五烷与海水之间的温差相对减小，但冷水层很厚，热滑翔机在这一海水层运行时间很长,有足够的时间保证在热滑翔机从冷水层进入暖水层之前使正十五烷完全凝固。综上所述,选择正十五烷作为温差能热机管内 PCM,比选择正十六烷更合适。

图 10-5 为一给定的海洋温度剖面,图 10-6 为分别使用正十五烷和正十六烷作为温差能热机管内 PCM 时在此给定的海洋温度剖面下所计算得的一个温差能热机循环。计算中,热滑翔机的垂直速度取值为 0.21 m/s,下潜深度取值为 1800 m。

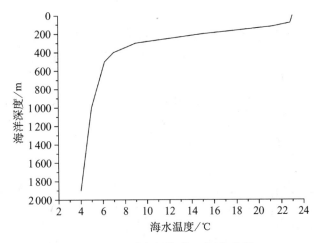

图 10-5　给定的海洋温度剖面图

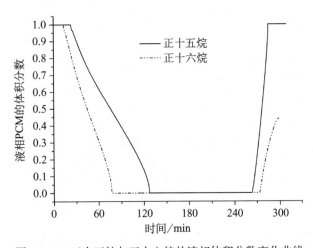

图 10-6　正十五烷与正十六烷的液相体积分数变化曲线

图 10-6 是正十五烷与正十六烷的液相体积分数变化曲线,从中可以充分印证上述观点。在图 10-5 的海洋温度剖面上可以看到,温度高于正十六烷相变温度的海洋暖水层厚度为 161 m,融化过程最大传热温差为 4.8℃。而温度高于正十五烷相变温度的海洋暖水层厚度为 285 m,融化过程最大传热温差为 13.1℃。如图 10-6 所示,虽然在凝固过程中,正十六烷与海水之间的传热温差相对较大,速度相对较

快,但是,深厚的冷水层足以保证正十五烷完全凝固。在温差能热机循环末,正十五烷的液相体积分数早已等于1.0,已经完全融化完成一个循环;而正十六烷的液相体积分数却只有0.44,尚未完全融化,不利于温差能热机正常循环工作。

10.4　海洋温跃层对动力推进系统性能影响的实验

10.4.1　实验目的

在相变材料凝固和融化研究领域,已完成大量工作,但主要是在相变材料处于恒定的外界环境温度下完成的。对于外界环境温度连续变化的情况,相关研究还远为不足,相关实验数据更是罕见。

随着海洋温度垂直分布和水下热滑翔机运行状态的改变,热滑翔机周围环境温度场也发生改变。实验是为了在环境温度连续变化的情况下,研究海洋温度垂直分布情况,以及水下热滑翔机运行状态对温差能热机性能的影响。

10.4.2　实验装置

以下的实验设计能满足数值研究中的条件,以便进行对比,实验装置如图10-7所示。图中标号所代表的实验器材如下:

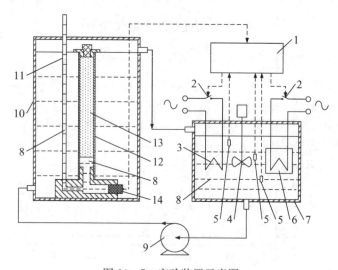

图10-7　实验装置示意图

1-数据采集与温度控制单元;2-固态继电器;3-电加热器;4-搅拌器;5-温度传感器;6-制冷机组;7-温控水箱;8-水;9-循环泵;10-试验水箱;11-塑料圆管;12-试验圆管;13-相变材料;14-液位变送器

(1) 数据采集与温度控制单元。数据采集与温度控制单元采用欧姆龙(OMRON)公司生产的PLC,具体型号为CP1H-XA40DR-A。其中,DC输入24点、继电器输出16点,内置模拟电压/电流输入4点,模拟电压/电流输出2点,且分辨率高达1/6000或1/12000。CP1H与外围工具(CX-Programmer 6.1)采用USB

方式连接,与上位机采用 RS-232C 串行端口连接,上位机端装有"串口调试助手",用于接收、显示并保存由 PLC 发送的数据。

(2) 固态继电器。具体型号为 SSR-25 DA,触发电压 3～32 VDC,工作耐压 24～380 VAC,额定电流 25 A。

(3) 电加热器。

(4) 搅拌器。

(5) 温度传感器。由三线制 Pt100 铂电阻和温度变送模块组成,供电电压为 24 VDC,输出信号为 4～20 mA,量程为 0～100℃,精度为 0.2% FS(Full Scale,即满量程)。

(6) 制冷机组。

(7) 温控水箱。水箱材料采用 PVC,内衬泡沫以加强隔热。

(8) 水。

(9) 循环泵。

(10) 试验水箱。水箱材料采用 PVC,内衬泡沫以加强隔热。

(11) 塑料圆管。采用透明细长型,内径 6 mm,长 2 m。

(12) 试验圆管。采用铜管,内径 32 mm,长 600 mm,壁厚 1 mm。

(13) 相变材料。实验中所选择的相变材料为上海晶纯试剂有限公司销售的正十五烷,其相变温度为 9.9℃,纯度为 98%。

(14) 液位变送器。使用昆山双桥传感器测控技术有限公司的 CYG2304 投入式液位变送器(水位计),量程 0～2m H_2O,精度等级为 0.5% FS,供电电压为 24 VDC,输出信号为 4～20mA,其中红线为电源线接电源正极,蓝线为信号线接 PLC 模拟量输入端。

实验装置由试验水箱和辅助单元两部分组成。辅助单元配有温控水箱、电加热器、制冷机组、数据采集与温度控制单元等。温控水箱中的水温可编程控制,可按指定方式变化,用于实时模拟水下热滑翔机在穿梭于海洋时的周围环境温度。3 支均布于温控水箱中的温度传感器用于监控水温,输出信号传送到数据采集单元,用于数据转换。根据所采集的温度数据和所要求的温度条件,温度控制器通过触发固态继电器来控制电加热器和制冷机组的启停,加热或冷却循环水以达到要求的水温。为了保证温控水箱中的水温均匀,配备了电搅拌器。

装有相变材料的试验圆管置于试验水箱中,圆管顶部装有 280 ml 的液态正十五烷,底部充满了水,并且两端绝热良好。由于正十五烷不溶于水,密度也比水小,在凝固和融化过程中,正十五烷始终保持在水面以上。塑料圆管与试验圆管底部连通,在凝固和融化过程中,正十五烷的收缩和膨胀会引起塑料圆管中水位的变化。塑料圆管中的水位由液位变送器测量,并将测量信号输送到数据采集单元上。

10.4.3　实验步骤

每次实验包括一个温差能热机工作循环:初始时,热滑翔机与温暖的表层海水达到稳定的热平衡。下潜中,当热滑翔机由暖水层进入冷水层时,PCM 开始逐渐凝固并收缩。当热滑翔机到达预设的海洋深度时开始上浮,随着热滑翔机由冷水层进入暖水层,PCM 开始逐渐融化并膨胀。当热滑翔机再次由暖水层下潜至冷水层时,温差能热机循环结束。对应的滑翔机运行轨迹如图 10 - 8 所示。

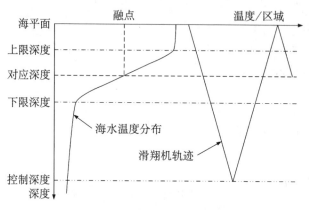

图 10 - 8 一个温差能热机循环内的滑翔机运行轨迹

每次实验前,需指定水温的变化方式,用于实时模拟水下热滑翔机运行过程中的周围环境温度。每次实验前,保持试验水箱中的水温恒定,直到正十五烷达到稳定热平衡。然后,便可在所建立的初始条件下,进行一系列的实验。

实验开始后,一定的时间间隔内采集一次温度和液位数据。使用这些数据,可计算得到液相 PCM 的体积分数,此参数可反映温差能热机的工作状况。在凝固或融化过程中,某时间间隔内 PCM 的体积变化计算如下:

$$\Delta V_{pcm} = m_{pcm} \cdot \Delta f_{lm} \cdot \left(\frac{1}{\rho_l} - \frac{1}{\rho_s} \right) \tag{10-49}$$

式中:ΔV_{pcm}——某时间间隔内 PCM 的体积变化,m^3;

m_{pcm}——PCM 的总质量,kg;

Δf_{lm}——某时间间隔内 PCM 的质量分数的变化。

上式重新排列,可得:

$$\Delta f_{lm} = \frac{\rho_s \cdot \rho_l}{m_{pcm} \cdot (\rho_s - \rho_l)} \Delta V_{pcm} = \frac{\rho_s \cdot \rho_l}{m_{pcm} \cdot (\rho_s - \rho_l)} A \Delta L_{water} \tag{10-50}$$

式中:A——塑料圆管的横截面积,m^2;

ΔL_{water}——某时间间隔内塑料圆管中水位的变化,m。

在 Δt 时间间隔内,上式可写成:

$$f_{lm}^{t+\Delta t} - f_{lm}^{t} = \frac{\rho_s \cdot \rho_l}{m_{pcm} \cdot (\rho_s - \rho_l)} A (L_{water}^{t+\Delta t} - L_{water}^{t}) \tag{10-51}$$

上式重新排列,可得:

$$f_{\text{lm}}^{t+\Delta t} = f_{\text{lm}}^{t} + \frac{\rho_{\text{s}} \cdot \rho_{\text{l}}}{m_{\text{pcm}} \cdot (\rho_{\text{s}} - \rho_{\text{l}})} A(L_{\text{water}}^{t+\Delta t} - L_{\text{water}}^{t}) \qquad (10-52)$$

对于凝固过程,$f_{\text{lm}}^{0} = 1$;对于融化过程,$f_{\text{lm}}^{0} = 0$。

然后,可推导出下式把液相 PCM 的质量分数转换为体积分数:

$$f_{\text{lv}} = \frac{f_{\text{lm}}}{\left(1 - \dfrac{\rho_{\text{l}}}{\rho_{\text{s}}}\right) f_{\text{lm}} + \dfrac{\rho_{\text{l}}}{\rho_{\text{s}}}} \qquad (10-53)$$

10.5　温跃层深度的影响及偏差分析

以下利用前述的数值方法和实验方法,研究海洋温跃层对温差能热机性能的影响。

温跃层示性特征以其深度、厚度、强度表示,如图 10-9 所示。当一个海洋温度剖面中某一段的垂直梯度大于深水跃层临界值(0.05℃/m)时,确定该段为温跃层。温跃层上、下端点所在深度分别为温跃层上、下边界深度。温跃层深度指跃层的上界深度,温跃层下界深度与上界深度之差为温跃层的厚度。温跃层上、下界深度对应的温度值之差除以温跃层厚度所得的商,为温跃层的强度。

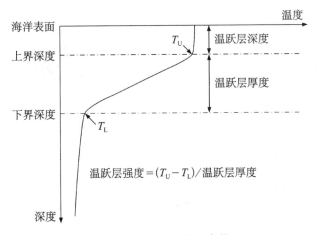

图 10-9　温跃层特征参数

现有的水下滑翔机在执行任务过程中,绝大部分时间为稳定滑翔运动,运动调节过程非常短暂。为了便于分析,假设热滑翔机的垂直速度大小不变,取值为 0.21 m/s。此外,滑翔机的运行深度取值为 1800 m,预设的海洋温度剖面的取值主要基于太平洋北半部已有的海水温度数据,以反映出实际的海洋环境温度。

10.5.1　温跃层深度的影响

不同海洋温跃层深度下预设的海洋温度剖面,如图 10-10 所示。其温跃层厚度均为 120 m,强度均为 0.1℃/m,深度分别为 114 m、64 m、14 m。由于温跃层厚度和强度相同,随着温跃层深度的减小,相同海洋深处的海水温度也相应降低。图 10-11 为不同温跃层深度下温控水箱中实测温度随时间的变化曲线,它与各预设的海洋温度剖面相对应。图 10-12 为不同温跃层深度下,分别为利用实测温度计算的、利用实验测得的液相 PCM 体积分数。

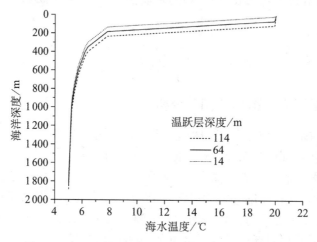

图 10-10　不同温跃层深度下预设的海洋温度剖面图

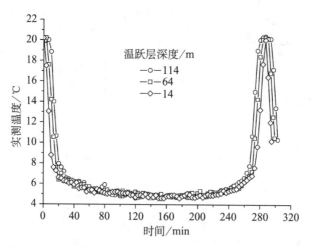

图 10-11　不同温跃层深度下实测温度随时间的变化曲线

图 10-12 表明,随着温跃层深度的减小,液相 PCM 体积分数由 1.0 变成小于 1.0 的时间提早,即 PCM 开始凝固的时间提早,变化速度基本保持不变。温跃层位置较浅时,暖水层也较薄,海洋同深度处的温度相对较低。热滑翔机下潜时能较早地进入冷水层,上浮时却较晚地进入暖水层。相应地,PCM 能较早地开始凝固过程,较晚地开始融化过程。

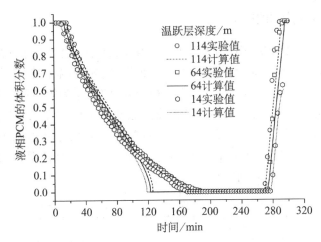

图 10 - 12　不同温跃层深度下液相 PCM 体积分数随时间的变化曲线

图 10 - 12 进一步表明,当温跃层深度小于某一值时,在温差能热机循环末,液相 PCM 体积分数开始小于 1.0,此值称为温跃层临界深度。当温跃层深度大于或等于临界深度时,在温差能热机循环末液相 PCM 体积分数等于 1.0;当温跃层深度小于临界深度时,在温差能热机循环末液相 PCM 体积分数小于 1.0,且随温跃层深度的减小而进一步减小。这是因为,当温跃层深度小于临界深度时,温差能热机循环末的 PCM 尚未完全融化。在热滑翔机再次从暖水层进入冷水层开始一个新的循环之后,温差能热机将无法提供足够的浮力改变,也无法正常循环工作。

为了保证温差能热机有效工作,在热滑翔机再次从暖水层进入冷水层开始一个新的循环之前,热滑翔机必须在海洋表层停留一段时间,以便 PCM 从温暖的海水中吸收热量而完全融化。随着温跃层深度的进一步减小,热滑翔机在海洋表层停留的时间更长。然而,热滑翔机同时也在海洋表层强海流下随波逐流,姿态难以保持,这样既浪费了控制能量,也浪费了浮力调节过程中所需的能量。

10.5.2　数值计算与实验结果之间的偏差分析

如图 10 - 12 所示,液相 PCM 体积分数的计算结果与实验结果基本吻合,最主要的偏差出现在 PCM 的凝固末段,与 Kalaiselvam 等人的研究结果相类似。Kalaiselvam 等人在研究圆柱形容器内正十四烷和正十六烷的混合物在定壁温下的凝固过程时,固-液移动界面的分析解与实验中的拍照结果在 PCM 的凝固末段出现明显偏差,且实验结果所得的完全凝固时间明显长于分析解所得的完全凝固时间。

在等温相变的情况下,液相 PCM 的体积分数和固-液移动界面,是可以相互转换的。因此,这里所得结果的这种偏差与 Kalaiselvam 等人所得结果的偏差具有共性。造成计算结果与实验结果有所偏差的主要原因,在于所使用的 PCM 本身的性质。另一原因,PCM 在固相和液相等单相状态下的密度,也会随温度变化而发生变化,只不过没有相变过程的变化明显而已。

10.6 温跃层厚度的影响

为了便于叙述和分析,引入两个概念。当温跃层上界深度处的温度大于 PCM 的相变温度、温跃层下界深度处的温度小于 PCM 的相变温度时,作为第一种情况;当温跃层下界深度处的温度大于 PCM 的相变温度时,作为第二种情况。对于第一种情况,温跃层厚度进一步细分,即 PCM 相变温度对应的海洋深度与温跃层上界深度之差,称之为温跃层上厚度;温跃层下界深度与 PCM 相变温度对应的海洋深度之差,称之为温跃层下厚度,如图 10 - 13 所示。而对于第二种情况,可视为第一种情况中温跃层下厚度等于零的特例。

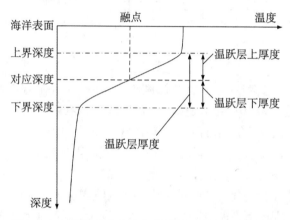

图 10 - 13 温跃层上厚度与温跃层下厚度定义示意图

10.6.1 温跃层上厚度的影响

不同海洋温跃层上厚度下预设的海洋温度剖面,如图 10 - 14 所示,其温跃层深度均为 74 m,强度均为 0.14℃/m,下厚度均为 10 m,而上厚度值分别为 90 m、80 m、

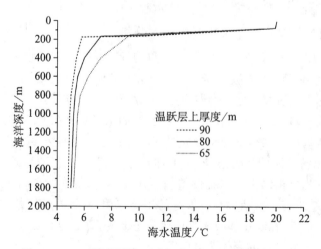

图 10 - 14 不同温跃层上厚度下预设的海洋温度剖面图

65m。由于温跃层深度相同,温跃层上界深度以上各曲线重合。随着上厚度减小,温跃层内海洋同深度处温度相对较低。又由于下厚度和强度保持不变,随着上厚度减小,温跃层厚度和温差也减小,因此,温跃层以下海洋同深度处温度又相对较高。图 10-15 为不同温跃层上厚度的温控水箱中实测温度随时间的变化曲线,与各预设的海洋温度剖面相对应。

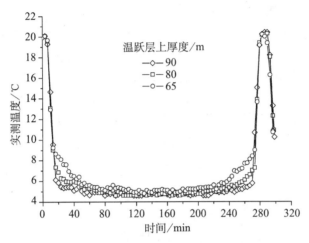

图 10-15　不同温跃层上厚度下实测温度随时间的变化曲线

　　图 10-16 为不同温跃层上厚度,分别由实测温度计算和利用实验测得液相 PCM 体积分数计算。图中表明,随着温跃层上厚度的减小,PCM 开始凝固的时间稍有提早,但是液相 PCM 体积分数的变化速度却减缓。这是由于温跃层上厚度较小时,温跃层内海洋同深度处温度相对较低,而温跃层以下海洋同深度处温度又相对较高。热滑翔机下潜时,能稍早地进入冷水层,PCM 也能较早地开始凝固过程,温跃层上厚度较小时,凝固过程缓慢;热滑翔机上浮时,较晚进入暖水层,PCM 也较晚开始融化过程。

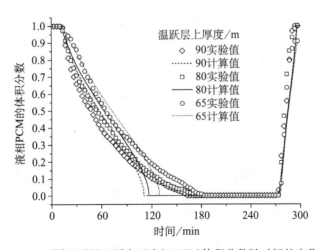

图 10-16　不同温跃层上厚度下液相 PCM 体积分数随时间的变化曲线

　　图 10-16 进一步表明,当温跃层上厚度小于某一值时,在温差能热机循环末,液相 PCM 体积分数开始小于 1.0,此值称为温跃层临界上厚度。当温跃层上厚度小于临界上厚度时,在温差能热机循环末,PCM 未能完全融化,温差能热机将无法正常循环工作。为了保证温差能热机有效工作,热滑翔机也必须在海洋表层暖水区停留一段时间。然而,这是不利于热滑翔机在海流区稳定运行的。

10.6.2　温跃层下厚度的影响

　　不同海洋温跃层下厚度下预设的海洋温度剖面,如图 10-17 所示。其温跃层深度均为 100 m,强度均为 0.1℃/m,上厚度均为 90 m,而下厚度值分别为 50 m、35 m、20 m。由于温跃层深度、强度、上厚度相同,在温跃层上厚度以上位置,各曲线重合。随着温跃层下厚度减小,温跃层厚度和温差也减小,因此温跃层上厚度以下海洋同深度处,温度相对较高。图 10-18 为不同温跃层下厚度处温控水箱中实测

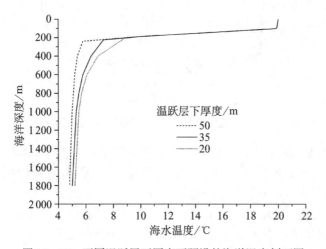

图 10-17　不同温跃层下厚度下预设的海洋温度剖面图

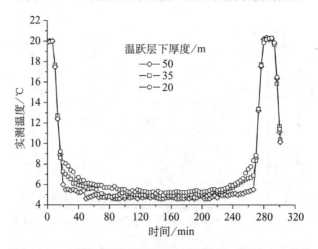

图 10-18　不同温跃层下厚度下实测温度随时间的变化曲线

温度随时间的变化曲线,与各预设的海洋温度剖面相对应。

图 10-19 所示为不同温跃层下厚度处,分别利用实测温度计算所得的和利用实验所得的液相 PCM 体积分数。图中表明,随着温跃层下厚度的减小,PCM 开始凝固的时间相同,但是液相 PCM 体积分数的变化速度却减缓。这是由于温跃层深度和上厚度均相同时,暖水层厚度也相同;温跃层下厚度较小时,海洋同深度处的温度却相对较高。热滑翔机下潜时同时进入冷水层,PCM 同时开始凝固过程,温跃层下厚度较小时凝固过程缓慢。此外,热滑翔机上浮时也同时进入暖水层,PCM 也同时开始融化过程。

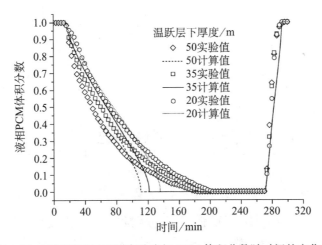

图 10-19　不同温跃层下厚度处液相 PCM 体积分数随时间的变化曲线

10.7　温跃层强度的影响

不同海洋温跃层强度下预设的海洋温度剖面如图 10-20 所示。其温跃层深度

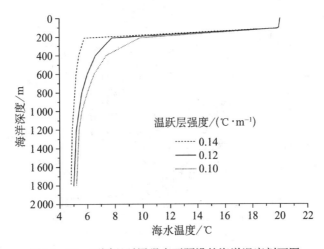

图 10-20　不同温跃层强度下预设的海洋温度剖面图

均为 110 m,厚度均为 100 m,而强度分别为 0.14℃/m、0.12℃/m、0.10℃/m。由于温跃层深度相同,温跃层上界深度以上各曲线重合。又由于温跃层厚度也相同,随着温跃层强度减弱则温差减小,因此温跃层以内及以下海洋同深度处温度相对较高。图 10-21 所示为不同温跃层强度下温控水箱中实测温度随时间的变化曲线,与各预设的海洋温度剖面相对应。

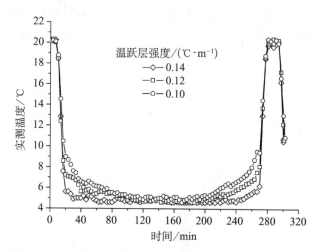

图 10-21　不同温跃层强度下实测温度随时间的变化曲线

图 10-22 所示为不同温跃层强度下,分别利用实测温度计算所得的和利用实验测得的液相 PCM 体积分数。图中表明,随着温跃层强度的减弱,PCM 开始凝固的时间稍有滞后,液相 PCM 体积分数的变化速度却明显减缓。这是由于温跃层深度和厚度均相同时,随着温跃层强度的减弱,温跃层上界深度以下海洋同深度处的温度相对较高。热滑翔机下潜至冷水层时,PCM 开始凝固的时间稍有滞后,并且之后的凝固过程明显缓慢。

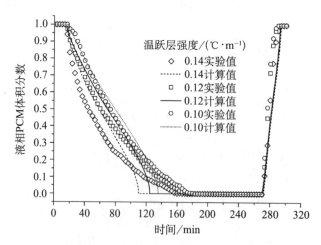

图 10-22　不同温跃层强度下液相 PCM 体积分数随时间的变化曲线

图 10-22 进一步表明,在 PCM 的凝固过程中,随着温跃层强度的增加,计算结果与实验结果之间的偏差增大,这是由于温跃层强度增加时,海水温度随海洋深度变化太快,在热滑翔机的下潜过程中,PCM 没有"感受"到快速变化的环境温度。

根据分析,可获得以下结论:

随着温跃层深度的减小,PCM 的凝固速度和融化速度基本保持不变。

随着温跃层厚度的减小或温跃层强度的减弱,PCM 的凝固速度减缓,但是融化速度无明显变化。

若要温差能热机正常地循环工作,所处的温跃层深度和上厚度须存在临界值。温跃层深度小于温跃层临界深度,或温跃层上厚度小于温跃层临界上厚度时,在温差能热机循环末,PCM 不能完全融化。在热滑翔机再次从暖水层进入冷水层开始一个新的循环之后,温差能热机将无法提供足够的浮力改变,也无法正常循环工作。为了保证温差能热机有效地工作,在热滑翔机再次从暖水层进入冷水层开始一个新的循环之前,热滑翔机必须在海洋表层稍事停留,以便 PCM 从温暖的海水中吸收热量而完全融化。

随着温跃层深度或上厚度的进一步减小,热滑翔机需要在海洋表层停留的时间就更加漫长。这时,热滑翔机也会在海洋表层强海流下随波逐流,姿态难以保持。其结果是,既浪费了控制能量,也浪费了浮力调节过程中所需的能量。

当然,海洋表层海水温度高、温跃层所在海洋位置很深时,温跃层深度和上厚度就不一定存在临界值。但是,在实际海洋环境下,海洋表层海水温度都不是很高,温跃层所在海洋位置也不是很深。这样,在实际应用中,以上结论对于水下热滑翔机的优化设计方案和控制策略,都具有重要的参考价值。

第11章　排水量和滑翔角对温差能热机性能的影响与改进

11.1　稳定滑翔速度

如前所述,水下热滑翔机周围温度场,对温差能热机的循环工作起着关键性作用;某些类型的温跃层,对温差能热机性能产生不利影响。海洋温跃层带来的不利影响,只能通过人为调节才能消除。经分析,不同滑翔速度和不同滑翔角度,会改变热滑翔机穿越海洋温跃层的路径,从而改变热滑翔机周围所处的温度场。此外,稳定滑翔速度又跟热滑翔机的排水量、滑翔角等参数有密切关系。现研究这种影响,并由此探索抵消温跃层对温差能热机性能负面影响的方法,以提高温差能热机的性能和热滑翔机的性能。

图 11-1 为滑翔机在垂直平面内稳定下潜和稳定上浮运动时的受力分析。图中 $m_0 g$ 为滑翔机净浮力(m_0 为滑翔机总质量与排水质量之差),D 为滑翔机所受的阻力,L 为滑翔机所受的升力,V 为滑翔机在垂直平面内的速度大小。θ 为俯仰角,昂艏为正,俯艏为负。α 为攻角,自 V 向 e_1 逆时针旋转为正,顺时针旋转为负。ξ 为滑翔角,定义为 $\xi = \theta - \alpha$,与 θ 同向。

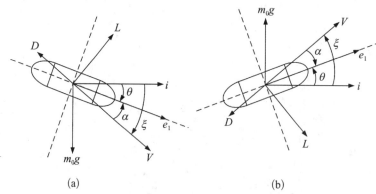

(a)　　　　　　　　　　　　　(b)

图 11-1　稳定滑翔过程中滑翔机的受力分析

(a)上行滑翔;(b)下行滑翔

根据图 11-1 所示,可得垂直平面内的力平衡方程:

$$|D| \cdot \cos|\alpha| - |L| \cdot \sin|\alpha| = |m_0| \cdot g \cdot \sin|\theta| \tag{11-1}$$

$$|D| \cdot \sin|\alpha| + |L| \cdot \cos|\alpha| = |m_0| \cdot g \cdot \cos|\theta| \tag{11-2}$$

由此可得:

$$|D| = |m_0| \cdot g \cdot \sin(|\theta| + |\alpha|) \tag{11-3}$$

根据 θ 和 α 方向的规定,可知两者方向相反,则上式可写成:

$$|D| = |m_0| \cdot g \cdot \sin|\theta - \alpha| = |m_0| \cdot g \cdot \sin|\xi| \tag{11-4}$$

由于 m_0 与 ξ 方向相反,而 D 始终为正,则式(11-4)可写成:

$$D = -m_0 \cdot g \cdot \sin\xi \tag{11-5}$$

Graver 曾把滑翔机所受的阻力表达成体积和形状的函数,并给出了最大水平速度的关系式。为了便于确定阻力系数,采用现有的热滑翔机模型,并类比海军系数法(Admiralty Coefficient),把滑翔机所受的阻力用下式表示:

$$D = C_D \Delta^{\frac{2}{3}} V^2 \tag{11-6}$$

式中:Δ——滑翔机处于中性浮力时的水下排水量,kg;

　　　C_D——阻力系数,根据现有热滑翔机的可用数据计算,其值约为 0.8。

将式(11-6)代入式(11-5)中,解得稳定滑翔速度为

$$|V| = \left(\frac{-m_0 \cdot g \cdot \sin\xi}{C_D \cdot \Delta^{\frac{2}{3}}} \right)^{\frac{1}{2}} \tag{11-7}$$

相应地,垂直方向的速度为

$$|V_Z| = \left(\frac{|m_0| \cdot g \cdot \sin|\xi|}{C_D \cdot \Delta^{\frac{2}{3}}} \right)^{\frac{1}{2}} \cdot \sin|\xi| \tag{11-8}$$

由式(11-7)、(11-8)可知,稳定滑翔速度及其分量取决于滑翔机净浮力、排水量和滑翔角等参数。下面的分析是假设温差能热机圆管尺寸已确定,并能够为热滑翔机提供恒定的体积变化。这样,只考虑排水量和滑翔角对温差能热机性能的影响就行。

11.2　排水量的影响

实验中预设的海洋温度剖面如图 11-2 所示。相应的温跃层深度为 64 m,厚度为 120 m,强度为 0.1 ℃/m。此外,滑翔机的运行深度取值为 1800 m,滑翔角的绝对值为 39°,滑翔机排水量分别为 31.6 kg、53.5 kg、72.7 kg。图 11-3 所示为不同滑翔机排水量下温控水箱中实测温度随时间的变化曲线。

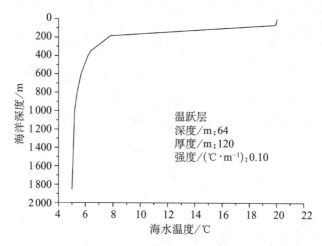

图 11-2 预设的海洋温度剖面图

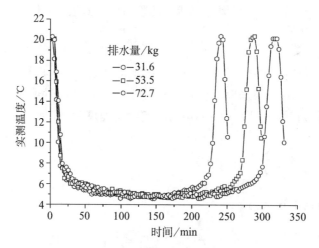

图 11-3 不同滑翔机排水量下实测温度随时间的变化曲线

图 11-4 为不同滑翔机排水量下,利用实测温度计算得到的和利用实验测得的液相 PCM 体积分数。图中表明,随着滑翔机排水量的减小,液相 PCM 体积分数由 1.0 变成小于 1.0 的时间提早,即 PCM 开始凝固的时间提早,且变化速度稍有加快。这是由于随着滑翔机排水量的减小,滑翔机垂直速度单调增加。滑翔机下潜时能较早地进入冷水层,上浮时又能较早地进入暖水层。相应地,PCM 可以较早地开始凝固,又能较早地开始融化。

图 11-4 还表明,当滑翔机排水量小于某一值时,在温差能热机循环末,液相 PCM 体积分数开始小于 1.0,此值称为滑翔机临界排水量。当滑翔机排水量大于或等于临界排水量时,在温差能热机循环末的液相 PCM 体积分数等于 1.0;当滑翔机排水量小于临界排水量时,在温差能热机循环末的液相 PCM 体积分数小于 1.0,且

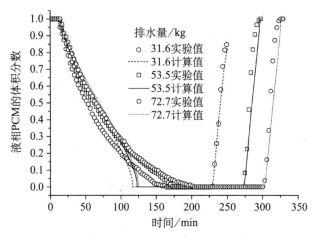

图 11 - 4　不同滑翔机排水量下液相 PCM 体积分数随时间的变化曲线

随滑翔机排水量的减小而进一步减小。这是因为,当滑翔机排水量小于临界排水量时,滑翔机垂直速度较大,在温差能热机循环末的 PCM 未能完全融化。在热滑翔机再次从暖水层进入冷水层、开始一个新的循环之后,温差能热机将无法提供足够的浮力改变,也无法正常循环工作。为了保证温差能热机有效地工作,在热滑翔机再次从暖水层进入冷水层、开始一个新的循环之前,热滑翔机必须在海洋表层停留,以便使 PCM 有足够的时间从温暖的海水中吸收热量,完全融化。这样,很不利于滑翔机穿越海流场,海洋表层的海流强度通常比海洋深处的海流强度大得多。

11.3　滑翔角的影响

在实验中预设的海洋温度剖面仍如图 11 - 2 所示。此外,滑翔机的运行深度取值为 1800 m,滑翔机排水量为 53.5 kg,而滑翔角的绝对值分别为 45°、39°、36°、30°。图 11 - 5 所示为不同滑翔角绝对值下温控水箱中实测温度随时间的变化曲线。

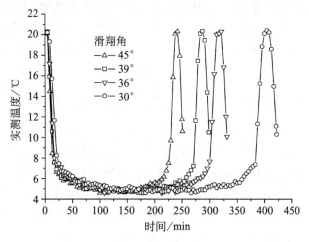

图 11 - 5　不同滑翔角下实测温度随时间的变化曲线

图 11-6 为不同滑翔角绝对值下,分别利用实测温度计算得到的和利用实验测得的液相 PCM 体积分数。图中表明,随着滑翔角绝对值的增加,PCM 开始凝固的时间提早,液相 PCM 体积分数的变化速度稍有增加。原因在于,随着滑翔角绝对值的增加,滑翔机垂直速度单调增加。滑翔机下潜时能较早地进入冷水层,上浮时又能较早地进入暖水层。相应地,PCM 可以较早地开始凝固过程,又能较早地开始融化过程。

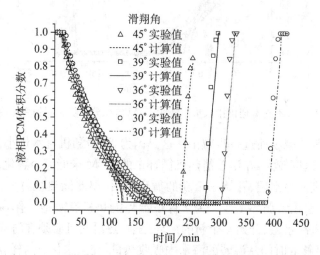

图 11-6　不同滑翔角下液相 PCM 体积分数随时间的变化曲线

图 11-6 进一步表明,当滑翔角绝对值大于某一值时,在温差能热机循环末,液相 PCM 体积分数开始小于 1.0,此值称为临界滑翔角绝对值。当滑翔角绝对值小于或等于临界滑翔角绝对值时,在温差能热机循环末的液相 PCM 体积分数等于1.0;当滑翔角绝对值大于临界滑翔角绝对值时,在温差能热机循环末的液相 PCM体积分数小于 1.0,且随滑翔角绝对值的增加而进一步减小。原因是,当滑翔角绝对值大于临界滑翔角绝对值时,滑翔机垂直速度较大,在温差能热机循环末时,PCM未能完全融化,温差能热机将无法正常循环工作。为了保证温差能热机有效工作,热滑翔机必须在海洋表层暖水区停留一段时间,这样,又不利于热滑翔机在海流区稳定运行。

11.4　温差能热机性能及热滑翔机性能改进

综合前面的分析可知,当海洋温跃层深度、上厚度和滑翔机排水量小于相应的临界值时,或当滑翔角绝对值大于相应的临界值时,温差能热机将无法正常循环工作。为了保证温差能热机有效工作,不得不在热滑翔机从暖水层进入冷水层之前,让热滑翔机在海洋表层稍事停留。这样,又会遭遇海洋表层强海流的冲击,这是滑翔机运行过程中主要的受限因素。因此,热滑翔机的运行目标,不仅要保证温差能热机有效工作,还要保证热滑翔机具有连续的水平运动分量。

　　从前面的分析可知,减小滑翔机的排水量或增大滑翔角的绝对值,都会增加滑翔机的垂直速度,其对温差能热机性能的影响等效于减小海洋温跃层的深度或厚度;反过来,增加滑翔机的排水量或减小滑翔角的绝对值,都会减小滑翔机的垂直速度,其对温差能热机性能的影响等效于增加海洋温跃层的深度或厚度。因此,当海洋温跃层深度或厚度较小时,即当暖水层较薄时,可以在热滑翔机的设计过程中增加其排水量或在运行过程中减小其滑翔角绝对值,以消除海洋温跃层对温差能热机性能的不利影响,达到改进温差能热机性能和热滑翔机性能的目的。

　　如图 11-7 所示,当滑翔机的排水量和滑翔角的绝对值分别为 53.5 kg 和 39°时,温跃层所在海洋位置较浅(温跃层深度为 54 m,厚度为 120 m,强度为 0.1 ℃/m),在温差能热机循环末的液相 PCM 体积分数小于 1.0。分别增加滑翔机的排水量、减小滑翔角的绝对值,在温差能热机循环末,可使液相 PCM 体积分数能够达到 1.0。这样,既可以保证温差能热机有效工作,还可以保证热滑翔机具有连续的水平运动分量,使得热滑翔机的性能得到提高。

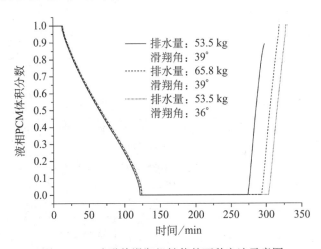

图 11-7　改进热滑翔机性能的两种方法示意图

　　增加滑翔机排水量,致使滑翔机所受的阻力增加,在滑翔机净浮力保持不变的情况下,即在推进动力保持不变的情况下,滑翔机的垂直速度也减小。从实现热滑翔机运行目标的角度来看,这是所希望的。同时,增加滑翔机排水量也相应地增加了滑翔机的体积,滑翔机耐压壳体内有更大的空间来携带更多的电池组、海洋监测传感器等有效载荷。此外,为了达到同样的性能改进目的,滑翔机的排水量改变较大,而滑翔角只需微调即可。这时,可以优先考虑调节滑翔角。

　　进一步分析可知,增加温差能热机管内 PCM 与热滑翔机周围海水之间的温差,可以提高传热率。因此,在 PCM 的凝固过程中,热滑翔机应以较大的滑翔角快速进入海洋深层冷水区,以扩大传热温差;在 PCM 的融化过程中,热滑翔机也应以较大的滑翔角度快速进入海洋表层暖水区,以扩大传热温差。而在整个滑翔过程中,通过减小滑翔角度来改进热滑翔机的性能,不是最理想的方法。据上分析,要改进热滑翔机性能,更好的方法是在海洋深层冷水区和表层暖水区,热滑翔机以较小的滑翔角度运行;而在海洋深层冷水区和表层暖水区之间的过渡区域,热滑翔机以较大的滑翔角度运行。

　　如图 11-8 所示,在整个滑翔过程中,当热滑翔机以 45°的滑翔角绝对值运行时,温差能热机无法正常循环工作。通过在 200 m 以上和 1 000 m 以下的海洋深度时,将滑翔角绝对值从 45°调整到 35°,而在 200 m 到 1 000 m 之间的海洋深度仍然保持滑翔角绝对值为 45°,如图 11-9 所示。这样就保证了温差能热机有效工作,同时也保证了热滑翔机的连续水平运动以抵抗海流,提高了热滑翔机的总体性能。

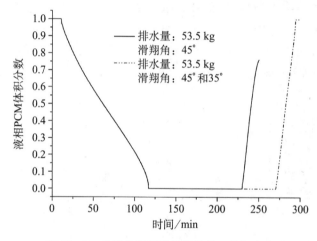

图 11-8　改进热滑翔机性能的另一种好方法

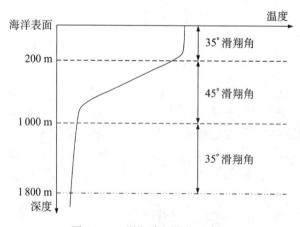

图 11-9　滑翔路径优化示意图

　　此外,相对图 11-7 中应用单一调节滑翔机排水量和滑翔角绝对值的方法而言,图 11-8 中应用的方法还缩短了 PCM 相变时间和温差能热机循环时间。其主要原因是,热滑翔机能快速地到达、并且时间相对较长地运行于海洋深层冷水区和表层暖水区,扩大了 PCM 与海水之间的传热温差,提高了传热率,进一步提高了热滑翔机的性能。

根据以上分析讨论,可获若干结果:

随着滑翔机排水量的减小或滑翔角绝对值的增加,PCM 开始凝固的时间提早,凝固速度稍有增加,融化速度并没有明显变化。

对于温差能热机的正常循环工作,滑翔机的排水量和滑翔角绝对值存在临界值。当滑翔机排水量小于滑翔机临界排水量或滑翔角绝对值大于临界滑翔角绝对值时,在温差能热机循环末,PCM 来不及完全融化,温差能热机将无法正常循环工作。为了保证温差能热机有效工作,热滑翔机必须在海洋表层暖水区稍事停留,但是,这是不利于热滑翔机在海流区稳定运行的。

通常,海洋表层的海流强度比海洋深处的海流强度大得多,而海流又是限制滑翔机稳定运行的主要因素之一。因此,热滑翔机的运行不仅要保证温差能热机有效工作,还要保证热滑翔机具有连续的水平运动分量。

减小滑翔机的排水量或增大滑翔角的绝对值,都会增加滑翔机的垂直速度。对于温差能热机性能的影响而言,等效于减小海洋温跃层的深度或厚度。反之,增加滑翔机的排水量或减小滑翔角的绝对值,都会减小滑翔机的垂直速度。对温差能热机性能的影响而言,等效于增加海洋温跃层的深度或厚度。

当海洋温跃层深度或厚度较小时,即当暖水层较薄时,在热滑翔机的设计中可以增加其排水量,或是在运行过程中减小其滑翔角绝对值,以消除海洋温跃层对温差能热机性能的不利影响。这样,就能达到改进温差能热机性能和热滑翔机性能的目的。为了实现同样的性能改进,滑翔机排水量改变的幅度较大,滑翔角需要的调节幅度很小。由此,优先考虑调节滑翔角为宜。

改进热滑翔机性能的一种更好的方法,是在海洋深层冷水区和表层暖水区,热滑翔机以较小的滑翔角度运行;而在海洋深层冷水区和表层暖水区之间的过渡区域,热滑翔机应该以较大的滑翔角度运行。该方法还缩短了 PCM 相变时间和温差能热机循环时间,进一步提高了热滑翔机的性能。

第12章　滑翔机运行的路径和优化

动力系统储能材料的相变,受制于多种因素。在相变动力系统的结构尺寸及材料已经确定的前提下,外界海水温度成为影响相变工质体积变化率及相变时间的主要因素。

滑翔机在水下运行时,潜深不断变化,外界海水的温度也不断变化;在不同海域,海水的温度分布不尽相同。为了研究滑翔机在不同海洋温跃层的工作特性,就要研究在不同海洋温跃层中的储能材料的相变特性,进而得到滑翔机在冷、暖海水层间的停留时间、储能材料的体积膨胀率、储能材料的相变时间。最终,为动力系统的阀门控制和滑翔机的姿态调整提供确切的依据。

海水的温度随着深度变化的同时,海水的黏度也在变化。为了问题的简化,假设动力装置储能管是水平放置的,海水与储能管的换热系数是恒定不变的。

12.1　滑翔机运行路径的特征

12.1.1　滑翔机水下循环中相变材料的状态

热滑翔机运行的初始时刻,滑翔机漂浮在水面。这时,动力系统储能装置中的相变材料处于液态,初始温度等于海面上海水的温度。

在滑翔机下潜行程中,外界的海水温度逐渐降低。当海水温度低于相变温度时,储能工质开始发生凝固,由液态变为固态,体积收缩。

当滑翔机运动到最低点时,相变材料处于凝固状态,体积达到最小。调节浮力大小,滑翔机开始上浮行程。当外界海水温度等于或高于相变温度时,储能工质开始融化,由固态变为液态,体积膨胀。当滑翔机上升到水面,相变材料完全融化,处于液态,完成一个循环。

为了保证滑翔机在水下正常运行,应按具体海域的温度分布,选择适当的相变材料,确定相变材料的体积变化率。在设计中,应将滑翔机设计成在冷暖水层的停留时间能够完成设定的循环。

12.1.2　不同滑翔潜深的相变过程

海水层的温度垂直梯度大于深水跃层的临界值,属于温跃层。该海水层的顶部水深为跃层上界,该海水层的厚度为跃层厚度,该海水层的整个垂直温度梯度,就定义为跃层强度。

　　不同的海洋温跃层,温度分布不同,在其间运行的滑翔机,必须预先设定在冷水层、暖水层内的停留时间,目标是使得相变材料能够完成相变的全过程。

　　现以稳定的深海跃层型温跃层为对象,研究滑翔机在其间运行时的动力系统工作过程。温跃层的数据采集于赤道附近海域,温度分布见图 12-1(a);经分段函数拟合后的曲线见图 12-1(b)。

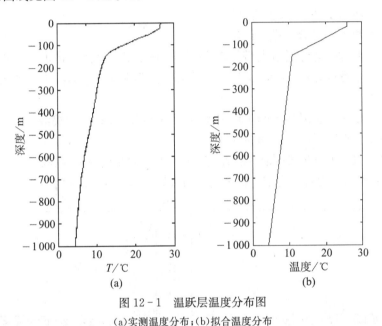

图 12-1　温跃层温度分布图
(a)实测温度分布;(b)拟合温度分布

　　式(12-1)为温度随深度变化的函数,深度 z,单位为 m;温度 T,单位为℃:

$$\begin{cases} T = 26 & z \leqslant 20 \\ T = 26 - 0.115(z-20) & 20 < z \leqslant 150 \\ T = 11 - 0.008(z-150) & 150 < z < 1000 \\ T = 4.2 & z \geqslant 1000 \end{cases} \qquad (12-1)$$

　　设计滑翔机处于中性浮力状态,最大体积变化量为 350 ml。参照刘永宽的"未来十年全球无人无缆自主式潜水器的发展趋势"推荐,滑翔机结构采用 3 根外置式长圆柱管作为滑翔机动力装置储能管,如图 12-1(a)所示。储能管的尺寸为直径 0.03 m,长 1.6 m,总传热面积 0.45 m²,总体积为 3393 ml。

　　以正十六烷为相变材料,储能管沉浸于海水中,忽略管与机体及管与管之间的传热影响,假设各管与外界海水的传热性能相同。因此,可以仅取其中一根管进行相变传热分析。

　　滑翔机以 0.25 m/s 的速度稳定运行在赤道附近海域的温跃层间。由于海洋温跃层的温差不大,对于对流换热系数的影响不明显,取海水的平均温度为 15℃,由计算得到对流换热系数为 297 W/m² · K。

根据赤道附近海域的温度分布,离水面 96 m 处的海水温度恰好等于正十六烷的相变温度。也就是说,离水面 96 m 处的海水层是冷暖水层的分界面。当滑翔机在从水面到水下 96 m 之间水域运行时,相变过程为融化过程;当滑翔机在离水面 96 m 以下的水域运行时,相变过程为凝固过程。

在初始时刻,滑翔机处于正浮力状态,浮于水面。贮能装置中的十六烷的初始温度等于水面温度 26℃,处于液态。

对以下两种工况分别进行讨论:

(1) 当滑翔机运行到最大潜深时,十六烷正好完全凝固。借助浮力的改变,滑翔机开始上浮行程,到达水面后,完成一个循环。随后,再借助浮力的改变,开始新的下潜过程。

图 12-2 显示了滑翔机的工作过程,给出了滑翔潜深、十六烷液相分数、中心温度和体积变化率随时间变化的曲线。

图 12-2(a)为滑翔机的潜深随着运行时间变化的曲线,从滑翔机下潜到最大深度后返回水面组成一循环。完成一循环所需的时间为 193 min,最大潜深为 1215 m。

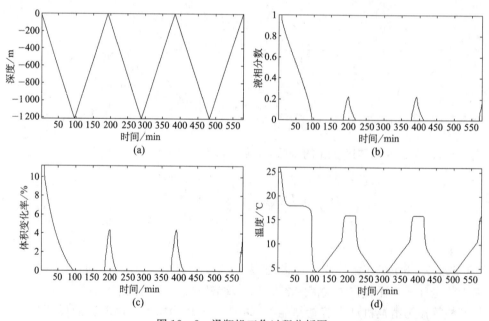

图 12-2　滑翔机工作过程分析图

(a)滑翔机潜深随时间的变化曲线;(b)液相分数随时间的变化曲线;
(c)十六烷体积变化率随时间的变化曲线;(d)容器中心温度随时间的变化曲线

图 12-2(b)显示了滑翔机运行过程中相变材料的液相分数随时间变化的曲线。第一个下潜行程中,在初始时刻,相变材料的液相分数等于 1。当滑翔机运行到冷暖水层分界面以下时,外界海水温度稍低于相变温度,十六烷开始凝固。滑翔机在这段行程内,十六烷保持液态,液相分数等于 1。随着潜深的增大,海水温度降低,液相

分数逐渐减小,到达最大潜深处,液相分数为 0,十六烷完全凝固。

调节浮力大小,滑翔机开始上浮。在滑翔机运行到冷暖水层分界面之前,海水温度小于相变温度,十六烷保持固态,液相分数等于 0。滑翔机继续上浮,当海水温度稍高于相变温度时,十六烷开始融化。当滑翔机到达水面时,液相分数为 0.17,十六烷只是部分融化。

这时,滑翔机又开始下潜行程,在到达冷暖水层分界处的这段行程内,外界海水温度都高于相变温度,十六烷继续融化,液相分数达到 0.22。滑翔机再下潜,海水温度低于相变温度,十六烷开始凝固。同样的行程,只有 22% 的十六烷为液态,只需要 22 min 就可完全凝固。在随后的下潜行程中,十六烷都保持固态。在接下来的几个循环中,十六烷的液相分数都在 0.22 和 0 之间变化。也就是说,只有 22% 的材料参与相变。

图 12-2(c) 是十六烷的体积变化率随时间的变化曲线。由图可见,在初始时刻,十六烷体积处于最大膨胀状态。随着滑翔机下潜,在液相分数保持为 1 的一段行程内,体积变化率保持不变。当海水温度降低到相变温度以下时,体积开始收缩,直到十六烷完全凝固,体积达到最小。在上浮的一段行程内,外界海水的温度仍低于十六烷的相变温度。这样,在很长一段时间内,十六烷都是固态,体积保持不变。当滑翔机运行到水面时,只有部分十六烷融化,体积膨胀率为 3.9%。在随后的几个循环中,体积变化率都在 0 到 4.4% 之间变化。

图 12-2(d) 给出了容器中心温度随时间的变化曲线。由图可见,在初始时刻,十六烷的温度等于外界海水的温度。随着潜深的增加,外界海水温度降低,通过导热,十六烷放出显热,温度也随着降低。直到温度低于相变温度后,十六烷开始凝固,在完全凝固前,温度保持不变。

滑翔机在运行到最大潜深后,十六烷恰好完成凝固过程,在上浮的一段行程内,十六烷的温度仍高于外界海水的温度,十六烷继续放出热量,温度迅速降低。随后,十六烷的温度随着外界海水温度升高而升高。当海水温度超过相变温度时,开始融化过程,十六烷温度保持不变。

到达水面后,滑翔机开始新的下潜行程,十六烷处于部分融化状态。外界海水温度仍高于相变温度,十六烷继续融化,温度等于相变温度,保持不变。当海水温度低于相变温度时,十六烷放出热量,开始凝固过程。

从图 12-2(d) 可见,部分融化的相变材料完全凝固后,十六烷的温度与外界海水温度相同。在接下来的循环中,十六烷的温度在相变温度与最低温度之间的区间内变化。

由以上分析可知,十六烷材料的利用率很低,只有 22% 的十六烷发生相变,最大体积膨胀率只有 4.4%,不能按照初始时设定的体积膨胀率进行循环。这样,滑翔机在水下不能稳定地运行。

(2) 当滑翔机运行到最大潜深时,十六烷正好完全凝固,立即调节浮力大小,开始上浮行程,到达水面后,停留一段时间,待十六烷完全融化后开始新的循环。

图 12-3 显示了滑翔机的工作过程,以及滑翔潜深、液相分数、体积变化率和十六烷中心温度随时间的变化曲线。其中,图 12-3(a)为滑翔机的潜深随运行时间变化的曲线,十六烷完成凝固和融化过程为一循环,所需的时间为 284 min,最大潜深为 1215 m,滑翔机在水面停留的时间约为循环时间的 1/3。

图 12-3(b)显示了运行过程中,十六烷的液相分数随时间变化的曲线。在下潜行程中,液相分数的变化情况与工况 1 相同。当滑翔机运行到最大潜深处时,十六烷完全凝固。调节浮力大小,滑翔机开始上浮。在滑翔机到达冷暖水层分界面之前,海水温度小于相变温度,十六烷保持固态,液相分数为 0。由图可见,十六烷保持固态的时间相当长,将近 100 min。

随着滑翔机继续上浮,海水温度升高,十六烷开始融化,液相分数逐渐增大,到达水面时,液相分数为 0.17,十六烷只有部分融化。滑翔机需在水面停留一段时间,让十六烷完全融化,当液相分数变为 1 时,调节浮力大小,开始新的循环。

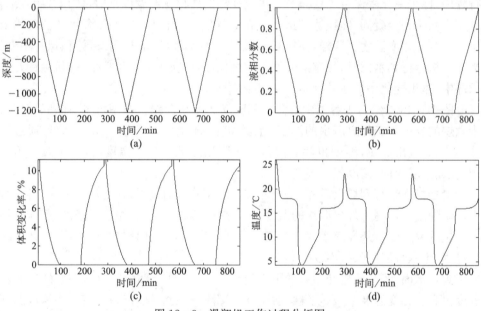

图 12-3　滑翔机工作过程分析图

(a)滑翔机潜深随时间的变化曲线;(b)液相分数随时间的变化曲线;
(c)十六烷体积变化率随时间的变化曲线;(d)容器中心温度随时间的变化曲线

图 12-3(c)给出了十六烷体积变化率随运行时间的变化曲线。当十六烷开始凝固后,体积收缩,直到十六烷完全凝固,体积达到最小。在上升的一段行程内,液相分数为 0,十六烷为固态,体积保持不变。

在十六烷开始融化时,体积膨胀,直到十六烷完全融化,体积达到最大。融化过程在蓄能器压力的作用下,体积膨胀率略小于体积收缩率。

图 12-3(d)给出了容器中心温度随时间的变化曲线。由图可见,十六烷完全融化后,中心温度并未达到外界水温,有利于减小下一循环的显热释放,缩短凝固所需的时间。滑翔机在这种工况下运行,虽然可以按设定的体积膨胀率来完成循环,稳定工作,但是,在运行过程中,闲置行程的时间过长,滑翔机的能量获取效率不高。

12.1.3　滑翔路径的优化

根据以上分析,滑翔机在上浮过程的相当长的一段行程中,水温低于相变温度,十六烷保持为固态,这段行程为闲置行程。若减小滑翔潜深,滑翔机在上浮行程中到达冷、暖水层分界面之前,外界的海水温度仍低于相变温度,十六烷可以继续凝固,那么,可利用这段闲置行程,缩短每个循环所需的时间,提高蓄放热的效率。

图 12-4 显示了优化后的滑翔机工作过程,给出了滑翔潜深、液相分数、体积变化率和十六烷中心温度随时间变化的曲线。新设计的潜深随运行时间的变化曲线如图 12-4(a)所示。由图可知,最大潜深为 755 m,完成一次循环所需的时间为 204 min,比未优化前的循环时间缩短了 80 min。

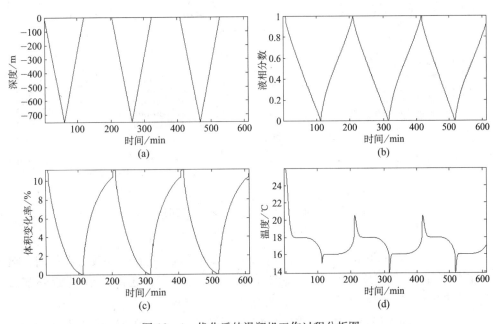

图 12-4　优化后的滑翔机工作过程分析图

(a)滑翔机潜深随时间的变化曲线;(b)液相分数随时间的变化曲线;
(c)十六烷体积变化率随时间的变化曲线;(d) 容器中心温度随时间的变化曲线

图 12-4(b)显示了运行过程中十六烷的液相分数随时间变化的曲线。当滑翔机运行到最大潜深处时,十六烷未完全凝固。在滑翔机向上运行的过程中,海水温度仍低于相变温度,十六烷继续凝固。当滑翔机运行到冷暖水层分界面时,十六烷恰好完全凝固。滑翔机继续运行,十六烷开始融化,液相分数由零逐渐增大。当滑

翔机运行到水面时,液相分数为 0.177,十六烷部分融化。当滑翔机向下运行到冷暖水层分界面时,十六烷恰好完成融化过程,液相分数等于 1。

图 12-4(c)为体积变化率随运行时间的变化曲线。由图可见,凝固过程体积收缩,体积收缩率在 0 到 11.12% 之间变化;融化过程体积膨胀,体积膨胀率在 0 到 10.42% 之间变化。

图 12-4(d)为容器中心温度随时间的变化曲线。在初始时刻,十六烷的中心温度等于外界海水温度,稳定运行后,中心温度在 13~20℃ 之间变化,减少了融化和凝固开始前显热的吸收和释放。

根据以上分析,优化后的循环,滑翔机能够按相变材料的最大体积膨胀率来完成循环,并且可以稳定地运行,缩短了循环时间,提高了动力系统的工作效率。

图 12-5 显示了在下潜凝固过程中,当运行时间分别为 20min、40min、60min、80min、100min 时,沿圆柱形容器径向的温度分布。图 12-5(a)为未优化的行程,图 12-5(b)为优化后的行程。

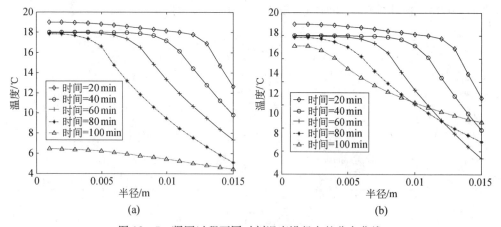

图 12-5　凝固过程不同时刻温度沿径向的分布曲线
(a)未优化的行程;(b)优化后的行程

当运行时间为 20min、40min、60min 时,两者不同半径处的温度分布相同。随着潜深增加,海水温度降低,十六烷温度由圆柱中心沿径向逐渐减小,靠近外壁面处,温度低于相变温度,部分十六烷已经凝固。

当运行时间为 80min 时,滑翔机已向上运行,从图 12-5(b)可以看出,与 60min 时的曲线相比,外壁面处的温度已随外界海水温度升高而升高,但仍低于相变温度,中心处未凝固的十六烷继续放热凝固。

当运行时间为 100min 时,从图 12-5(a)可以判断,十六烷已经完全凝固,且温度低于相变温度。从图 12-5(b)可以看出,外壁面处的温度继续升高,圆柱中心处仍有部分未凝固的十六烷。

由径向温度变化图可以得出,滑翔机按优化路径运行,在上升行程中,十六烷仍继续凝固,缩短了凝固行程所需的时间,提高了循环效率。

图 12 - 6 显示了上浮融化过程中沿圆柱形容器径向的温度分布。图 12 - 6(a)为未优化的行程,图 12 - 6(b)为优化后的行程。

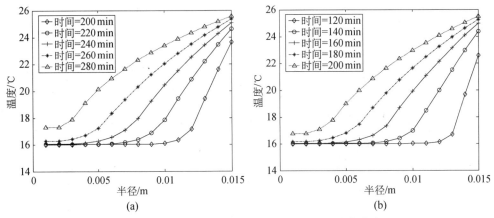

图 12 - 6　融化过程不同时刻温度沿径向的分布曲线

(a)未优化的行程;(b)优化后的行程

两图温度分布几乎相同,图 12 - 6(a)的运行时间为 200 min、220 min、240 min、260 min、280 min,图 12 - 6(b)的运行时间分别为 120 min、140 min、160 min、180 min、200 min,从中可以看出,未优化的融化过程比优化的融化过程滞后 80 min。

12.2　不同体积膨胀率下的滑翔行程

十六烷完全融化的体积膨胀率可达到 10.42%。在图 12 - 1 所示的温跃层间运行的滑翔机,完成一个循环历时 204 min,潜深达 755 m。根据十六烷的体积变化规律,利用初始阶段其体积变化率较快的特点,让十六烷部分融化,可以缩短循环时间。而且,滑翔机的动力系统在运行过程中,由于管路、阀门、蓄能器等摩擦阻力损失,工作一段时间后,滑翔机的外胆体积达不到初始时刻的变化量,需预留一部分未参与相变的十六烷,以补偿能量损失。

分别设定十六烷的体积变化率占总体积变化率的 50%、60%、70%、80%、90%、100%,对滑翔机水下运行过程进行模拟。图 12 - 7 显示了当体积变化率占总体积变化率的 50%时,滑翔潜深、十六烷的液相分数和体积变化率随时间的变化曲线。由图中可见,当滑翔机运行到最大潜深 270 m 时,十六烷的体积变化率达到 5.6%,占总体积变化率的 50%。经过几个循环后,体积变化率能按设定值连续变化,滑翔机能够稳定地工作。

整个相变过程处于体积变化速率较快的阶段,只需 58 min 即可完成一个循环。液相分数在 0.69~1 之间变化,说明只有 30%的十六烷参与相变,剩余 70%的十六烷可以作为备用,以补偿滑翔机长时间运行的能量损失,延长滑翔机工作寿命。

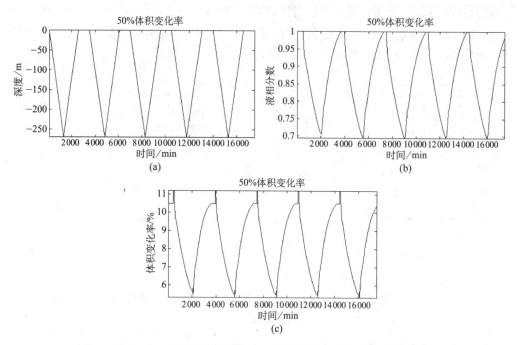

图 12-7　体积膨胀率为 50％时的滑翔机工作过程分析图

(a)滑翔机潜深随时间的变化曲线；(b)液相分数随时间的变化曲线；
(c)十六烷体积变化率随时间的变化曲线

以总体积为 5L 的液态十六烷为研究对象。表 12-1 给出了不同体积变化率对应的运行参数。表中功率的计算式为 $\dfrac{p \cdot \Delta V}{t}$。其中，压力等于最大潜深处外界海水的压力；$\Delta V$ 为体积变化量；t 为每次循环时间。

表 12-1　不同体积膨胀率的行程比较

体积膨胀率/％	体积膨胀率减小量/％	液相分数	潜深/m	潜深减小量％	循环时间/s	时间减小量％	功率/W	功率减小量％
5.21	50	0.69～1	270	64	3 500	71	0.2	38
6.276	40	0.63～1	320	58	4 510	63	0.22	30
7.294	30	0.53～1	400	53	5 860	52	0.25	22
8.336	20	0.39～1	510	32	8 100	34	0.26	31
9.378	10	0.27～1	600	21	9 800	20	0.29	10
10.42	0	0～1	755	0	12 250	0	0.32	0

从表中可以看出，随着体积变化率的减小，滑翔潜深与循环时间都明显减小，功率也随着减小，但变化不明显。当体积膨胀率减小 50％时，滑翔潜深减小 64％，循环时间减小 71％，功率只减小 38％。

滑翔机潜深的减小,意味着整个机体在水下所承受的压力减小,有利于降低滑翔机的制造成本和延长使用寿命。每次循环时间缩短,有利于滑翔机从温跃层迅速补充能源。但是,体积膨胀率的减小,也意味着净浮力的减小。因此,对不同的温跃层温度分布,应根据滑翔机的具体运行状态参数,合理设计滑翔机的滑行潜深和工质的体积变化率,以保证滑翔机能够长时间稳定运行。

12.3　不同温跃层间的滑翔行程

根据 12.2 节分析,滑翔机在不同的水域运行。由于不同水域的温度分布不同,导致滑翔机运行的行程也有所不同。现对滑翔机在不同区域的温跃层间的运行过程进行模拟分析。

浅跃层型的温度分布以千岛湖和抚仙湖水域为例,深跃层型的温度分布以西太平洋海域不同纬度处的温度分布为例。这里主要讨论跃层厚度和强度对滑翔路径的影响。

12.3.1　浅跃层间的运行

图 12-8 是根据王树新等在"温差能驱动的水系滑翔器设计与实验研究"中给出的千岛湖水域实测温度分布,进行拟合,而得到的曲线图。图 12-9 是根据罗松等在"抚仙湖各个月份的温度剖面"中给出的云南抚仙湖水域实测温度分布,进行拟合,而得到的曲线图。

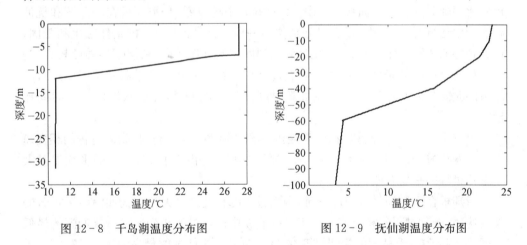

图 12-8　千岛湖温度分布图　　　　　　　图 12-9　抚仙湖温度分布图

两湖的温度分布可以看作近海海域的温度分布,属于浅跃层型温跃层。温跃层上界深度和跃层厚度比较小,跃层强度比较大。千岛湖温度在 $10\sim28℃$ 之间变化,抚仙湖温度在 $5\sim24℃$ 之间变化。

式(12-2)为千岛湖温度随深度变化的函数,深度 z,单位为 m;温度 T,单位为℃:

$$\begin{cases} T = 27.3 & 0 \leqslant z \leqslant 7 \\ T = 46.6 - 3z & 7 < z \leqslant 12 \\ T = 11 - 0.008(z - 150) & 12 < z < 31.5 \end{cases} \quad (12-2)$$

式(12-3)为抚仙湖温度随深度变化的函数,深度 z,单位为 m;温度 T,单位为℃:

$$\begin{cases} T = 23.2 - 0.038z & 0 \leqslant z \leqslant 11 \\ T = 24.05 - 0.12z & 11 < z \leqslant 20 \\ T = 27.7 - 0.3z & 20 < z \leqslant 40 \\ T = 38.35 - 0.57z & 40 < z \leqslant 60 \\ T = 5.83 - 0.025z & 60 < z \leqslant 100 \end{cases} \quad (12-3)$$

　　为了简化计算,滑翔机的结构尺寸和边界条件与 6.3.2 节中相同,对滑翔机运行在以上两种温跃层间的工作过程进行模拟分析。当滑翔机在较浅的水域中运行时,从暖水层运行到冷水层的时间很短,相变材料只有部分发生相变,如千岛湖,最大潜深为 32 m,从水面运行到最大潜深的时间仅需 152 s。同样,滑翔机从冷水层运行到暖水层的时间也很短,不能按预定的体积变化率完成相变。因此,在滑翔机的运行过程中,需在冷水层和暖水层停留一段时间,使相变材料能够按所要求的体积变化率进行相变,保证滑翔机能够在水下稳定运行。

　　通过计算模拟和优化设计,图 12-10 显示了滑翔潜深、相变材料液相分数及体积变化率随时间变化的曲线。从图 12-10(a)中可以看出,滑翔机在千岛湖和抚仙湖水域中运行时,需在冷、暖水层分别停留一段时间,让相变材料充分融化和凝固,达到预定的体积变化率。其中,抚仙湖的温跃层厚度比较薄,跃层下界温度较高,为了让相变材料能够完全凝固,滑翔机在冷水层停留的时间比在千岛湖水域中运行时停留的时间长。而它的跃层上界最高温度比千岛湖的高,在暖水层的停留时间比较短。

　　由图 12-10(b)也可以看到,滑翔机在千岛湖水域中运行时,凝固过程的相变速率大于融化过程的相变速率。原因是,凝固过程中,相变材料与外界的平均温差大于融化过程的平均温差。

　　滑翔机在千岛湖水域中运行时,凝固过程的相变速率大于在抚仙湖中运行时的相变速率,融化过程的相变速率小于在抚仙湖中运行时的相变速率。抚仙湖的最低温度可达到 5℃,千岛湖的最低温度在 11℃左右。抚仙湖的最高温度为 27.3℃,千岛湖的最高温度为 23.2℃。两种水域的跃层厚度都比较薄,凝固过程主要发生在冷水层停留段,融化过程主要发生在暖水层停留段。所以,相变速率的快慢主要取决于温跃层上界的温度和下界的温度。

　　对于浅跃层型的温跃层,滑翔机穿越温跃层的时间很短,所以跃层强度对动力系统工作过程影响很小,温跃层上界和下界的温度对动力系统工作过程影响较大。上界温度越高,下界温度越低,滑翔机在冷暖水层停留的时间越短。实际应用中,应

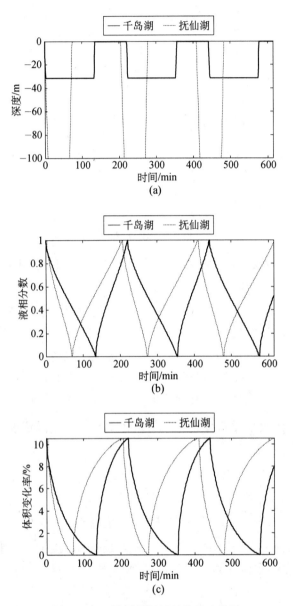

图 12 - 10　浅跃层间运行路径比较图

(a)滑翔机潜深随时间的变化曲线；(b)液相分数随时间的变化曲线；
(c)十六烷体积变化率随时间的变化曲线

根据具体的温跃层温度分布，来设计滑翔机的行程和冷暖水层的停留时间。

12.3.2　深海跃层间的运行

图 12 - 11 是根据 P. Ogren 等人的文献资料，对西太平洋海域不同纬度处的温度分布拟合得到的曲线图。西太平洋海域长年具备较稳定的温跃层，属于深水跃层

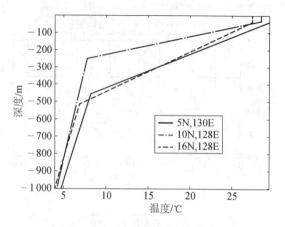

图 12 - 11　太平洋海域温度分布图

型温跃层。跃层上界较浅,大约为 40m;跃层下界较深,可达到 1000m。跃层强度较弱,温度在 4～28℃之间变化。

式(12-4)为西太平洋海域北纬 5°、东经 130°的温度随深度变化的函数,深度 z,单位为 m;温度 T,单位为℃:

$$\begin{cases} T = 29.5 & 0 \leqslant z \leqslant 38 \\ T = 31.44 - 0.051z & 38 < z \leqslant 457 \\ T = 11 - 0.0062z & 457 < z < 1000 \end{cases} \quad (12-4)$$

式(12-5)为西太平洋海域北纬 10°、东经 128°的温度随深度变化的函数,深度 z,单位为 m;温度 T,单位为℃:

$$\begin{cases} T = 28.5 & 0 \leqslant z \leqslant 33 \\ T = 31.6 - 0.095z & 33 < z \leqslant 250 \\ T = 9 - 0.0048z & 250 < z < 1000 \end{cases} \quad (12-5)$$

式(12-6)为西太平洋海域北纬 16°、东经 128°的温度随深度变化的函数,深度 z,单位为 m;温度 T,单位为℃:

$$\begin{cases} T = 27.4 & 0 \leqslant z \leqslant 40 \\ T = 29.1 - 0.044z & 40 < z \leqslant 508 \\ T = 10 - 0.006z & 508 < z \leqslant 1000 \end{cases} \quad (12-6)$$

采用与 12.2 节相同的滑翔机动力系统结构尺寸、运行速度以及边界条件,对滑翔机运行在西太平洋海域温跃层间的动力系统的工作过程进行模拟分析和行程优化。深水跃层型温跃层的跃层下界较深,滑翔机运行到最大潜深时,可以完成凝固过程;而跃层上界较浅,滑翔机需在水面停留一段时间,按设定的体积膨胀率完成融化过程。

图 12-12 显示了滑翔机在深海跃层间运行时，滑翔潜深、相变材料的液相体积分数和体积变化率随时间的变化曲线。

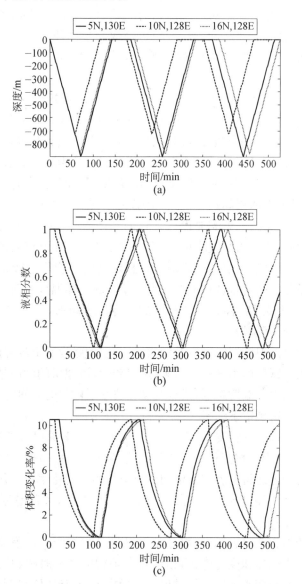

图 12-12　深海跃层间运行路径比较图

(a)滑翔机潜深随时间的变化曲线；(b)液相分数随时间的变化曲线；
(c)十六烷体积变化率随时间的变化曲线

由图 12-11 可见，北纬 5°、东经 130°海域的温跃层上、下界温度都较高，而跃层强度相对较弱；北纬 16°、东经 128°海域的温跃层上、下界温度都比较低，跃层强度与前者相近；北纬 10°、东经 128°海域的温跃层上界温度介于上述两者之间，下界温度与北纬 16°、东经 128°海域的温跃层下界温度相同,但跃层的强度最大。

从图 12-12(a)中可以看出,当滑翔机在北纬 10°、东经 128°海域运行时,所处的温跃层强度最大,滑翔潜深最小。但是它的跃层上界温度介于两者之间,滑翔机需在水面停留较长的时间。综合起来,滑翔机完成一个循环所需的时间最短。因此,深海跃层型的温跃层的跃层强度对滑翔机运行过程的影响大于跃层的上、下界温度。

从图 12-12(b)、图 12-12(c)两图中也可以看出,滑翔机在北纬 10°、东经 128°海域运行时,由于跃层强度大,相变速率快,其液相分数及体积变化率的增长速率均大于其余两者。所以,当滑翔机在深海跃层型温跃层间运行时,温跃层的强度对滑翔潜深和动力系统相变速率的影响比较大,而温跃层上、下界温度对它们的影响比较小。

由以上分析可知,滑翔机在不同类型的海洋温跃层间运行,它的运行行程不同。其中,在浅跃层型的温跃层间运行的滑翔机,无法在一个下潜行程或上升行程中完成凝固和融化过程。这样,就需要设计装置的动作顺序,安排滑翔机在冷水层和暖水层停留一段时间,让动力装置中的相变材料能够完成凝固和融化过程,以达到所需的体积变化率。因此,跃层的强度对滑翔机的运行过程影响较小,而跃层的上界和下界温度对滑翔机的运行过程影响较大。跃层的上界温度越高,融化过程的相变速率越大,在暖水层停留时间越短;跃层的下界温度越低,凝固过程的相变速率越大,在冷水层停留时间越短。

在深水跃层型的温跃层间运行的滑翔机,跃层的强度和上界温度对滑翔机的运行过程影响较大。跃层的强度越大,相变速率越快,滑翔机的潜深越小,循环所需的时间越短。跃层的上界温度越低,滑翔机需在暖水层停留的时间就越长。

由本章分析可得到以下结果:

在海洋温跃层确定的情况下,滑翔机的运行速度、潜深以及冷暖水层的停留时间,取决于动力系统中的相变材料能否按设定的体积变化率来完成相变,能否实现滑翔机在水下稳定地运行。若按预定相变材料的体积变化率对工作循环进行优化,可以减少闲置行程。经过优化后,循环时间减少了 30%,滑翔潜深减小了 40%,提高了滑翔机的工作效率。

对于同体积的相变材料,设计部分相变材料参与相变的行程,既可以利用相变初始阶段具有较大的体积变化速率,以缩短滑翔机的循环时间和运行潜深,还可以预留一部分相变材料用于补偿运行过程的能量损失,有利于降低制造成本和延长滑翔机在水下的工作时间。但是,对于相同体积的相变材料来说,体积膨胀率的减小,意味着净浮力的减小,这就需要从总体上考虑滑翔机的运行参数,合理设计相变材料的体积变化率。

滑翔机在不同类型的海洋温跃层间运行,它的行程不同。浅跃层型的海洋温跃层,其跃层的强度对滑翔机的运行过程影响较小,而跃层的上界和下界温度对滑翔机的运行过程影响较大。跃层的上界温度越高,融化过程的相变速率越大,在暖水层停留时间越短;跃层的下界温度越低,凝固过程的相变速率越大,在冷水层停留时间越短。

深水跃层型的温跃层,其跃层的强度和上界温度对滑翔机的运行过程影响较大。跃层的强度越大,相变速率越快,滑翔机的潜深越小,循环所需的时间越短。跃层的上界温度越低,滑翔机需在暖水层停留的时间就越长。

滑翔机在具体工作过程中,应实时监测海洋温跃层的温度分布,及时调整滑翔机的运行路径,保证滑翔机能够在水下稳定地运行,以完成海洋监测的任务。对于在近海海域工作的滑翔机,温跃层受季节的影响特别明显,更需要进行实时监测调整。

第 5 篇
水下热滑翔机的运行控制

第 13 章　滑翔机水下运行控制策略分析

水下滑翔机的续航力,是滑翔机性能的重要指标。它取决于滑翔机所携带的能源以及水下运行的航行阻力。相同的滑翔机减小了航行阻力,可以提高水下滑翔速度,减小滑翔机穿越温跃层的时间。结果,就提高了滑翔机从温跃层获取海洋温差能的效率,随之也提升了续航力。

水下滑翔机的水下运行阻力,与滑翔机的运行速度、运行姿态角有关。这些水动力性能参数,是研究滑翔机性能的必要数据。设计高升阻比的机翼,选择低阻型的壳体,对于滑翔效率、操纵性能和滑翔机的机动性、稳定性,都有重要意义 。

电池驱动滑翔机的储存电能有限,温差能驱动的水下滑翔机,可从温跃层获得持续的能量,具有足够的续航力。在保证滑翔机驱动力的前提下,滑翔方式和滑翔效率是性能优化的目标。

现有的水下滑翔机,发动机效率低、湿体表面积大、机翼负载能力小、滑翔角大、滑翔效率低,不能按最佳的路径进行滑翔。为了提高滑翔机总体性能、水下运行效率和经济性,首先要设计低阻型的滑翔机外形结构和大升阻比机翼,以减小水下运行阻力、提高滑翔效率;其次,要提高滑翔机运行速度,缩短滑翔机在温跃层的穿越时间,提高滑翔机获取海洋能的效率;然后,要合理设计动力系统的工作性能,提高相变传热速率;最后,要优化滑翔机水下运行路径,在保证滑翔效率的前提下,提高输出功率和控制性能。

13.1　滑翔机水动力性能

13.1.1　水下热滑翔机水动力性能的计算

滑翔机在水下的滑翔运动,是均匀来流的定常绕流问题。滑翔机所受的阻力,包括摩擦阻力和粘压阻力,用试验测量以获得数据,证明是直接可靠的,缺点是费用高、周期长、水下试验困难多。

计算流体动力学(Computational Fluid Dynamics,CFD)能够完成复杂流动的仿真,在设计和性能优化中具有一定优势。有众多文献对水下自主航行器的计算结果与实验结果进行了比较,表明两者吻合良好。比如,张大涛在"温差能驱动的水下监测平台系统设计与实验研究"中,马峥等在"水下滑翔机运动的能量分析和水动力性能研究"中,吴利红等在"水下滑翔机器人水动力研究与运动分析"中,王冲等在"水下滑翔机沿纵剖面滑行时水动力特性计算与分析"中,王福军在"计算流体动力学分析——CFD软件原理与应用"中,均采用CFD方法,对滑翔机的水动力性能和运动进行了分析,证明计算结果真实合理。

现采用CFD方法,对温差能驱动水下滑翔机的水动力性能参数进行预估,提出动力系统工作性能与滑翔机水动力性能结合以分析滑翔机工作过程的方法,进而得到提高滑翔机整机性能的途径。

在CFD软件中,Fluent软件是目前国内外使用最多、最流行的商业软件之一。它的前处理软件可生成所需维数和适用形状的网络,Fluent可以根据计算结果调整网格。在较大梯度的流场中进行精确求解,这种网格具备自适应能力,计算时间也较为节省。

水下滑翔机的绕流计算,首先需要建立适当的虚拟边界,将绕流问题转化为内流问题,在虚拟边界与水下滑翔机形成的空间区域内求解RANS方程。这样,流域的属性(如参考压力、流体密度、动力黏性系数、湍流强度等)和流域的边界条件都需要设定。对于水下滑翔机的水动力计算,参照杜向党等采取的方法。流域的边界条件设定如下:

(1)入口平面距离水下滑翔机艏部端面$1L$(L为水下滑翔机的长度),速度为V_{in},垂直于入口平面。给定湍流强度,计算中可取默认值并自动计算湍流长度因子。

(2)出口平面距离水下滑翔机艉部端面$3L$。在不可压缩流和充分发展的流动中,出口边界条件可设为质量出口边界。

(3)流域外壁面设为自由滑移边界;水下滑翔机设为无滑移,相对于参考系为静止,并假设壁面光滑,采用变尺度壁面函数。

13.1.2　水下热滑翔机的整机水动力性能

参照相关温差能驱动水下滑翔机的结构尺寸、外形设计和水动力性能,所设计的水下滑翔机主体结构的艏部为椭球体,长轴0.20m、短轴0.1m,尾部也是椭球体,长轴0.3m、短轴0.1m,中间段为圆柱体,长1m、直径0.2m;有后掠角的升降翼性能优于无后掠角的升降翼,升降翼采用NACA系列的NACA0008对称翼型,相对厚度8%。机翼前缘后掠角40°,后缘后掠角30°,翼展1m,展弦比7.14,根部弦长0.2m,根梢比2.9,机翼面积0.1368m²。升降翼位于浮心和尾部之间,形心距浮心0.15m。

动坐标系的OX轴指向艏部,OY轴指向左舷,OZ轴指向正上方,浮心与原点重合,如图13-1所示。研究滑翔机的水下稳定运行时,动力系统工作特性和滑翔机水动力性能间的关系,只需考虑滑翔机在$EO\xi$平面内的运动,不考虑尾翼作用。

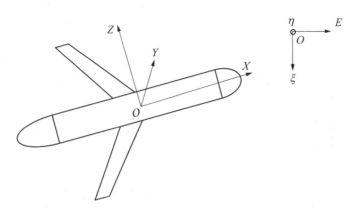

图 13-1　载体坐标系

外置型的滑翔机结构复杂,对网格和计算机硬件要求比较高。选择一体式的动力储能装置进行水动性能计算,初步研究水动力性能。动力系统的储能管为薄壁圆筒结构,内径 $\phi 0.169\,\text{m}$、外径 $\phi 0.188\,\text{m}$、长 $0.9\,\text{m}$、总体积 $4\,791\,\text{ml}$、传热面积 $0.53\,\text{m}^2$。相变材料为正十六烷,最大体积变化率为 10.42%,体积变化量为 $499\,\text{ml}$,滑翔机处于中性浮力状态,净浮力大小为 $5.12\,\text{N}$。

流域为 $1.5\,\text{m} \times 3\,\text{m} \times 6\,\text{m}$ 立方体,取一半流场进行计算,距离头部距离 $1.5\,\text{m}$,距离尾部距离 $3\,\text{m}$。采用结构化网格划分流域,共 63 万个六面体网格。整个流场网格划分为 H 型网格如图 13-2 所示,滑翔机的表面网格如图 13-3 所示。用 RNG 模型求解 RANS 方程。

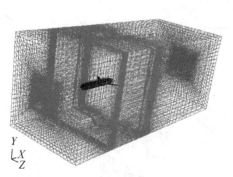

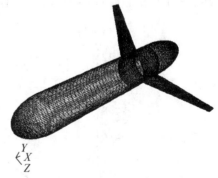

图 13-2　滑翔机流场 H 型网格　　　　图 13-3　滑翔机的表面网格分布

介质为海水,滑翔机的运行速度分别取 $0.25\,\text{m/s}$、$0.5\,\text{m/s}$、$1\,\text{m/s}$、$1.5\,\text{m/s}$、$2\,\text{m/s}$,攻角 $0°$。计算结果显示如图 13-4 所示,滑翔机整机阻力随运行速度而增大,两者呈非线性关系。攻角为 $0°$,摩擦阻力大于压差阻力,滑翔机阻力主要由摩擦力引起。滑翔机运行速度 $0.25\,\text{m/s}$ 时,雷诺数为 3.16×10^5,流体流动状态处于过渡流状态。滑翔机速度提高到 $0.5\,\text{m/s}$,雷诺数为 6.31×10^5,流体流动状态为湍流状态,总阻力提高 4 倍。

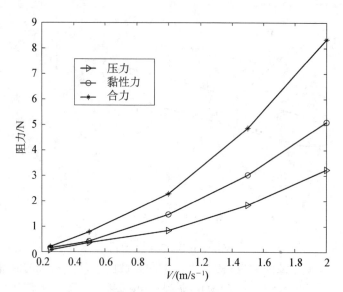

图 13 - 4   滑翔机阻力随速度的变化关系曲线

计算速度为 0.25 m/s 和 0.5 m/s 两种运行工况,攻角取 2°、4°、6°、8°、12°、16°、20°和 28°。在不同速度下,滑翔机阻力都随着攻角变化而变化,而且,速度大,阻力也大,如图 13 - 5 所示。攻角小的条件下,滑翔机阻力以摩擦阻力为主,不同速度下的滑翔机阻力都与攻角增长的速率相近;在攻角增大的条件下,压差阻力迅速增大;一旦攻角超过临界值,速度大的滑翔机阻力增长速度快,流体将出现边界层分离,其结果是产生涡流,以至压差阻力明显增大。

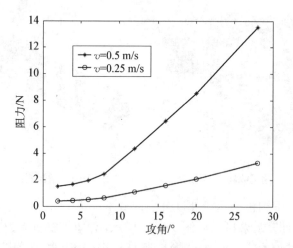

图 13 - 5   不同速度下整机阻力随攻角的变化关系曲线

图 13 - 6 是滑翔机升力—攻角曲线。升力随着攻角增大而增大;攻角超过临界值,机翼出现失速,升力增长速率减小。速度较大的滑翔机,升力随着攻角的增大而增大。

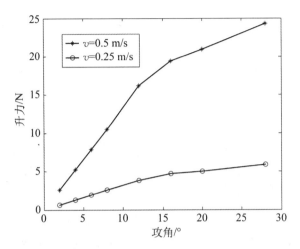

图 13-6　不同速度下整机升力随攻角的变化关系曲线

图 13-7 是滑翔机升阻比—攻角曲线,速度大的滑翔机升阻比大,两条曲线的变化趋势相近。当攻角为 8°时,升阻比达到最大值。

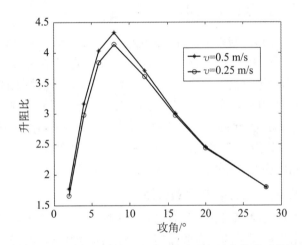

图 13-7　不同速度下整机升阻比随攻角的变化关系曲线

图 13-8 是滑翔机对坐标原点的力矩—攻角曲线,攻角小于 12°,力矩随着攻角增长的速率大;攻角超过 12°,力矩变化趋于平缓。

机体影响机翼根部的流动,使整机的水动力性能发生变化。攻角为 0°、流场速度为 0.5m/s 时,整机阻力约为机翼阻力的 5 倍;攻角增大,流体在翼面发生分离,最后产生失速现象,机翼阻力增长的速度大于机体阻力增长的速度。

由此可见,小攻角条件下,机体阻力构成整机阻力的主体,整机升力与单独机翼的升力相差不大。攻角为 4°时,整机升力为 2.62N,单独机翼升力为 2.37N,滑翔机机体对升力的贡献很小,可以忽略。这时,滑翔机升力主要来自于机翼作用。

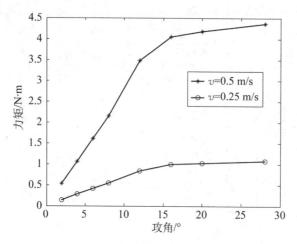

图 13-8 不同速度下整机力矩随攻角的变化关系曲线

因此,在设计滑翔机时,为了提高滑翔效率,应尽量设计大展弦比机翼,以提高滑翔机的整机性能。

13.2 热滑翔机水下运行的控制策略

滑翔机水下运行阻力,与外部海流、滑翔机的外形结构尺寸、滑翔速度、滑翔角度等诸多参数有关。同时,滑翔机水下运行阻力又决定了滑翔机运行所需的净浮力。在设计中,应当根据改变净浮力所需的能量来确定相变材料的体积变化率。

相变材料的体积变化率与海洋温跃层的温度分布、滑翔机的运行速度有关。根据滑翔机水下运行参数对动力系统的工作性能进行优化,可以得到滑翔机的最佳运行路径及水下运行的最大潜深,以及冷、暖水层的停留时间等参数,进而精确定时控制三通阀的开闭,及时调整滑翔角度和滑翔机的运行姿态,保证滑翔机能够长时间地稳定运行。

13.2.1 水动力性能与运行姿态间的关系

滑翔机在水下运行时,受到向下的重力、向上的浮力、平行于航行方向的阻力以及施加于机身和水平机翼上的升力的作用;升力方向与滑翔机航行方向垂直。稳定运行时,各力之间达到平衡状态,如图 13-9 所示。

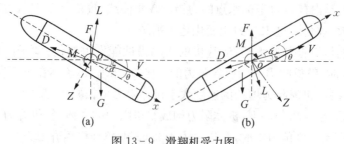

图 13-9 滑翔机受力图

(a)下潜过程;(b)上升过程

图中:

 O——水下滑翔机的几何中心;

 G——滑翔机重力;

 F——滑翔机所受浮力;

 D——滑翔机所受的阻力;

 L——滑翔机所受的升力;

 M——滑翔机受到的流体力矩;

 J——滑翔机轴向的转动惯量;

 θ——纵倾角;

 α——航行速度与滑翔机纵向轴线之间的夹角,称为攻角;

 ζ——滑翔角,$\zeta = \theta - \alpha$;

 B——净浮力大小,$B = F - G$。

假设滑翔机在 $EO\xi$ 平面内运动,稳定滑翔时的运动方程为

$$\begin{cases} \ddot{x} = [(F-G)\sin\zeta - D]/m \\ \ddot{z} = [(F-G)\cos\zeta - L]/m \\ \ddot{\bar{w}} = (G \cdot l - M)/J \end{cases} \tag{13-1}$$

当滑翔机下潜时,有

$$\begin{cases} \operatorname{tg}\zeta = D/L \\ G = F + L/\cos\zeta \\ l = M/G \end{cases} \tag{13-2}$$

当滑翔机上浮时,有

$$\begin{cases} \operatorname{tg}\zeta = D/L \\ G = F - L/\cos\zeta \\ l = M/G \end{cases} \tag{13-3}$$

  根据水动力性能参数,整机的阻力、升力、升阻比和力矩等参数随攻角变化的关系可以获取。由式(13-2)和式(13-3)可以得到滑翔机滑翔角、纵倾角及净浮力随攻角变化的曲线。其中,滑翔角 $\zeta = \arctan(D/L)$,纵倾角 $\theta = \alpha + \zeta$,净浮力 $B = D/\sin\zeta$。

  图 13-10 显示了滑翔机滑翔角和纵倾角随攻角变化的情况。图中,实线为滑翔角—攻角关系曲线,虚线为纵倾角—攻角关系曲线。

  滑翔角与纵倾角随攻角的变化关系与升阻比相反。当纵倾角随攻角增大时,滑翔角先是减小,后是增大,存在着一个最小值。

  攻角相同时,运行速度较大的滑翔机,对应的滑翔角和纵倾角较小。

  滑翔机按较小的滑翔角运行时,姿态调节控制系统具有较好的响应性能。

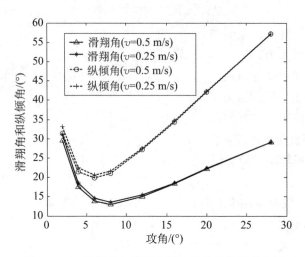

图 13-10 滑翔角与纵倾角随攻角的变化关系曲线

滑翔机按最佳攻角运行时,不仅具有最大的升阻比,还具有较小的滑翔角和较好的操纵性能。

滑翔机的浮力推进效率与滑翔机的机翼升阻比、滑翔角有关。在相同的滑翔角下,升阻比越大,推进效率越大。

在滑翔机机翼的升阻比确定的情况下,存在最佳滑翔角。此时推进效率达到最大值。

因此,结合滑翔机水动力性能参数,调节滑翔机在水下运行的姿态角,可以使滑翔机具有较大的浮力推进效率,使水下运行时的综合性能达到最佳状态。

滑翔机运行时所需的净浮力—攻角关系曲线如图 13-11 所示。攻角增大,滑翔机所需的净浮力随着增大;滑翔的运行速度越大,所需的净浮力也越大。滑翔机

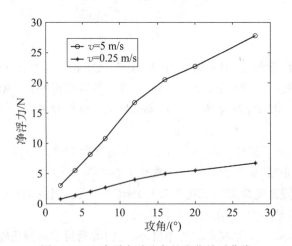

图 13-11 净浮力随攻角的变化关系曲线

所需净浮力用于克服滑翔机水下航行时的阻力。净浮力的大小跟航行阻力有关,阻力越大,所需的净浮力也越大。

由滑翔机运行时所需的净浮力,可以得到动力系统工作外胆的体积变化量。体积变化量—攻角的变化关系在图 13-12 中已显示。

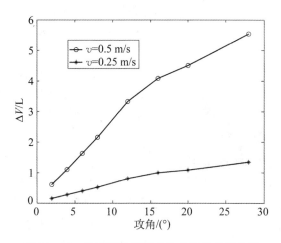

图 13-12　体积变化量随攻角的变化关系曲线

体积变化量与净浮力成比例关系,两者曲线的变化趋势相同;攻角增大,工作外胆的体积变化量随着增大。相同攻角下,滑翔机运行速度越大,所需的体积变化量越大。攻角为 2° 时,滑翔机以 0.5 m/s 的速度运行,产生 3.02 N 的净浮力,需要 600 ml 的体积变化量;若滑翔机以 0.25 m/s 的速度运行,产生 0.77 N 的净浮力,需要 152 ml 的体积变化量。根据外胆的体积变化量,可以确定所需相变材料的体积和体积变化率。

结构形状尺寸已经确定的滑翔机,动力系统外胆体积最大变化量也已确定,即所提供的最大净浮力为定值。在给定的运行速度下,滑翔机的攻角只能在某一范围内变化。前述所设计的一体式滑翔机,最大体积变化量为 499 ml,当滑翔速度为 0.5 m/s 时,其攻角只能在小于 2° 范围内变化;若滑翔速度为 0.25 m/s,其攻角可以在小于 6° 范围内变化。当攻角超过一定值时,滑翔机所能提供的最大净浮力不足以克服水下运行时的阻力,则不能正常运行。

13.2.2　水动力性能与动力系统工作过程的关系

根据滑翔机的水动力性能参数,可以求得滑翔机在不同速度、不同攻角下运行时所需的相变材料的体积变化率。根据不同攻角、不同体积的变化率,可对动力系统工作过程进行模拟优化,可以得到滑翔机在水下运行时的滑翔路径,以及在冷、暖水层的停留时间,使滑翔机达到在最优体积变化率下工作的目标,获得最大的输出功率。同时,保证滑翔机按较佳的滑翔角运行,提高浮力推进效率,使滑翔机具有良好的综合性能。

　　为了进一步分析不同滑翔姿态角下动力系统的工作过程,获取滑翔机在水下运行的参数,对外置型的滑翔机进行水动力性能计算是重要的。滑翔机的壳体结构尺寸与一体式的相同,所设计的滑翔机处于中性浮力状态。滑翔机的动力系统采用 3 根外置型的长圆柱贮能管,结构尺寸与前述相同,直径 0.03 m、长 1.6 m,最大体积变化量为 350 ml,净浮力 1.8 N。贮能管总传热面积 0.45 m^2,总体积为 3 393 ml。

　　计算流域为直径 1.5 m、长 7.5 m 圆柱体,滑翔机艏部离流场进口为 1.5 m,艉部离流场出口 6 m,取一半流场进行计算。

图 13 - 13　滑翔机的表面网格分布

距离头部 1.5 m,距离尾部 3 m,采用非结构化网格划分流域,总共 171 万个四面体网格单元。滑翔机的表面网格如图 13 - 13 所示。流速为 0.25 m/s,$Re = \dfrac{VL}{\gamma} = 336\,636 > 10^5$,属于湍流,选择 RNG 模型求解 RANS 方程。通过模拟计算得到攻角为 1°、2°、3° 和 4° 时的阻力、升力、升阻比和滑翔角见表 13 - 1。

　　当滑翔机在西太平洋北纬 5°、东经 130° 海域运行时,海水温度取平均温度 15℃,计算得到对流换热系数为 297 W/(m^2·K)。在不同的攻角下,动力系统按不同的体积变化率进行工作,经优化计算后得到的滑翔角、滑翔潜深、每循环时间等运行参数,如表 13 - 1 所示。

表 13 - 1　不同攻角下的正十六烷体积变化率

攻角/(°)	阻力/N	升阻比	滑翔角/(°)	垂直速度/(m·s⁻¹)	体积变化量/L	体积变化率/%	滑翔潜深/m	每循环时间/min
1	0.60	0.81	52	0.19	0.15	4.58	454	80
2	0.61	1.40	38	0.15	0.21	6.27	492	109
3	0.63	1.92	31	0.12	0.27	8.12	521	145
4	0.66	2.36	27	0.10	0.34	10.04	594	203

　　从表中的数据可见,滑翔机的最大体积变化量为 350 ml,攻角只能在 1°～4° 之间变化。攻角增大,滑翔角减小,滑翔机垂直运行的速度减小。攻角增大,滑翔机航行阻力增大,所需的体积变化量增大。对相同体积的相变材料,所需的体积变化率随着增大。根据所需相变材料的体积变化率,对动力系统的工作过程进行模拟,得到滑翔潜深及每循环所需的时间。

　　滑翔潜深随攻角增大而增大,每循环所需的时间也随之增大。

　　图 13 - 14 显示了不同攻角下,滑翔机滑翔潜深随时间的变化曲线。滑翔潜深随攻角增大而增大。攻角增大,滑翔机垂直运行的速度减小,滑翔机需运行到足够

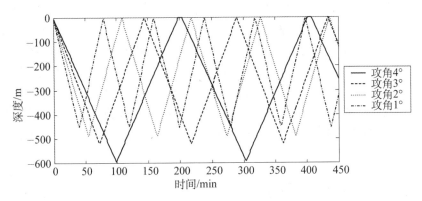

图 13-14　不同攻角下滑翔潜深随时间变化曲线

的深度才能完成相应的体积变化率。

　　2°攻角时，滑翔机运行到 492 m 深度，才能完成 6.27% 的体积变化率；4°攻角时，滑翔机运行到 594 m 深度，才能完成 10.04% 的体积变化率。

　　从图 13-14 上还可以看出，每个循环的时间长度随着攻角增大而增大。

　　滑翔机按较大的攻角运行，在相同的运行时间内，所能完成循环的次数减少。4°攻角时，只能完成两次循环；2°攻角时，可完成 4 次循环。滑翔机在冷暖海水层间的循环增加，可提高滑翔机从海洋温跃层获取能量的效率。因此，滑翔机以小攻角运行，整机性能较好：可以提高滑翔机的能量转换效率，航行阻力较小。

　　图 13-15 显示了不同攻角下相变材料体积变化率随时间变化的曲线。

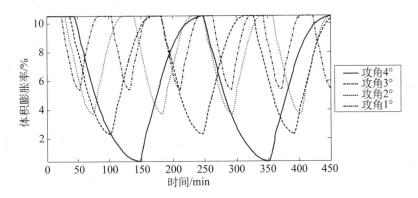

图 13-15　不同攻角下体积变化率随时间的变化曲线

　　攻角减小，融解过程的闲置行程增大。攻角越小，所需相变材料的体积变化率减小，每循环参与相变的材料也减少。按图 13-14 设计的滑翔机运行路径，2°攻角时，在上浮行程中，滑翔机到达水面时，相变材料大部分已融解。下潜行程中，在滑翔机运行到冷、暖水层分界面之前，相变材料都保持液态。

　　相变材料保持液态的行程为闲置行程。在这段行程中，滑翔机与外界进行显热交换,能量获取效率低。攻角越小,闲置行程越长。设计中应该尽量缩短这段行程,提高动力装置从海洋获取能源的效率。一方面,减小滑翔机的潜深,滑翔机在冷水层停留一段时间,让相变材料凝固完成所需的体积变化率。这种方法对控制系统的要求较高,需保证滑翔机具有较强的抗干扰能力,悬浮于海洋中,保持稳定状态。另一方面,减小滑翔机在暖水层的时间。滑翔机未到达水面,即让滑翔机向下运行,保证滑翔机到达冷、暖水层分界面处恰好完成融解过程。这种方法比较容易控制,可通过数值模拟确定滑翔机在暖水层的位置,控制动力系统的阀门开闭,调节滑翔机运行姿态。

13.3　滑翔机总体性能的改进

温差能驱动的水下滑翔机分为动力系统、主机体＋滑翔机翼、控制系统三大部分。滑翔机总体性能的提高需从这三大部分着手,既要考虑各部分性能改进,又要考虑各部分间的相互协调。

(1) 动力系统。包括相变储能装置、蓄能器、液压系统、内外胆。相变储能装置的工作性能,决定了滑翔机从海洋获取能量的效率,以及所能提供动力的大小。相变储能装置工作性能的提高,是改进滑翔机性能的关键。

改进相变材料的性能,使之具有较大的体积膨胀率,以及较小的相变潜热和比热,在相变过程中吸收较少的热量,即可获得较大的体积变化量;提高相变材料的导热系数,增大相变传热速率;改变相变过程的机理,减小凝固过程的传热热阻。根据海洋温跃层的温度分布,选择具有合适相变温度的相变材料,增大传热温差,使相变材料具有较大的相变速率;合理设计滑翔机的运行速度和储能装置的结构尺寸,增大储能装置外壳与海水间的对流换热系数。

(2) 主机体和滑翔机翼。主机体用于容纳动力装置、浮力改变装置、电池包、控制元件、传感器及负载等。主机体内腔需有足够的空间来容纳这些部件,同时,还需具有足够的耐压能力。

滑翔机工作在几百米的深海中,承受很大的外界压力。选择材质时,除了要重点考虑材质的强度、稳定性以外,还要考虑其材料的压缩率。如果材料的压缩率与海水相比相差较大,那么,滑翔机每次上下运动时,浮力发动机还需考虑补偿因壳体的体积变化引起的浮力损失,滑翔机就增加了额外的能量消耗。

主机体是滑翔机在水下运行时产生阻力的主要部件。在设计耐压壳体外的导流罩时,尽量设计流线形的外形,减小滑翔运行时的阻力。作用在滑翔机翼上的升力,驱动滑翔机向前运动。设计大升阻比的机翼,就可以提高滑翔机的推进效率。

(3) 控制系统。控制系统相当于滑翔机的大脑,协调着各部分之间的运作,控制着滑翔机的运行姿态,包括正负浮力的调整、三通阀的开闭、滑翔姿态调整等。滑翔机在海里运行常会受到海流等因素的干扰,使滑翔机的稳定运行状态遭到破坏,控制系统需实时监测滑翔机的状态及相关的参数,及时调整滑翔机的姿态,保证滑翔机稳定运行。因此,需要提高控制系统的控制策略及系统的响应性能。此外,温差能驱动的滑翔机动力来源于海洋能源,它的续航能力主要取决于控制系统的能耗。设计控制系统时,应当尽量减少耗电量,以提高滑翔机的续航能力。

(4) 各部分性能间的匹配。滑翔机综合性能的提高,取决于各部分之间的性能匹配状态。滑翔机动力系统的相变特性与外界环境的温度分布有关。实践中,应根据海洋环境的温度分布来设计滑翔机的运行行程。随着滑翔机运行深度的加深,外界海水的压力对相变过程产生影响,应该采取措施进行修正。由于液压系统、蓄能器、传递液体在内外胆之间的流动中存在着能量损失,滑翔机运行一段时间后,需调节相变材料的体积变化率,使滑翔机获得足够的浮力,保证滑翔机稳定运行;随着潜深的增加,海水密度发生变化将使滑翔机的净浮力发生变化,这就需要采取措施,弥补这部分净浮力损失。根据滑翔机的水动力性能可知,滑翔机以一定的攻角运行,会具有较大的升阻比。同时,还要兼顾到滑翔机能否具有较大的推进效率。此外,还要考虑滑翔机运行速度、滑翔角、所需净浮力的大小对动力系统工作性能的影响。这就需要适当调节滑翔机在海水中的运行深度及在冷暖水层的停留时间。

由以上的讨论,可以得到以下结论:

滑翔机的整机设计应根据具体的任务进行。应按滑翔机的运行速度、行程、潜深和负载能力等目标参数进行优化。

滑翔机的水动力参数,影响滑翔机运行姿态和动力系统的设计。攻角和滑翔机运行速度增大,滑翔机的水下运行阻力增大,滑翔机用于克服阻力所需的净浮力增大。

根据滑翔机具体运行参数和阻力大小,来设计滑翔机动力系统所需的相变材料,就可以确定相变材料的体积变化率。

滑翔角与纵倾角随攻角变化关系,恰好与升阻比相反。滑翔角与纵倾角随攻角的增大,其值先减小后增大,变化过程中存在着最小值。

滑翔机按最佳攻角运行时,具有最大的升阻比和较好的操纵性能。

给定滑翔机动力系统中相变材料的体积,滑翔角只能在一定范围内变化。随着攻角的增大,相变材料的体积变化率随之增大,滑翔机水下运行的潜深、滑翔角、垂直运行速度和每循环所需的时间也随之增大。应根据滑翔机任务要求设计其水下运行路径。

滑翔机整体性能改进,既要尽量使各部分性能达到最佳状态,又要兼顾各部分性能间的匹配。对滑翔机运行速度、滑翔角、滑翔潜深、每循环运行时间等参数进行优化,可以使滑翔机高效地完成设定的任务。

第 14 章　水下热滑翔机运动的滑模跟踪逆控制

14.1　引言

　　自主式水下滑翔机的成功运行,依赖于可靠的控制系统。水下热滑翔机天生具有较低的运行速度,高度依赖于它的运行环境。如何应对复杂的动态海洋环境,如何对环境的不确定性和扰动以及参数的变化具有鲁棒性,如何节省控制能量,如何改善滑翔机的动力学行为,这些都是需要解决的问题。滑翔机动力学具有多变量、非线性、耦合性等特点,这些因素对水下热滑翔机运动控制系统的设计提出了挑战。现将逆系统方法和滑模变结构控制方法的优点结合在一起,对水下热滑翔机运动的非线性控制系统设计进行探讨。

14.2　水下热滑翔机的动力学模型

　　目前,美国普林斯顿大学 Leonard 教授所带领的团队,已经建立了能够详尽描述水下热滑翔机行为的非线性动力学模型。下面采用此模型对水下热滑翔机的运动控制系统设计进行研究。

　　先简要描述该模型。

　　如图 14-1 所示,定义地面体系(xyz)为惯性坐标系,惯性轴 x 和 y 位于水平面内且垂直于重力,z 与重力方向相同,i,j,k 分别为 x,y,z 方向上的单位向量。

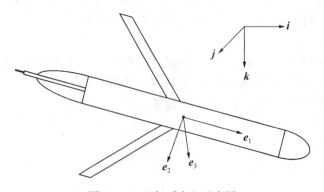

图 14-1　坐标系定义示意图

定义本体坐标系的原点与水下热滑翔机浮心重合,轴 e_1 沿长轴指向滑翔机艏部,轴 e_2 位于机翼平面并指向右舷,轴 e_3 垂直于机翼平面。

水下热滑翔机的姿态由 3 个欧拉角来表示:航向角 φ、俯仰角 θ 及横滚角 ϕ。滑翔机右偏(向下看)时 φ 为正,昂艏时 θ 为正,右翼向下时 ϕ 为正。水下热滑翔机相对惯性坐标系的运动平移速度和角速度,在本体坐标系中分别表示为 $v = (v_1, v_2, v_3)^T$ 和 $\boldsymbol{\Omega} = (\Omega_1, \Omega_2, \Omega_3)^T$。

此外,滑翔机水动力依赖于滑翔机相对周围流体的速度和方向。不考虑海流,即流体静止时,滑翔机相对周围流体的速度为 v。滑翔机相对周围流体的方向,可由航迹坐标系确定,如图 14 - 2 所示。航迹坐标系的原点与水下热滑翔机浮心重合,其相对本体坐标系的方向由两个水动力角描述:攻角(迎角)α 及侧滑角(漂角)β。两个水动力角分别定义为

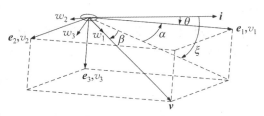

图 14 - 2 航迹坐标系与水动力角

$$\alpha = \arctan\left(\frac{v_3}{v_1}\right) \tag{14 - 1}$$

$$\beta = \arcsin\left(\frac{v_2}{\sqrt{v_1^2 + v_2^2 + v_3^2}}\right) \tag{14 - 2}$$

定义垂直平面内的滑翔角 $\xi = \theta - \alpha$。

水下热滑翔机视为刚性椭球体,具有固定机翼、尾翼以及两个内部质点质量,如图 14 - 3 所示。壳体质量 m_h 均匀分布。其中,一个质点质量 $\overline{m}$ 是可滑动的,用于控制滑翔机的姿态。内部滑动质量的位置在本体坐标系中可表示为 $r_p = (r_{p_1}, r_{p_2}, r_{p_3})^T$;另一个质点质量固定于椭球体浮心,其质量 m_b 是可变的,用于控制滑翔机的浮力。滑翔机总的静止质量 $m_s = m_h + m_b$,总质量 $m_v = m_s + \overline{m}$。设滑翔机的排水质量为 m,定义净浮力质量 $m_0 = m_v - m$。

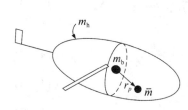

图 14 - 3 滑翔机质量配置图

设滑翔机具有 3 个对称面,周围流体为理想流体,则附加质量矩阵 $\boldsymbol{M}_f$ 和附加惯量矩阵 $\boldsymbol{J}_f$ 均为对角矩阵,即 $\boldsymbol{M}_f = \mathrm{diag}(m_{f1}, m_{f2}, m_{f3})$,$\boldsymbol{J}_f = \mathrm{diag}(J_{f1}, J_{f2}, J_{f3})$。滑翔机机体与流体组成的系统的质量矩阵为 $\boldsymbol{M} = m_s \boldsymbol{I} + \boldsymbol{M}_f = \mathrm{diag}(m_1, m_2, m_3)$,惯量矩阵为 $\boldsymbol{J} = \boldsymbol{J}_s + \boldsymbol{J}_f = \mathrm{diag}(J_1, J_2, J_3)$。其中,$\boldsymbol{I}$ 为单位矩阵,$\boldsymbol{J}_s$ 为滑翔机固定质量的惯量矩阵。此外,滑动质量的控制输入为 $w = (w_1, w_2, w_3)^T$,可变质量的控制输入为 w_4。

在设计水下热滑翔机的运动控制系统时,主要采用文献中的运动方程,这些方程为水下热滑翔机在垂直平面内的运动方程。水下热滑翔机之所以如此高效,就是因为它绝大部分运行时间是在垂直平面内做稳定的锯齿形滑翔运动。

但是,文献中的运动方程尚有以下不足:

(1) 运动方程在推导过程中存在若干错误;

(2) 未考虑到现有的水下热滑翔机在设计中限制了滑动质量块在轴 e_3 方向的运动。

本书改进后的水下热滑翔机,在垂直平面内的非线性运动方程,可在状态空间中描述如下:

$$\dot{\theta} = \Omega_2 \tag{14-3}$$

$$
\begin{aligned}
\dot{\Omega}_2 = \frac{1}{a} \{ & (\bar{m}+m_1)(\bar{m}+m_3)Y - \bar{m}m_3(\bar{m}+m_1)r_{p1}\dot{r}_{p1}\Omega_2 - \\
& \bar{m}(\bar{m}+m_3)r_{p3}X_1 + \bar{m}(\bar{m}+m_1)r_{p1}X_3 - \\
& \bar{m}m_1(\bar{m}+m_3)r_{p3}w_1 \}
\end{aligned}
\tag{14-4}
$$

$$
\begin{aligned}
\dot{v}_1 = \frac{1}{a} \{ & -\bar{m}(\bar{m}+m_3)r_{p3}Y + \bar{m}^2 m_3 r_{p1}r_{p3}\dot{r}_{p1}\Omega_2 + \\
& [J_2(\bar{m}+m_3)+\bar{m}m_3 r_{p1}^2 + \bar{m}(\bar{m}+m_3)r_{p3}^2]X_1 - \bar{m}^2 r_{p1}r_{p3}X_3 - \\
& \bar{m}(J_2\bar{m}+J_2 m_3 + \bar{m}m_3 r_{p1}^2)w_1 \}
\end{aligned}
\tag{14-5}
$$

$$
\begin{aligned}
\dot{v}_3 = \frac{1}{a} \{ & \bar{m}(\bar{m}+m_1)r_{p1}Y + \bar{m}(J_2\bar{m}+J_2 m_1 + \bar{m}m_1 r_{p3}^2)\dot{r}_{p1}\Omega_2 - \\
& \bar{m}^2 r_{p1}r_{p3}X_1 + [J_2(\bar{m}+m_1)+\bar{m}(\bar{m}+m_1)r_{p1}^2 + \bar{m}m_1 r_{p3}^2]X_3 - \\
& \bar{m}^2 m_1 r_{p1}r_{p3}w_1 \}
\end{aligned}
\tag{14-6}
$$

$$\dot{r}_{p1} = \dot{r}_{p1} \tag{14-7}$$

$$\ddot{r}_{p1} = w_1 \tag{14-8}$$

$$\dot{m}_b = w_4 \tag{14-9}$$

式中:

$$a = J_2(\bar{m}+m_1)(\bar{m}+m_3) + \bar{m}m_3(\bar{m}+m_1)r_{p1}^2 + \bar{m}m_1(\bar{m}+m_3)r_{p3}^2$$

$$X_1 = -m_3 v_3 \Omega_2 - \bar{m}(v_3 - r_{p1}\Omega_2)\Omega_2 - m_0 g \sin\theta - D\cos\alpha + L\sin\alpha$$

$$X_3 = m_1 v_1 \Omega_2 + \bar{m}(v_1 + \dot{r}_{p1} + r_{p3}\Omega_2)\Omega_2 + m_0 g \cos\theta - D\sin\alpha - L\cos\alpha$$

$$
\begin{aligned}
Y = & (m_3 - m_1)v_1 v_3 - [r_{p1}\bar{m}(v_1 + \dot{r}_{p1} + r_{p3}\Omega_2) + r_{p3}\bar{m}(v_3 - r_{p1}\Omega_2)]\Omega_2 - \\
& \bar{m}g(r_{p1}\cos\theta + r_{p3}\sin\theta) + M_{DL2}
\end{aligned}
$$

$$m_0 = m_b + m_h + \overline{m} - m$$

$$m_1 = m_b + m_h + m_{f1}$$

$$m_3 = m_b + m_h + m_{f3}$$

阻力 D，升力 L 和黏性力矩 M_{DL2} 可分别表示如下：

$$D = (K_{D0} + K_D \alpha^2)(v_1^2 + v_3^2) \tag{14-10}$$

$$L = (K_{L0} + K_L \alpha)(v_1^2 + v_3^2) \tag{14-11}$$

$$M_{DL2} = (K_{M0} + K_M \alpha)(v_1^2 + v_3^2) + K_{\Omega_2^1} \Omega_2 + K_{\Omega_2^2} \Omega_2^2 \tag{14-12}$$

由式(14-3)~(14-9)可见，水下热滑翔机的动力学模型是一个多变量、非线性、耦合的系统。它是一个七阶的系统，具有 5 个独立的输出变量而只有两个独立的输入变量，因此该系统还是欠驱动的。

14.3　逆系统方法的基本概念与应用条件

对非线性系统的控制，尤其是对多变量非线性系统的控制，既有理论分析上的困难，更有工程中的困难。非线性系统的输入与输出之间的关系，比线性系统复杂得多。它与线性系统的本质区别在于，它的响应不满足叠加原理。对多变量（多输入多输出）非线性系统来说，各变量之间往往存在着耦合关系，使输入与输出之间的关系更为复杂。

逆系统方法，是非线性反馈线性化方法中一种比较形象直观且易于理解的方法。逆系统方法的基本思想是：首先，利用被控对象的逆系统（通常可用反馈方法来实现），将被控对象补偿成为具有线性传递关系的系统；然后，再用线性系统的理论来完成系统的综合，实现在线性系统中能够实现的诸如解耦、极点配置、二次型指标最优、鲁棒伺服跟踪等目标。逆系统方法的特点是：物理概念清晰，既直观又易于理解，不需要高深的数学理论知识。下面给出有关逆系统的几个定义：

一般非线性系统可由下式描述：

$$\Sigma: \begin{cases} \dot{x} = f(x, u), \ x(t_0) = x_0, \ x \in \mathbf{R}^n, \ u \in \mathbf{R}^p \\ y = h(x, u), \ y \in \mathbf{R}^q \end{cases} \tag{14-13}$$

从数学的角度来看，这个系统相当于一个由输入映射到输出的算子，且系统的输出由初值和输入完全决定。令描述这个因果关系的算子为 σ，则有：

$$y(\cdot) = \sigma(x_0, u(\cdot)) \quad \text{或} \quad y = \sigma u \tag{14-14}$$

所谓系统 Σ 的逆系统 Π，是指能实现从系统 Σ 的输出到输入逆映射关系的系统，即如果把系统 Σ 的期望输出 $y_d(t)$ 作为逆系统 Π 的输入，则逆系统 Π 的输出正

是用来驱动系统 Σ 产生期望输出 $y_d(t)$ 所需的控制量 $u(t)$。

定义 14 - 1：设系统 Π 是一个具有映射关系为 $u = \bar{\sigma}y_d$ 的 q 维输入、p 维输出的系统，其中输入 $y_d(t) = (y_{d1}, y_{d2}, \cdots, y_{dq})^T$ 为初值

满足于系统 Σ 的初值条件的任意给定的可微函数向量，输出 $u(t) = (u_1, u_2, \cdots, u_p)^T$，如果算子 $\bar{\sigma}$ 满足下式：

$$\sigma\bar{\sigma}y_d = \sigma(\bar{\sigma}y_d) = \sigma u = y_d \qquad (14 - 15)$$

则称系统 Π 为系统 Σ 的单位逆系统，而系统 Σ 称为原系统。

定义 14 - 2：设系统 Π_α 是一个具有映射关系为 $u = \bar{\sigma}_\alpha\psi$ 的 q 维输入、p 维输出的系统，其中输入 $\psi(t) = (\psi_1, \psi_2, \cdots, \psi_q)^T$ 为初值满足于系统 Σ 的初值条件的任意给定的可微函数向量，输出 $u(t) = (u_1, u_2, \cdots, u_p)^T$，如果取 $\psi(t) = y_d^{(\alpha)}(t)$，$\alpha(t) = (\alpha_1, \alpha_2, \cdots, \alpha_q)^T$，即 ψ_i 定义为 y_{di} 的 α_i 阶导数，如果算子 $\bar{\sigma}_\alpha$ 满足下式：

$$\sigma\bar{\sigma}_\alpha\psi = \sigma(\bar{\sigma}_\alpha\psi) = \sigma[\bar{\sigma}_\alpha(y_d^{(\alpha)})] = \sigma u = y_d \qquad (14 - 16)$$

则称系统 Π_α 为系统 Σ 的 α 阶积分逆系统，简称 α 阶逆系统。当 $\alpha = 0$ 时，α 阶逆系统就是单位逆系统。

定义 14 - 3：设给定系统 $\Sigma: u \to y$，若存在一个相应的系统 $\Pi_1: z \to w$，在系统 Π_1 的初值满足系统 Σ 的初值条件下，当 $z(t) = y(t)$ 时，如果有等式 $w(t) = u(t)$ 成立，则称系统 Π_1 为系统 Σ 的左逆系统，而称系统 Σ 为左可逆的。

定义 14 - 4：设给定系统 $\Sigma: u \to y$，若存在一个相应的系统 $\Pi_r: z \to w$，在系统 Π_r 的初值满足系统 Σ 的初值条件下，当 $u(t) = w(t)$ 时，如果有等式 $y(t) = z(t)$ 成立，则称系统 Π_r 为系统 Σ 的右逆系统。这时，称系统 Σ 为右可逆的。

由上述定义可见，对于左可逆系统，由于其输入总可以通过其左逆系统的输出得到恢复，系统对于任意给定的两个不同的输入，必然产生两个不同的输出；而对于右可逆系统，即对于任意给定的可微函数向量 $y_d(t)$，总能找到与之相对应的控制函数 $u(t)$，使系统在该控制作用下的输出为 $y(t) = y_d(t)$。因此，右可逆性研究的是通过右逆系统对原系统输出的控制问题。在本书以后部分，逆系统均指右逆系统。

此外，根据逆系统方法理论，当选择的输出方程的相对阶小于系统的阶次时，非线性系统只能被部分线性化。其伪线性复合系统中残余的非线性部分，即为内部动态，它影响到伪线性复合系统能否镇定。因此，逆系统方法虽然是一种有效的直接反馈线性化方法，但是归纳一下，其成功应用需满足下面两个重要条件：

(1) 逆系统存在；

(2) 内部动态稳定。

14.4　基于逆系统和滑模控制方法的水下热滑翔机运动控制系统设计

14.4.1　水下热滑翔机动力学逆系统

逆系统方法要求合理选择控制输出变量，以保证内部动态稳定。对于水下热滑翔机在垂直平面内的运动，关注的变量有俯仰姿态角和净浮力质量。现选择此两者作为控制对象，即控制输出变量为

$$y_1 = \theta \tag{14-17}$$

$$y_2 = m_0 \tag{14-18}$$

为了求得水下热滑翔机动力学逆系统，需要对控制输出变量反复求导，直到控制输入变量出现为止。分别对式（14-17）求二阶导数，对式（14-18）求一阶导数，可得：

$$\begin{aligned}
\ddot{y}_1 = {} & \frac{1}{a}\{(\overline{m}+m_1)(\overline{m}+m_3)Y - \overline{m}m_3(\overline{m}+m_1)r_{p1}\dot{r}_{p1}\Omega_2 - \\
& \overline{m}(\overline{m}+m_3)r_{p3}X_1 + \overline{m}(\overline{m}+m_1)r_{p1}X_3\} - \\
& \frac{1}{a}\overline{m}m_1(\overline{m}+m_3)r_{p3}w_1
\end{aligned} \tag{14-19}$$

$$\dot{y}_2 = w_4 \tag{14-20}$$

由式（14-19）、式（14-20）可得：

$$\begin{aligned}
w_1 = {} & \frac{1}{\overline{m}m_1(\overline{m}+m_3)r_{p3}}\{(\overline{m}+m_1)(\overline{m}+m_3)Y - \overline{m}m_3(\overline{m}+m_1)r_{p1}\dot{r}_{p1}\Omega_2 - \\
& \overline{m}(\overline{m}+m_3)r_{p3}X_1 + \overline{m}(\overline{m}+m_1)r_{p1}X_3 - a\ddot{y}_1\}
\end{aligned} \tag{14-21}$$

$$w_4 = \dot{y}_2 \tag{14-22}$$

则水下热滑翔机动力学逆系统可构造如下：

$$\begin{aligned}
w_1 = {} & \frac{1}{\overline{m}m_1(\overline{m}+m_3)r_{p3}}\{(\overline{m}+m_1)(\overline{m}+m_3)Y - \overline{m}m_3(\overline{m}+m_1)r_{p1}\dot{r}_{p1}\Omega_2 - \\
& \overline{m}(\overline{m}+m_3)r_{p3}X_1 + \overline{m}(\overline{m}+m_1)r_{p1}X_3 - au_1\}
\end{aligned} \tag{14-23}$$

$$w_4 = u_2 \tag{14-24}$$

在式（14-23）和式（14-24）中，u_1 和 u_2 为辅助控制输入变量。将式（14-23）和式（14-24）分别代入式（14-5）和式（14-9）中，并考虑到式（14-3），可得：

$$\ddot{y}_1 = u_1 \tag{14-25}$$

$$\dot{y}_2 = u_2 \tag{14-26}$$

这样,原系统已经被解耦成两个独立的简单线性子系统。

14.4.2 内部动态稳定性分析

由水下热滑翔机动力学逆系统的推导过程可知,控制输出变量的相对阶分别为 $r_1 = 2$ 和 $r_2 = 1$。然而,水下热滑翔机动力学系统是一个七阶的系统,因此存在四阶的内部动态,即

$$\dot{v}_1 = \frac{1}{a}\{-\bar{m}(\bar{m}+m_3)r_{p3}Y + \bar{m}^2 m_3 r_{p1} r_{p3} \dot{r}_{p1}\Omega_2 +$$
$$[J_2(\bar{m}+m_3) + \bar{m}m_3 r_{p1}^2 + \bar{m}(\bar{m}+m_3)r_{p3}^2]X_1 - \bar{m}^2 r_{p1} r_{p3} X_3\} -$$
$$\frac{1}{a}\frac{J_2\bar{m} + J_2 m_3 + \bar{m}m_3 r_{p1}^2}{m_1(\bar{m}+m_3)r_{p3}}[(\bar{m}+m_1)(\bar{m}+m_3)Y - \bar{m}m_3(\bar{m}+m_1)r_{p1}\dot{r}_{p1}\Omega_2 -$$
$$\bar{m}(\bar{m}+m_3)r_{p3}X_1 + \bar{m}(\bar{m}+m_1)r_{p1}X_3 - au_1] \qquad (14-27)$$

$$\dot{v}_3 = \frac{1}{a}\{\bar{m}(\bar{m}+m_1)r_{p1}Y + \bar{m}(J_2\bar{m} + J_2 m_1 + \bar{m}m_1 r_{p3}^2)\dot{r}_{p1}\Omega_2 -$$
$$\bar{m}^2 r_{p1} r_{p3} X_1 + [J_2(\bar{m}+m_1) + \bar{m}(\bar{m}+m_1)r_{p1}^2 + \bar{m}m_1 r_{p3}^2]X_3\} -$$
$$\frac{1}{a}\frac{\bar{m}r_{p1}}{\bar{m}+m_3}[(\bar{m}+m_1)(\bar{m}+m_3)Y - \bar{m}m_3(\bar{m}+m_1)r_{p1}\dot{r}_{p1}\Omega_2 -$$
$$\bar{m}(\bar{m}+m_3)r_{p3}X_1 + \bar{m}(\bar{m}+m_1)r_{p1}X_3 - au_1] \qquad (14-28)$$

$$\dot{r}_{p1} = \dot{r}_{p1} \qquad (14-29)$$

$$\ddot{r}_{p1} = \frac{1}{\bar{m}m_1(\bar{m}+m_3)r_{p3}}\{(\bar{m}+m_1)(\bar{m}+m_3)Y - \bar{m}m_3(\bar{m}+m_1)r_{p1}\dot{r}_{p1}\Omega_2 -$$
$$\bar{m}(\bar{m}+m_3)r_{p3}X_1 + \bar{m}(\bar{m}+m_1)r_{p1}X_3 - au_1\} \qquad (14-30)$$

内部动态与前面两个独立的线性子系统,组成了伪线性复合系统。为保证整个系统的稳定性,在滑翔平衡点处的内部动态,必须是渐近稳定的。为分析内部动态的稳定性,对内部动态进行线性化,其对应的线性系统在滑翔平衡点处的系数矩阵为

$$\mathbf{A}_{\mathrm{ID}} = \begin{bmatrix} \dfrac{\partial \dot{v}_1}{\partial v_1} & \dfrac{\partial \dot{v}_1}{\partial v_3} & \dfrac{\partial \dot{v}_1}{\partial r_{p1}} & \dfrac{\partial \dot{v}_1}{\partial \dot{r}_{p1}} \\[2mm] \dfrac{\partial \dot{v}_3}{\partial v_1} & \dfrac{\partial \dot{v}_3}{\partial v_3} & \dfrac{\partial \dot{v}_3}{\partial r_{p1}} & \dfrac{\partial \dot{v}_3}{\partial \dot{r}_{p1}} \\[2mm] \dfrac{\partial \dot{r}_{p1}}{\partial v_1} & \dfrac{\partial \dot{r}_{p1}}{\partial v_3} & \dfrac{\partial \dot{r}_{p1}}{\partial r_{p1}} & \dfrac{\partial \dot{r}_{p1}}{\partial \dot{r}_{p1}} \\[2mm] \dfrac{\partial \ddot{r}_{p1}}{\partial v_1} & \dfrac{\partial \ddot{r}_{p1}}{\partial v_3} & \dfrac{\partial \ddot{r}_{p1}}{\partial r_{p1}} & \dfrac{\partial \ddot{r}_{p1}}{\partial \dot{r}_{p1}} \end{bmatrix} \qquad (14-31)$$

式(14-31)中各项具体表达式如下:

$$\boldsymbol{A}_{\mathrm{ID}} = \frac{1}{(a)_{\mathrm{eq}}} \begin{pmatrix} a_4 - \dfrac{d_2}{d_1}a_1 & a_5 - \dfrac{d_2}{d_1}a_2 & a_6 - \dfrac{d_2}{d_1}a_3 & 0 \\[2mm] a_7 - \dfrac{d_3}{d_1}a_1 & a_8 - \dfrac{d_3}{d_1}a_2 & a_9 - \dfrac{d_3}{d_1}a_3 & 0 \\[2mm] 0 & 0 & 0 & (a)_{\mathrm{eq}} \\[2mm] \dfrac{a_1}{d_1}(a)_{\mathrm{eq}} & \dfrac{a_2}{d_1}(a)_{\mathrm{eq}} & \dfrac{a_3}{d_1}(a)_{\mathrm{eq}} & 0 \end{pmatrix} \qquad (14-32)$$

其中：

$$a_1 = c_1(Y_{v1})_{\mathrm{eq}} - c_2(X_{1v1})_{\mathrm{eq}} + c_3(X_{3v1})_{\mathrm{eq}}$$

$$a_2 = c_1(Y_{v3})_{\mathrm{eq}} - c_2(X_{1v3})_{\mathrm{eq}} + c_3(X_{3v3})_{\mathrm{eq}}$$

$$a_3 = \overline{m}(\overline{m} + m_{1d})(X_3)_{\mathrm{eq}} + c_1(Y_{rp1})_{\mathrm{eq}}$$

$$a_4 = -c_2(Y_{v1})_{\mathrm{eq}} + c_4(X_{1v1})_{\mathrm{eq}} - c_5(X_{3v1})_{\mathrm{eq}}$$

$$a_5 = -c_2(Y_{v3})_{\mathrm{eq}} + c_4(X_{1v3})_{\mathrm{eq}} - c_5(X_{3v3})_{\mathrm{eq}}$$

$$a_6 = 2\overline{m}m_{3d}r_{p1d}(X_1)_{\mathrm{eq}} - \overline{m}^2 r_{p3}(X_3)_{\mathrm{eq}} - c_2(Y_{rp1})_{\mathrm{eq}}$$

$$a_7 = c_3(Y_{v1})_{\mathrm{eq}} - c_5(X_{1v1})_{\mathrm{eq}} + c_6(X_{3v1})_{\mathrm{eq}}$$

$$a_8 = c_3(Y_{v3})_{\mathrm{eq}} - c_5(X_{1v3})_{\mathrm{eq}} + c_6(X_{3v3})_{\mathrm{eq}}$$

$$a_9 = \overline{m}(\overline{m} + m_{1d})(Y)_{\mathrm{eq}} - \overline{m}^2 r_{p3}(X_1)_{\mathrm{eq}} + 2\overline{m}(\overline{m} + m_{1d})r_{p1d}(X_3)_{\mathrm{eq}} + c_3(Y_{rp1})_{\mathrm{eq}}$$

$$c_1 = (\overline{m} + m_{1d})(\overline{m} + m_{3d})$$

$$c_2 = \overline{m}(\overline{m} + m_{3d})r_{p3}$$

$$c_3 = \overline{m}(\overline{m} + m_{1d})r_{p1d}$$

$$c_4 = J_2(\overline{m} + m_{3d}) + \overline{m}m_{3d}r_{p1d}^2 + \overline{m}(\overline{m} + m_{3d})r_{p3}^2$$

$$c_5 = \overline{m}^2 r_{p1d}r_{p3}$$

$$c_6 = J_2(\overline{m} + m_{1d}) + \overline{m}(\overline{m} + m_{1d})r_{p1d}^2 + \overline{m}m_{1d}r_{p3}^2$$

$$d_1 = \overline{m}m_{1d}(\overline{m} + m_{3d})r_{p3}$$

$$d_2 = \overline{m}(J_2\overline{m} + J_2 m_{3d} + \overline{m}m_{3d}r_{p1d}^2)$$

$$d_3 = \overline{m}^2 m_{1d} r_{p1d} r_{p3}$$

X_{1v1} 和 X_{1v3} 分别是 X_1 相对于 v_1 和 v_3 的导数，X_{3v1} 和 X_{3v3} 分别是 X_3 相对于 v_1 和 v_3 的导数，Y_{v1}、Y_{v3} 和 Y_{rp1} 分别是 Y 相对于 v_1、v_3 和 r_{p1} 的导数，下标"d"和标记 "$(\cdot)_{\mathrm{eq}}$"表示在滑翔平衡点处所计算的值。

如果系数矩阵 $\boldsymbol{A}_{\mathrm{ID}}$ 在滑翔平衡点处是赫尔维茨(Hurwitz)矩阵，则内部动态局部渐近稳定。比如，水下热滑翔机以 25°滑翔角稳定运行时，根据相应的滑翔平衡值，

可计算系数矩阵 $\boldsymbol{A}_{\mathrm{ID}}$ 的特征值分别为 $-0.08+14.69\mathrm{i}$，$-0.08-14.69\mathrm{i}$，-0.34，-0.03。这些特征值全部位于复平面的左半平面，故系数矩阵 $\boldsymbol{A}_{\mathrm{ID}}$ 为赫尔维茨矩阵，内部动态局部渐近稳定，整个系统为最小相系统。

当控制输出变量选择不合适时，相应的系数矩阵 $\boldsymbol{A}_{\mathrm{ID}}$ 和内部动态的稳定性就很难得到保证。选择水下热滑翔机的内部滑动质量位置 r_{p1} 和可变质量 m_b 作为控制输出变量，根据上述同样的方法来判定系统的稳定性。仍然使用水下热滑翔机以 $25°$ 滑翔角稳定运行时的相应滑翔平衡值来计算，可得，系数矩阵 $\boldsymbol{A}_{\mathrm{ID}}$ 的特征值分别为 4.04，-0.32，0.11，-0.03。其中，有两个特征值位于复平面的右半平面。因此，系数矩阵 $\boldsymbol{A}_{\mathrm{ID}}$ 不再是赫尔维茨矩阵，内部动态也不再是局部渐近稳定的，整个系统为非最小相系统。由此可见，选择合适的控制输出变量，对整个系统的稳定性起着至关重要的作用。

14.4.3 水下热滑翔机运动控制系统设计

前面已经成功地应用逆系统方法，将水下热滑翔机动力学系统解耦成两个独立的 SISO 线性子系统。为了实现输出跟踪，以下再为每个 SISO 线性子系统设计专用的闭环控制器，以形成一类复合控制器。

控制系统结构如图 14-4 所示，反馈项用于补偿由于环境扰动和参数变化所引起的误差。

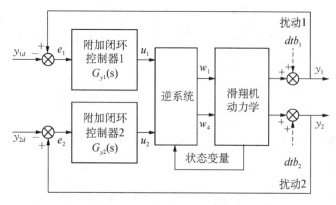

图 14-4 基于逆系统方法的复合闭环控制器结构图

滑模变结构控制是一种有效的非线性鲁棒控制方法。系统一旦进入滑模运动，将对环境扰动和参数变化具有不敏感性，就可以通过滑动模态的设计来获得满意的动态品质。控制简单，易于实现。下面应用此方法，为每个 SISO 线性子系统设计专用的闭环控制器。

滑模变结构控制系统中的运动过程，是由两部分组成的，即由两个阶段的运动组成的。第一阶段是趋近运动（非滑动模态），它全部位于切换面之外，或有限次穿越切换面。第二阶段是滑动模态，它完全位于切换面上的滑动模态区之内。相应地，滑模控制的设计过程也包括两个步骤：第一步，设计切换函数和切换面，以保证滑动模态稳定,系统沿着此切换面滑动至目标平衡点;第二步,设计控制输入,以保证系统在有限时间内到达,并不再离开切换面。

定义输出误差变量如下:

$$e_1 = y_1 - y_{1d} \tag{14-33}$$

$$e_2 = y_2 - y_{2d} \tag{14-34}$$

根据分散滑模控制理论,对于两个输入的系统,一般设计两个切换函数。这里,采用如下的线性切换函数:

$$s_1 = \left(\frac{\mathrm{d}}{\mathrm{d}t} + \lambda_1\right)^{r_1-1}, \; e_1 = \left(\frac{\mathrm{d}}{\mathrm{d}t} + \lambda_1\right)^{2-1}, \; e_1 = \dot{e}_1 + \lambda_1 e_1 \tag{14-35}$$

$$s_2 = \left(\frac{\mathrm{d}}{\mathrm{d}t} + \lambda_2\right)^{r_2-1}, \; e_2 = \left(\frac{\mathrm{d}}{\mathrm{d}t} + \lambda_2\right)^{1-1}, \; e_2 = e_2 \tag{14-36}$$

其中,$\dfrac{\mathrm{d}}{\mathrm{d}t}$ 是微分算子。令以上两式等于零,便得相应的切换面。

为了保证系统从任一初始状态在有限时间内到达切换面这一运动阶段的品质问题,现采用一种快速平滑趋近律的方法,表示如下:

$$\dot{s}_1 = -\varepsilon_1 \mid s_1 \mid^{\tau_1} \mathrm{sgn}(s_1) - \kappa_1 s_1 \quad (\varepsilon_1 > 0, \; \kappa_1 > 0, \; 1 > \tau_1 > 0) \tag{14-37}$$

$$\dot{s}_2 = -\varepsilon_2 \mid s_2 \mid^{\tau_2} \mathrm{sgn}(s_2) - \kappa_2 s_2 \quad (\varepsilon_2 > 0, \; \kappa_2 > 0, \; 1 > \tau_2 > 0) \tag{14-38}$$

快速平滑趋近律的第一项为幂次趋近律,第二项为比例速度趋近律。当系统状态远离切换面时,幂次趋近律使得趋近速度增加;而当系统状态接近切换面时,幂次趋近律使得趋近速度减小以降低抖动。此外,当切换函数数值较大时,比例速度趋近律也迫使系统状态快速趋近切换面。

分别对式(14-35)和式(14-36)求导,可得:

$$\dot{s}_1 = \ddot{e}_1 + \lambda_1 \dot{e}_1 = (\ddot{y}_1 - \ddot{y}_{1d}) + \lambda_1(\dot{y}_1 - \dot{y}_{1d}) \tag{14-39}$$

$$\dot{s}_2 = \dot{e}_2 = \dot{y}_2 - \dot{y}_{2d} \tag{14-40}$$

分别将式(14-25)和式(14-26)代入以上两式,可得:

$$\dot{s}_1 = \ddot{e}_1 + \lambda_1 \dot{e}_1 = (u_1 - \ddot{y}_{1d}) + \lambda_1(\dot{y}_1 - \dot{y}_{1d}) \tag{14-41}$$

$$\dot{s}_2 = \dot{e}_2 = u_2 - \dot{y}_{2d} \tag{14-42}$$

分别将式(14-37)和式(14-38)代入以上两式,可解得控制输入函数分别为

$$u_1 = -\varepsilon_1 \mid s_1 \mid^{\tau_1} \mathrm{sgn}(s_1) - \kappa_1 s_1 - \lambda_1(\dot{y}_1 - \dot{y}_{1d}) + \ddot{y}_{1d} \tag{14-43}$$

$$u_2 = -\varepsilon_2 \mid s_2 \mid^{\tau_2} \mathrm{sgn}(s_2) - \kappa_2 s_2 + \dot{y}_{2d} \tag{14-44}$$

14.5 运动控制系统仿真

为了对前所设计的水下热滑翔机运动控制系统性能进行评估,下面做了一系列的模拟仿真计算。仿真所用的滑翔机模型与现有的滑翔机(如 Slocum)在尺寸上相似,其仿真参数如表 14-1 所示。

表 14-1 水下热滑翔机仿真参数值

m/kg	50	$\overline{m}/\text{kg}$	9	m_h/kg	40
m_{f1}/kg	5	m_{f3}/kg	70	$J_2/(\text{kg}\cdot\text{m}^2)$	12
r_{p3}/cm	5	K_{D0}	2.15	K_D	25
K_{L0}	0	K_L	132.5	K_{M0}	0
K_M	-100	$K_{\Omega_2}^1$	50	$K_{\Omega_2}^2$	50

14.5.1 稳定平衡点之间的运动转换过程仿真

当水下热滑翔机到达预定海洋深度时,必须从向下的滑翔运动转换到向上的滑翔运动,这是水下热滑翔机运动控制中最常见的一种,也是最重要的一种。这里,以水下热滑翔机由 25°下潜运动向 25°上浮运动的转换过程为例,进行了仿真。初始时刻,水下热滑翔机稳定状态参数值分别为:$\theta = -23°$, $\Omega_2 = 0°/\text{s}$, $v_1 = 0.3\,\text{m/s}$, $v_3 = 0.01\,\text{m/s}$, $r_{p1} = 0.02\,\text{m}$, $\dot{r}_{p1} = 0\,\text{m/s}$, $m_0 = 0.047\,\text{kg}$。而水下热滑翔机稳定状态参数目标值分别为:$\theta = 23°$, $\Omega_2 = 0°/\text{s}$, $v_1 = 0.3\,\text{m/s}$, $v_3 = -0.01\,\text{m/s}$, $r_{p1} = -0.02\,\text{m}$, $\dot{r}_{p1} = 0\,\text{m/s}$, $m_0 = -0.047\,\text{kg}$。

图 14-5 为控制输出变量的动态响应过程。由此可见,调节时间小于 10 s,控制

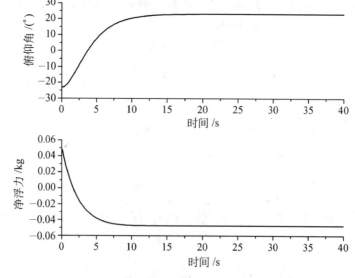

图 14-5 俯仰角和净浮力质量的输出响应曲线

输出变量最终收敛于目标平衡值。因此,控制系统具有良好的动态和稳态性能。在模拟仿真计算中,相关的控制参数如下：$\lambda_1 = 0.4$, $\varepsilon_1 = 0.01$, $\tau_1 = 0.5$, $\kappa_1 = 0.5$, $\varepsilon_2 = 0.01$, $\tau_2 = 0.5$, $\kappa_2 = 0.4$。

14.5.2　有连续扰动的稳定平衡点之间的运动转换过程仿真

为了测试所设计的水下热滑翔机运动控制系统的抗干扰能力,在模拟仿真计算中,对输出变量俯仰角加入连续扰动信号 $dtb_1 = 5\sin(4t)$,同时对输出变量净浮力质量加入连续扰动信号 $dtb_2 = 0.004\sin(5t)$。

图 14-6 所示为控制输出变量的动态响应过程。可见,在有连续扰动的情况下,控制效果并未削弱,控制系统仍具有良好的动态和稳态性能。这说明,前面所设计的水下热滑翔机运动控制系统具有一定的抗干扰能力,主要是因为反馈控制环节在很大程度上消除了由于扰动所引起的误差。

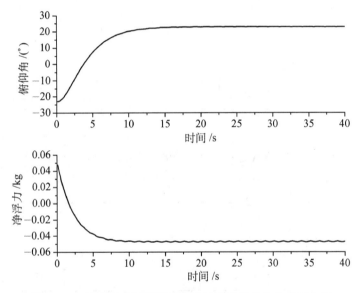

图 14-6　连续扰动下俯仰角和净浮力质量的输出响应曲线

14.5.3　有参数变化的稳定平衡点之间的运动转换过程仿真

为了测试所设计的水下热滑翔机运动控制系统对参数变化的不敏感性,在模拟仿真计算中,对基本的水动力学参数做了如下变化:在仿真时间等于 20 s 的时刻,阻力系数 K_D 以及力矩系数 K_M、$K_{\Omega_2^1}$、$K_{\Omega_2^2}$ 在原来的基础之上瞬时增加 25%,而升力系数 K_L 在原来的基础之上瞬时减小 25%;在仿真时间等于 30 s 的时刻,阻力系数 K_D 以及力矩系数 K_M、$K_{\Omega_2^1}$、$K_{\Omega_2^2}$ 在原来的基础之上瞬时减小 25%,而升力系数 K_L 在原来的基础之上瞬时增加 25%。

之所以选择以上这些基本的水动力学参数加以测试,主要是考虑到它们对水下热滑翔机运动影响的重要性。

　　图 14-7 为参数变化时,俯仰角和净浮力质量的输出动态响应曲线。图 14-8 为参数变化时,切换函数值随时间的变化曲线。仿真结果表明,在参数变化的情况下,输出响应始终保持稳定,不受其影响,且控制系统依然具有良好的动态和稳态性能。

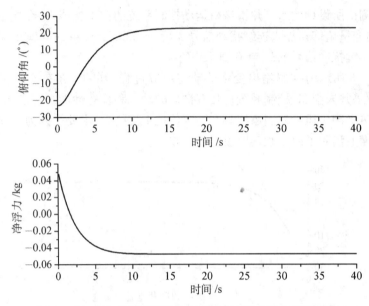

图 14-7　参数变化下俯仰角和净浮力质量的输出响应曲线

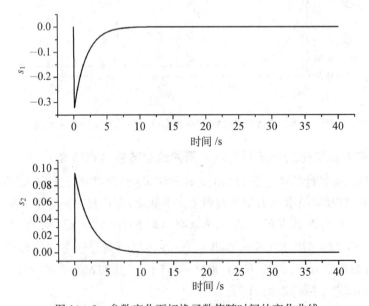

图 14-8　参数变化下切换函数值随时间的变化曲线

究其原因,在仿真时间等于 20 s 之前,两个切换函数均已等于零,即系统状态变量已经位于切换面上,系统已经进入滑模运动状态,故而对参数变化不敏感,具有较好的鲁棒性。

14.5.4　稳定平衡点之间的大幅度运动转换过程仿真

为了证明所设计的水下热滑翔机运动控制系统具有较大的吸引区,这里以水下热滑翔机由 50° 下潜运动、再 50° 上浮运动的转换过程为例,执行仿真计算。

初始时刻,水下热滑翔机的稳定状态参数值分别为:$\theta = -49.2°$, $\Omega_2 = 0°/s$, $v_1 = 0.405\,\text{m/s}$, $v_3 = 0.006\,\text{m/s}$, $r_{p1} = 0.057\,\text{m}$, $\dot{r}_{p1} = 0\,\text{m/s}$, $m_0 = 0.047\,\text{kg}$。而水下热滑翔机的稳定状态参数目标值分别为:$\theta = 49.2°$, $\Omega_2 = 0°/s$, $v_1 = 0.405\,\text{m/s}$, $v_3 = -0.006\,\text{m/s}$, $r_{p1} = -0.057\,\text{m}$, $\dot{r}_{p1} = 0\,\text{m/s}$, $m_0 = -0.047\,\text{kg}$。

仿真结果如图 14-9 所示。结果表明,大幅度运动转换过程的调节时间小于 15 s,控制输出变量始终稳定,最终收敛于目标平衡值。由此可见,控制系统具有较大的吸引区,同时具有良好的动态和稳态性能。

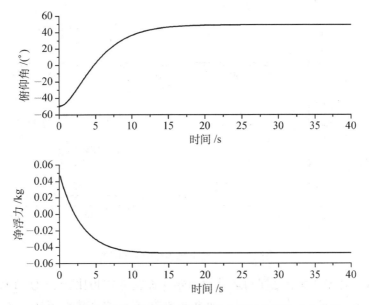

图 14-9　大幅度运动下俯仰角和净浮力质量的输出响应曲线

在模拟仿真计算中,相关的控制参数如下:$\lambda_1 = 0.4$, $\varepsilon_1 = 0.01$, $\tau_1 = 0.5$, $\kappa_1 = 0.3$, $\varepsilon_2 = 0.01$, $\tau_2 = 0.5$, $\kappa_2 = 0.3$。

14.5.5　输出跟踪控制仿真

前面的仿真结果均已表明,对水下热滑翔机在稳定平衡点之间的运动快速转换,所设计的运动控制系统具有良好的控制效果。下面,进一步对运动控制系统在输出轨迹跟踪控制方面的性能进行评估。

在平衡点之间,规划的期望输出轨迹如下:

$$y_{1d} = \begin{cases} -23 + 46\left[10\left(\dfrac{t}{15}\right)^3 - 15\left(\dfrac{t}{15}\right)^4 + 6\left(\dfrac{t}{15}\right)^5\right], & t \leqslant 15 \\ 23 & t > 15 \end{cases} \quad (14-45)$$

$$y_{2d} = \begin{cases} 0.047 - 0.094\left[3\left(\dfrac{t}{15}\right)^2 - 2\left(\dfrac{t}{15}\right)^3\right], & t \leqslant 15 \\ -0.047 & t > 15 \end{cases} \quad (14-46)$$

仿真结果如图 14-10 所示。结果表明,运动控制系统对于输出轨迹跟踪的控制,也同样具有良好的性能。在模拟仿真计算中,相关的控制参数为:$\lambda_1 = 0.4$,$\varepsilon_1 = 0.01$,$\tau_1 = 0.5$,$\kappa_1 = 2$,$\varepsilon_2 = 0.01$,$\tau_2 = 0.5$,$\kappa_2 = 1$。

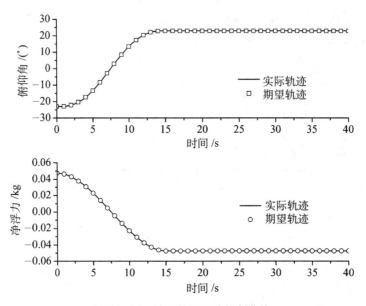

图 14-10　输出轨迹跟踪控制曲线

此外,与稳定平衡点之间的运动快速转换控制方式相比,输出轨迹跟踪控制方式所需的控制力较小。图 14-11 为两种控制方式下,水下热滑翔机由 25°下潜运动转换到 25°上浮运动过程的控制输入。可见,输出轨迹控制所需的控制成本较低,是一种较好的控制策略。

据前分析和讨论,获得以下结果:

逆系统方法的成功应用,要求系统的内部动态稳定;选择合适的控制输出变量,对整个系统的稳定性起着至关重要的作用。

所设计的水下热滑翔机运动控制系统,能够有效处理欠驱动的多变量非线性系统,并达到满意的程度;它具有一定的抗干扰能力;对参数变化不敏

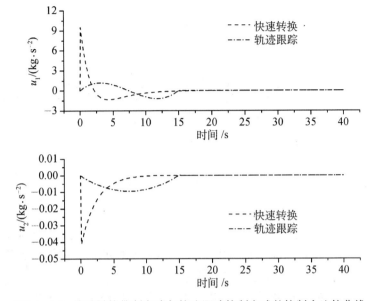

图 14 - 11　快速转换控制方式与轨迹跟踪控制方式的控制力比较曲线

感,具有良好的鲁棒性。同时,它具有较大的吸引区,并具有良好的输出跟踪控制性能。

第 15 章　水下热滑翔机运动的非线性前馈与反馈控制

15.1　引言

由前可知,经典逆系统方法的一个重要应用条件,是要求系统的内部动态必须稳定。对于具有不稳定内部动态的非最小相系统,经典的逆系统方法无能为力。虽然,有时可以通过合理的选择控制输出变量,使系统的内部动态稳定。但是,有时也未必能找得到合适的输出变量,或者也未必获得所需的控制输出变量。

此外,滑翔机设计参数稍作调整,或者是水动力学参数发生变化,原来具有稳定内部动态的系统,也可能变得不稳定。我们设想,如果能有这样的一种方法,不管系统的内部动态是否稳定,都能对水下滑翔机的运动有效地进行控制,就必将使水下滑翔机的动力学行为大为改善。这种方法想必对控制领域的研究产生积极的推动作用。

水下滑翔机主要通过滑动质量块和调节浮力来进行运动控制,从而使滑翔机从初始稳定运行状态转变到所期望的稳定运行状态。如果在初态和末态之间,规划了质量块的滑动路径轨迹和浮力的变化轨迹,那么,从节能的角度来看,按照这种预设的轨迹,从初态变化到末态控制所需的能量消耗就较少。这是一种理想的控制策略。

15.2　水下热滑翔机的运动控制模型

为了便于研究和分析,定义控制输入向量 $\boldsymbol{u} = (u_1, u_2)^{\mathrm{T}} = (w_1, w_4)^{\mathrm{T}}$ 和状态向量 $\boldsymbol{x} = (x_1, x_2, x_3, x_4, x_5, x_6, x_7)^{\mathrm{T}} = (\theta, \Omega_2, v_1, v_3, r_{p1}, \dot{r}_{p1}, m_b)^{\mathrm{T}}$, 前所改进的水下滑翔机在垂直平面内的非线性运动方程,用状态空间重新表达如下:

$$\dot{x}_1 = x_2 \tag{15-1}$$

$$
\begin{aligned}
\dot{x}_2 = \frac{1}{a} \{ & (\overline{m} + m_1)(\overline{m} + m_3)Y - \overline{m}m_3(\overline{m} + m_1)x_5 x_6 x_2 - \\
& \overline{m}(\overline{m} + m_3)r_{p3}X_1 + \overline{m}(\overline{m} + m_1)x_5 X_3 - \\
& \overline{m}m_1(\overline{m} + m_3)r_{p3}u_1 \}
\end{aligned}
\tag{15-2}
$$

$$\dot{x}_3 = \frac{1}{a}\{-\overline{m}(\overline{m}+m_3)r_{p3}Y+\overline{m}^2 m_3 r_{p3}x_5 x_6 x_2 +$$

$$[J_2(\overline{m}+m_3)+\overline{m}m_3 x_5^2+\overline{m}(\overline{m}+m_3)r_{p3}^2]X_1-\overline{m}^2 r_{p3}x_5 X_3 - \quad (15-3)$$

$$\overline{m}(J_2\overline{m}+J_2 m_3+\overline{m}m_3 x_5^2)u_1\}$$

$$\dot{x}_4 = \frac{1}{a}\{\overline{m}(\overline{m}+m_1)x_5 Y+\overline{m}(J_2\overline{m}+J_2 m_1+\overline{m}m_1 r_{p3}^2)x_6 x_2 -$$

$$\overline{m}^2 r_{p3}x_5 X_1+[J_2(\overline{m}+m_1)+\overline{m}(\overline{m}+m_1)x_5^2+\overline{m}m_1 r_{p3}^2]X_3 - \quad (15-4)$$

$$\overline{m}^2 m_1 r_{p3}x_5 u_1\}$$

$$\dot{x}_5 = x_6 \quad (15-5)$$

$$\dot{x}_6 = u_1 \quad (15-6)$$

$$\dot{x}_7 = u_2 \quad (15-7)$$

式中：

$$a = J_2(\overline{m}+m_1)(\overline{m}+m_3)+\overline{m}m_3(\overline{m}+m_1)x_5^2+\overline{m}m_1(\overline{m}+m_3)r_{p3}^2;$$

$$X_1 = -m_3 x_4 x_2-\overline{m}(x_4-x_5 x_2)x_2-m_0 g\sin x_1-D\cos\alpha+L\sin\alpha;$$

$$X_3 = m_1 x_3 x_2+\overline{m}(x_3+x_6+r_{p3}x_2)x_2+m_0 g\cos x_1-D\sin\alpha-L\cos\alpha;$$

$$Y = (m_3-m_1)x_3 x_4-[x_5\overline{m}(x_3+x_6+r_{p3}x_2)+r_{p3}\overline{m}(x_4-x_5 x_2)]x_2-$$
$$\overline{m}g(x_5\cos x_1+r_{p3}\sin x_1)+M_{DL2};$$

$$m_0 = x_7+m_h+\overline{m}-m;$$

$$m_1 = x_7+m_h+m_{f1};$$

$$m_3 = x_7+m_h+m_{f3};$$

$$D = (K_{D0}+K_D\alpha^2)(x_3^2+x_4^2);$$

$$L = (K_{L0}+K_L\alpha)(x_3^2+x_4^2);$$

$$M_{DL2} = (K_{M0}+K_M\alpha)(x_3^2+x_4^2)+K_{\Omega_2^1}x_2+K_{\Omega_2^2}x_2^2;$$

$$\alpha = \tan^{-1}\left(\frac{x_4}{x_3}\right)$$

　　由于水下滑翔机是通过滑动质量块和改变浮力来进行运动控制的，为了便于规划其变化轨迹，这里选择滑块的位置和可变质量作为控制对象，即控制输出变量 y 为

$$y_1 = x_5 \quad (15-8)$$

$$y_2 = x_7 \quad (15-9)$$

根据第 14 章的分析可知，选择以上两者作为控制输出变量时，系统的内部动态

在 25°滑翔角所处的平衡点是不稳定的,系统为非最小相系统。

15.3 水下热滑翔机运动的非线性前馈与反馈控制设计

15.3.1 运动控制系统结构

控制系统结构如图 15-1 所示。利用稳定逆技术求得前馈控制输入 u_d,期望的状态轨迹 x_d 以及自由参数用于构造期望的输出轨迹 y_d。前馈控制输入 u_d 用于跟踪期望的输出轨迹,而反馈控制输入 u_b 用于保证系统稳定地沿着期望的状态轨迹从初态变化到末态。

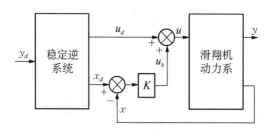

图 15-1　控制系统结构图

15.3.2 基于新型稳定逆技术的前馈控制设计

所考虑的水下滑翔机动力学系统,是具有不稳定内部动态的非最小相系统。在非线性控制中,这种过程构造控制算法的困难在于,为不稳定的内部动态找出一个有界的、有因果的解。

前馈控制的输入必须是有界的。求解逆问题的方法依赖于系统内部动态的稳定性。不稳定内部动态的求解,可能得到的是无界的状态轨迹和无界的控制输入。经典的逆系统方法,只能用于具有稳定内部动态的系统的前馈控制设计,无法应用于非最小相系统。稳定逆是求解非最小相系统逆问题的一种方法,求得的状态轨迹和控制输入是有界的。但是,也可能是非因果的。Graichen K 等人针对非线性 SISO 系统,提出过基于稳定逆技术的前馈控制设计方法,可以适用于两平衡点之间、有限时间间隔内的转换过程。这种方法视此过程为两点边界值问题。由于两点边界值问题的求解无需数值积分,因此不管系统的内部动态是否稳定,此方法均适用。由此方法求得的控制输入和内部动态轨迹不但是有界的,而且是因果的。现在,我们将这种新的稳定逆技术加以拓展,应用于非线性 MIMO 系统的前馈控制设计。

为了确定与期望输出轨迹相对应的控制输入轨迹,需要求得水下滑翔机动力学逆系统,分别对式(15-8)和式(15-9)求二阶导数和一阶导数,可得:

$$\ddot{y}_1 = u_1 \tag{15-10}$$

$$\dot{y}_2 = u_2 \tag{15-11}$$

由以上两式,很容易地求得水下滑翔机动力学逆系统:

$$u_1 = \ddot{y}_1 \tag{15-12}$$

$$u_2 = \dot{y}_2 \tag{15-13}$$

由水下滑翔机动力学逆系统的推导过程可知,控制输出变量的相对阶分别为 $r_1 = 2$ 和 $r_2 = 1$。然而,所考虑的水下滑翔机动力学系统是一个 $n = 7$ 阶的系统,则存在相应的四阶内部动态,具体表达式为

$$\dot{x}_1 = x_2 \tag{15-14}$$

$$\begin{aligned}
\dot{x}_2 = \frac{1}{a} \{ & (\overline{m} + m_1)(\overline{m} + m_3)Y - \overline{m}m_3(\overline{m} + m_1)y_1\dot{y}_1 x_2 - \\
& \overline{m}(\overline{m} + m_3)r_{p3}X_1 + \overline{m}(\overline{m} + m_1)y_1 X_3 - \\
& \overline{m}m_1(\overline{m} + m_3)r_{p3}\ddot{y}_1 \}
\end{aligned} \tag{15-15}$$

$$\begin{aligned}
\dot{x}_3 = \frac{1}{a} \{ & -\overline{m}(\overline{m} + m_3)r_{p3}Y + \overline{m}^2 m_3 r_{p3}\dot{y}_1 x_2 + \\
& [J_2(\overline{m} + m_3) + \overline{m}m_3 y_1^2 + \overline{m}(\overline{m} + m_3)r_{p3}^2]X_1 - \overline{m}^2 r_{p3}y_1 X_3 - \\
& \overline{m}(J_2\overline{m} + J_2 m_3 + \overline{m}m_3 y_1^2)\ddot{y}_1 \}
\end{aligned} \tag{15-16}$$

$$\begin{aligned}
\dot{x}_4 = \frac{1}{a} \{ & \overline{m}(\overline{m} + m_1)y_1 Y + \overline{m}(J_2\overline{m} + J_2 m_1 + \overline{m}m_1 r_{p3}^2)\dot{y}_1 x_2 - \\
& \overline{m}^2 r_{p3}y_1 X_1 + [J_2(\overline{m} + m_1) + \overline{m}(\overline{m} + m_1)y_1^2 + \overline{m}m_1 r_{p3}^2]X_3 - \\
& \overline{m}^2 m_1 r_{p3}y_1 \ddot{y}_1 \}
\end{aligned} \tag{15-17}$$

令 $\boldsymbol{\eta} = (x_1, x_2, x_3, x_4)^T = (\theta, \Omega_2, v_1, v_3)^T \in \mathbf{R}^{n-r_1-r_2}$,内部动态简记为

$$\dot{\boldsymbol{\eta}} = q(\boldsymbol{\eta}, y_1, \dot{y}_1, \ddot{y}_1, y_2, \dot{y}_2) \tag{15-18}$$

在有限时间间隔 $t \in [0, T]$ 内,水下滑翔机平衡状态之间的转换意味着方程式 (15-10)、(15-11)、(15-18) 的解必须满足下列相应的边界条件:

$$y_1(0) = y_{10}, \ y_1(T) = y_{1T}, \ y_1^{(i)}\Big|_{0,T} = 0, \ i = 1, \cdots, r_1 \tag{15-19}$$

$$y_2(0) = y_{20}, \ y_2(T) = y_{2T}, \ y_2^{(i)}\Big|_{0,T} = 0, \ i = 1, \cdots, r_2 \tag{15-20}$$

$$\boldsymbol{\eta}(0) = \boldsymbol{\eta}_0, \ \boldsymbol{\eta}(T) = \boldsymbol{\eta}_T \tag{15-21}$$

由方程式 (15-12)~(15-18) 可见,前馈控制输入轨迹 u_d 和状态轨迹 x_d 均依赖于期望输出轨迹 y_d。此外,内部动态式 (15-18) 的维数为 $n-r_1-r_2$,却要满足 $2(n-r_1-r_2)$ 个边界条件式 (15-21)。为了求解这个两点边界值,需额外提供 $n-r_1-r_2$ 个自由参数 $\boldsymbol{b} = \begin{bmatrix} b_1 \\ b_2 \end{bmatrix}$ 用于构造期望输出轨迹 y_d。因此,y_d 可表示为预设轨迹 y_p 和变异

函数 y_v 之和,即

$$y_d = y_p + y_v \tag{15 - 22}$$

期望输出轨迹 y_{1d} 和预设部分 y_{1p} 均满足边界条件式(15 - 19),因此,含有自由参数 b_1 的变异函数 y_{1v} 必须满足下列边界条件:

$$y_{1v}^{(i)}\Big|_{0, T} = 0, \ i = 0, \cdots, r_1 \tag{15 - 23}$$

同样地,含有自由参数 b_2 的变异函数 y_{2v} 也必须满足下列边界条件:

$$y_{2v}^{(i)}\Big|_{0, T} = 0, \ i = 0, \cdots, r_2 \tag{15 - 24}$$

预设的输出轨迹 y_{1p} 和 y_{2p} 应足够光滑,可分别由一个 $(2r_1+1)$ 次多项式和一个 $(2r_2+1)$ 次多项式构造而成:

$$y_{1p}(t) = y_{10} + (y_{1T} - y_{10}) \sum_{j=r_1+1}^{2r_1+1} a_{1pj}\left(\frac{t}{T}\right)^j, \ t \in [0, T] \tag{15 - 25}$$

$$y_{2p}(t) = y_{20} + (y_{2T} - y_{20}) \sum_{j=r_2+1}^{2r_2+1} a_{2pj}\left(\frac{t}{T}\right)^j, \ t \in [0, T] \tag{15 - 26}$$

同理,变异部分 y_{1v} 和 y_{2v} 可由多项式构造,也可由简单的三角函数构造。这里,仍由一个 (k_1+2r_1+1) 次多项式和一个 (k_2+2r_2+1) 次多项式构造而成:

$$y_{1v}(t, b_1) = \sum_{j=r_1+1}^{2r_1+1} a_{1vj}\left(\frac{t}{T}\right)^j + \sum_{j=1}^{k_1} b_{1j}\left(\frac{t}{T}\right)^{j+2r_1+1}, \ t \in [0, T] \tag{15 - 27}$$

$$y_{2v}(t, b_2) = \sum_{j=r_2+1}^{2r_2+1} a_{2vj}\left(\frac{t}{T}\right)^j + \sum_{j=1}^{k_2} b_{2j}\left(\frac{t}{T}\right)^{j+2r_2+1}, \ t \in [0, T] \tag{15 - 28}$$

式中:

$$k_1 + k_2 = n - (r_1 + r_2)$$

令 $k_1 = 2, k_2 = 2$,并利用边界条件式(15 - 9)、式(15 - 20)、式(15 - 23)、式(15 - 24),对式(15 - 25)~式(15 - 28)分别求解如下:

$$y_{1p}(t) = y_{10} + (y_{1T} - y_{10})\left[10\left(\frac{t}{T}\right)^3 - 15\left(\frac{t}{T}\right)^4 + 6\left(\frac{t}{T}\right)^5\right] \tag{15 - 29}$$

$$y_{2p}(t) = y_{20} + (y_{2T} - y_{20})\left[3\left(\frac{t}{T}\right)^2 - 2\left(\frac{t}{T}\right)^3\right] \tag{15 - 30}$$

$$y_{1v}(t, b_1) = -(b_{11} + 3b_{12})\left(\frac{t}{T}\right)^3 + (3b_{11} + 8b_{12})\left(\frac{t}{T}\right)^4 -$$

$$(3b_{11} + 6b_{12})\left(\frac{t}{T}\right)^5 + b_{11}\left(\frac{t}{T}\right)^6 + b_{12}\left(\frac{t}{T}\right)^7 \tag{15-31}$$

$$y_{2v}(t, b_2) = (b_{21} + 2b_{22})\left(\frac{t}{T}\right)^2 - (2b_{21} + 3b_{22})\left(\frac{t}{T}\right)^3 + b_{21}\left(\frac{t}{T}\right)^4 + b_{22}\left(\frac{t}{T}\right)^5 \tag{15-32}$$

将以上 4 式代入式(15-22)后再代入式(15-18),并利用边界条件式(15-21),此两点边界值问题便可成功求解。解中包括了内部动态轨迹 η 和自由参数 b,也就获得了相应的期望输出轨迹 y_d 和前馈控制输入轨迹 u_d。

包括未知自由参数的两点边界值问题,都可由 MATLAB 标准函数 bvp4c 求解。利用表 5-1 中水下滑翔机的参数值并取 $T = 30\,\text{s}$,最终求解所得的自由参数为

$$(\boldsymbol{b})_{T=30\,\text{s}} = \begin{pmatrix} 15.1729 & -5.0163 \\ 20.4166 & -8.0792 \end{pmatrix}$$

相应地,最终所得的输出轨迹如图 15-2 所示。图中表明,相比预设输出轨迹 y_p,变异函数 y_v 使期望输出轨迹 y_d 变形了。然而,为了实现系统状态在有限时间间隔内的转换,又必须要引入自由参数及相应的变异函数。

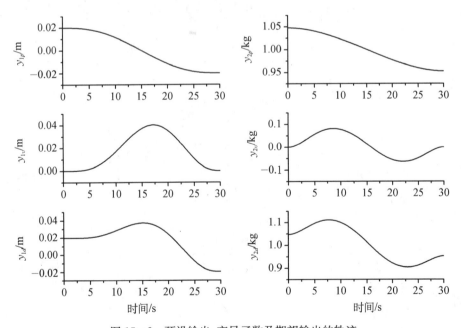

图 15-2　预设输出、变异函数及期望输出的轨迹

15.3.3　基于二次型最优的反馈控制设计

引入反馈控制,可用于保证系统稳定地沿着期望状态轨迹从初态变化到末态,并使水下滑翔机的运动对环境的不确定性和干扰具有一定的鲁棒性。反馈控制由 LQR 方法设计,这是一种最优控制方法。与在平衡点进行线性化不同的是,这里需要沿着期望的状态轨迹对水下滑翔机动力学系统进行线性化。

分别定义状态误差向量和输入误差向量如下:

$$\delta x = x - x_d$$

$$\delta u = u - u_d$$

对水下滑翔机动力学系统沿着期望的状态轨迹进行线性化,可得线性化系统的状态空间表达式:

$$\dot{\delta x} = A\delta x + B\delta u \tag{15-33}$$

矩阵 A 为状态矩阵,矩阵 B 为输入矩阵,可分别表示为

$$A = \begin{pmatrix} 0 & 1 & 0 & 0 & 0 & 0 & 0 \\ a_{21} & a_{22} & a_{23} & a_{24} & a_{25} & a_{26} & a_{27} \\ a_{31} & a_{32} & a_{33} & a_{34} & a_{35} & a_{36} & a_{37} \\ a_{41} & a_{42} & a_{43} & a_{44} & a_{45} & a_{46} & a_{47} \\ 0 & 0 & 0 & 0 & 0 & 1 & 0 \\ 0 & 0 & 0 & 0 & 0 & 0 & 0 \\ 0 & 0 & 0 & 0 & 0 & 0 & 0 \end{pmatrix} \tag{15-34}$$

$$B = \begin{pmatrix} 0 & 0 \\ -\dfrac{\bar{m}m_{1d}(\bar{m}+m_{3d})r_{p3d}}{a_d} & 0 \\ -\dfrac{\bar{m}(J_2\bar{m}+J_2 m_{3d}+\bar{m}m_{3d}r_{p1d}^2)}{a_d} & 0 \\ -\dfrac{\bar{m}^2 m_{1d}r_{p1d}r_{p3d}}{a_d} & 0 \\ 0 & 0 \\ 1 & 0 \\ 0 & 1 \end{pmatrix} \tag{15-35}$$

式中:

$$a_{21} = \frac{1}{a_d}(c_1 Y_\theta - c_2 X_{1\theta} + c_3 X_{3\theta});$$

$$a_{22} = \frac{1}{a_d} [c_1 Y_{\Omega 2} - c_2 X_{1\Omega 2} + c_3 X_{3\Omega 2} - \overline{m} m_{3d} (\overline{m} + m_{1d}) r_{p1d} \dot{r}_{p1d}];$$

$$a_{23} = \frac{1}{a_d} (c_1 Y_{v1} - c_2 X_{1v1} + c_3 X_{3v1});$$

$$a_{24} = \frac{1}{a_d} (c_1 Y_{v3} - c_2 X_{1v3} + c_3 X_{3v3});$$

$$a_{25} = \frac{1}{a_d} [c_1 Y_{rp1} - c_2 X_{1rp1} + \overline{m} (\overline{m} + m_{1d}) X_{30} - \overline{m} m_{3d} (\overline{m} + m_{1d}) \dot{r}_{p1d} \Omega_{2d}];$$

$$a_{26} = \frac{1}{a_d} [c_1 Y_{rp1p} + c_3 X_{3rp1p} - \overline{m} m_{3d} (\overline{m} + m_{1d}) r_{p1d} \Omega_{2d}];$$

$$a_{27} = \frac{1}{a_d} [(2\overline{m} + m_{1d} + m_{3d}) Y_0 - \overline{m} r_{p3d} X_{10} - c_2 X_{1mb} + \overline{m} r_{p1d} X_{30} + c_3 X_{3mb} - \overline{m} (\overline{m} + m_{1d} + m_{3d}) (r_{p1d} \dot{r}_{p1d} \Omega_{2d} + r_{p3d} u_{1d})];$$

$$a_{31} = \frac{1}{a_d} (-c_2 Y_{\theta} + c_4 X_{1\theta} - c_5 X_{3\theta});$$

$$a_{32} = \frac{1}{a_d} (-c_2 Y_{\Omega 2} + c_4 X_{1\Omega 2} - c_5 X_{3\Omega 2} + \overline{m}^2 m_{3d} r_{p1d} r_{p3d} \dot{r}_{p1d});$$

$$a_{33} = \frac{1}{a_d} (-c_2 Y_{v1} + c_4 X_{1v1} - c_5 X_{3v1});$$

$$a_{34} = \frac{1}{a_d} (-c_2 Y_{v3} + c_4 X_{1v3} - c_5 X_{3v3});$$

$$a_{35} = \frac{1}{a_d} (-c_2 Y_{rp1} + c_4 X_{1rp1} + 2\overline{m} m_{3d} r_{p1d} X_{10} - \overline{m}^2 r_{p3d} X_{30} + \overline{m}^2 m_{3d} r_{p3d} \dot{r}_{p1d} \Omega_{2d} - 2\overline{m}^2 m_{3d} r_{p1d} u_{1d});$$

$$a_{36} = \frac{1}{a_d} (-c_2 Y_{rp1p} - c_5 X_{3rp1p} + \overline{m}^2 m_{3d} r_{p1d} r_{p3d} \Omega_{2d});$$

$$a_{37} = \frac{1}{a_d} [-\overline{m} r_{p3d} Y_0 + (J_2 + \overline{m} r_{p1d}^2 + \overline{m} r_{p3d}^2) X_{10} + c_4 X_{1mb} - c_5 X_{3mb} + \overline{m}^2 r_{p1d} r_{p3d} \dot{r}_{p1d} \Omega_{2d} - \overline{m} (J_2 + r_{p1d}^2) u_{1d}];$$

$$a_{41} = \frac{1}{a_d} (c_3 Y_{\theta} - c_5 X_{1\theta} + c_6 X_{3\theta});$$

$$a_{42} = \frac{1}{a_d} [c_3 Y_{\Omega 2} - c_5 X_{1\Omega 2} + c_6 X_{3\Omega 2} + \overline{m} (J_2 \overline{m} + J_2 m_{1d} + \overline{m} m_{1d} r_{p3d}^2) \dot{r}_{p1d}];$$

$$a_{43} = \frac{1}{a_d} (c_3 Y_{v1} - c_5 X_{1v1} + c_6 X_{3v1});$$

$$a_{44} = \frac{1}{a_d}(c_3 Y_{v3} - c_5 X_{1v3} + c_6 X_{3v3});$$

$$a_{45} = \frac{1}{a_d}\big[\overline{m}(\overline{m} + m_{1d})Y_0 + c_3 Y_{rp1} - \overline{m}^2 r_{p3d} X_{10} - c_5 X_{1rp1} + \\ 2\overline{m}(\overline{m} + m_{1d})r_{p1d} X_{30} - \overline{m}^2 m_{1d} r_{p3d} u_{1d}\big];$$

$$a_{46} = \frac{1}{a_d}\big[c_3 Y_{rp1p} + c_6 X_{3rp1p} + \overline{m}(J_2 \overline{m} + J_2 m_{1d} + \overline{m} m_{1d} r_{p3d}^2)\Omega_{2d}\big];$$

$$a_{47} = \frac{1}{a_d}\big[\overline{m} r_{p1d} Y_0 - c_5 X_{1mb} + (J_2 + \overline{m} r_{p1d}^2 + \overline{m} r_{p3d}^2)X_{30} + c_6 X_{3mb} + \\ \overline{m}(J_2 + \overline{m} r_{p3d}^2)\dot{r}_{p1}\Omega_2 - \overline{m}^2 r_{p1d} r_{p3d} u_{1d}\big];$$

$$a_d = J_2(\overline{m} + m_{1d})(\overline{m} + m_{3d}) + \overline{m} m_{3d}(\overline{m} + m_{1d})r_{p1d}^2 + \overline{m} m_{1d}(\overline{m} + m_{3d})r_{p3d}^2;$$

$$c_1 = (\overline{m} + m_{1d})(\overline{m} + m_{3d});$$

$$c_2 = \overline{m}(\overline{m} + m_{3d})r_{p3d};$$

$$c_3 = \overline{m}(\overline{m} + m_{1d})r_{p1d};$$

$$c_4 = J_2(\overline{m} + m_{3d}) + \overline{m} m_{3d} r_{p1d}^2 + \overline{m}(\overline{m} + m_{3d})r_{p3d}^2;$$

$$c_5 = \overline{m}^2 r_{p1d} r_{p3d};$$

$$c_6 = J_2(\overline{m} + m_{1d}) + \overline{m}(\overline{m} + m_{1d})r_{p1d}^2 + \overline{m} m_{1d} r_{p3d}^2;$$

$$X_{10} = -m_{3d} v_{3d}\Omega_{2d} - \overline{m}(v_{3d} - r_{p1d}\Omega_{2d})\Omega_{2d} - m_{0d} g\sin\theta_d - D\cos\alpha_d + L\sin\alpha_d;$$

$$X_{1\theta} = -m_{0d} g\cos\theta_d;$$

$$X_{1\Omega2} = -m_{3d} v_{3d} - \overline{m}(v_{3d} - 2r_{p1d}\Omega_{2d});$$

$$X_{1v1} = L\cos\alpha_d\alpha_{v1} + L_{v1}\sin\alpha_d + D\sin\alpha_d\alpha_{v1} - D_{v1}\cos\alpha_d;$$

$$X_{1v3} = -(m_{3d} + \overline{m})\Omega_{2d} + L\cos\alpha_d\,\alpha_{v3} + L_{v3}\sin\alpha_d + D\sin\alpha_d\,\alpha_{v3} - D_{v3}\cos\alpha_d;$$

$$X_{1rp1} = \overline{m}\Omega_{2d}^2;$$

$$X_{1mb} = -g\sin\theta_d - v_{3d}\Omega_{2d};$$

$$X_{30} = m_{1d} v_{1d}\Omega_{2d} + \overline{m}(v_{1d} + \dot{r}_{p1d} + r_{p3d}\Omega_{2d})\Omega_{2d} + m_{0d} g\cos\theta_d - D\sin\alpha_d - L\cos\alpha_d;$$

$$X_{3\theta} = -m_{0d} g\sin\theta_d;$$

$$X_{3\Omega2} = m_{1d} v_{1d} + \overline{m}(v_{1d} + \dot{r}_{p1d} + 2r_{p3d}\Omega_{2d});$$

$$X_{3v1} = (m_{1d} + \overline{m})\Omega_{2d} + L\sin\alpha_d\alpha_{v1} - L_{v1}\cos\alpha_d - D\cos\alpha_d\alpha_{v1} - D_{v1}\sin\alpha_d;$$

$$X_{3v3} = L\sin\alpha_d\alpha_{v3} - L_{v3}\cos\alpha_d - D\cos\alpha_d\alpha_{v3} - D_{v3}\sin\alpha_d;$$

$$X_{3rp1p} = \overline{m}\Omega_{2d};$$

$$X_{3mb} = g\cos\theta_d + v_{1d}\Omega_{2d};$$

$$Y_0 = (m_{f3} - m_{f1})v_{1d}v_{3d} - [r_{p1d}\overline{m}(v_{1d} + \dot{r}_{p1d} + r_{p3d}\Omega_{2d}) + r_{p3d}\overline{m}(v_{3d} - r_{p1d}\Omega_{2d})]\Omega_{2d} -$$
$$\overline{m}g(r_{p1d}\cos\theta_d + r_{p3d}\sin\theta_d) + M_{DL2};$$

$$Y_\theta = \overline{m}g(r_{p1d}\sin\theta_d - r_{p3d}\cos\theta_d);$$

$$Y_{\Omega2} = M_{\Omega2} - [r_{p1d}\overline{m}(v_{1d} + \dot{r}_{p1d} + r_{p3d}\Omega_{2d}) + r_{p3d}\overline{m}(v_{3d} - r_{p1d}\Omega_{2d})];$$

$$Y_{v1} = M_{v1} + (m_{f3} - m_{f1})v_{3d} - r_{p1d}\overline{m}\Omega_{2d};$$

$$Y_{v3} = M_{v3} + (m_{f3} - m_{f1})v_{1d} - r_{p3d}\overline{m}\Omega_{2d};$$

$$Y_{rp1} = -\overline{m}g\cos\theta_d - \overline{m}\Omega_{2d}(v_{1d} + \dot{r}_{p1d});$$

$$Y_{rp1p} = -r_{p1d}\overline{m}\Omega_{2d};$$

$$\alpha_{v1} = -\frac{v_{3d}}{v_{1d}^2 + v_{3d}^2};$$

$$\alpha_{v3} = \frac{v_{1d}}{v_{1d}^2 + v_{3d}^2};$$

$$D_{v1} = (K_{D0} + K_D\alpha_d^2)(2v_{1d}) - 2K_D\alpha_d v_{3d};$$

$$D_{v3} = (K_{D0} + K_D\alpha_d^2)(2v_{3d}) + 2K_D\alpha_d v_{1d};$$

$$L_{v1} = (K_{L0} + K_L\alpha_d)(2v_{1d}) - K_L v_{3d};$$

$$L_{v3} = (K_{L0} + K_L\alpha_d)(2v_{3d}) + K_L v_{1d};$$

$$M_{v1} = (K_{M0} + K_M\alpha_d)(2v_{1d}) - K_M v_{3d};$$

$$M_{v3} = (K_{M0} + K_M\alpha_d)(2v_{3d}) + K_M v_{1d};$$

$$M_{\Omega2} = K_{\Omega_2}^1 + 2K_{\Omega_2}^2\Omega_2 \text{。}$$

LQR 的设计是基于状态空间技术设计一个优化的动态控制器。因此,二次型最优控制的目标是寻求控制 u_b,使下面的性能指标极小:

$$J = \int_0^\infty (\delta x^T Q \delta x + \delta u^T R \delta u)\mathrm{d}t \tag{15-36}$$

其中,Q 和 R 分别为状态误差向量 δx 和输入误差向量 δu 的加权矩阵,且均为正定实对称常数矩阵。

根据状态误差向量和输入误差向量中各元素的重要性,相应的加权矩阵 Q、R 的取值分别为

$$Q = \mathrm{diag}(0.5, 1, 2, 2, 0.1, 1, 0.5)$$

$$R = \mathrm{diag}(100, 100)$$

最优控制的唯一存在,要求由状态矩阵和输入矩阵组成的阵对 $\{A, B\}$ 是完全可控的,即要求下面的等式成立:

$$\text{rank}(\boldsymbol{B} \quad \boldsymbol{A}\boldsymbol{B} \quad \cdots \quad \boldsymbol{A}^{n-1}\boldsymbol{B}) = n \tag{15-37}$$

为了得到时变反馈增益矩阵 $\boldsymbol{K}$，需要求解下面的连续时间黎卡提（Riccati）矩阵代数方程：

$$\overline{\boldsymbol{P}}\boldsymbol{A} + \boldsymbol{A}^{\mathrm{T}}\overline{\boldsymbol{P}} - \overline{\boldsymbol{P}}\boldsymbol{B}\boldsymbol{R}^{-1}\boldsymbol{B}^{\mathrm{T}}\overline{\boldsymbol{P}} + \boldsymbol{Q} = \boldsymbol{0} \tag{15-38}$$

由此求得正定矩阵 $\overline{\boldsymbol{P}}$，则最优反馈增益矩阵 $\boldsymbol{K}$ 计算如下：

$$\boldsymbol{K} = \boldsymbol{R}^{-1}\boldsymbol{B}^{\mathrm{T}}\overline{\boldsymbol{P}} \tag{15-39}$$

最后，得出最优反馈控制律如下：

$$\boldsymbol{u}_b = -\boldsymbol{K}\delta\boldsymbol{x} \tag{15-40}$$

15.4　运动控制系统仿真

为了验证所设计的非线性前馈与反馈控制器在处理非最小相系统方面的有效性，以水下滑翔机由 $25°$ 下潜运动、转向 $25°$ 上浮运动的转换过程为例，执行模拟仿真计算，仿真参数仍使用表 $5-1$ 中的数值。初始时刻，水下滑翔机稳定状态参数值分别为：$\theta = -23°$，$\Omega_2 = 0°/\mathrm{s}$，$v_1 = 0.3\,\mathrm{m/s}$，$v_3 = 0.01\,\mathrm{m/s}$，$r_{p1} = 0.02\,\mathrm{m}$，$\dot{r}_{p1} = 0\,\mathrm{m/s}$，$m_b = 1.047\,\mathrm{kg}$。水下滑翔机稳定状态参数目标终值分别为：$\theta = 23°$，$\Omega_2 = 0°/\mathrm{s}$，$v_1 = 0.3\,\mathrm{m/s}$，$v_3 = -0.01\,\mathrm{m/s}$，$r_{p1} = -0.02\,\mathrm{m}$，$\dot{r}_{p1} = 0\,\mathrm{m/s}$，$m_b = 0.953\,\mathrm{kg}$。在滑翔平衡点处，水下滑翔机动力学系统具有不稳定的内部动态，为非最小相系统。

不同转换时间下的控制输出轨迹如图 $15-3$ 所示。内部动态的变化轨迹分别如图 $15-4$ 和图 $15-5$ 所示。控制输入轨迹如图 $15-6$ 所示。此外，计算所得的相应的自由参数分别为

$$(\boldsymbol{b})_{T=30\,\mathrm{s}} = \begin{pmatrix} 15.172\,9 & -5.016\,3 \\ 20.416\,6 & -8.079\,2 \end{pmatrix}$$

$$(\boldsymbol{b})_{T=45\,\mathrm{s}} = \begin{pmatrix} 11.355\,5 & -3.722\,7 \\ 16.512\,9 & -6.315\,1 \end{pmatrix}$$

$$(\boldsymbol{b})_{T=60\,\mathrm{s}} = \begin{pmatrix} 10.600\,3 & -3.425\,6 \\ 15.105\,7 & -5.656\,1 \end{pmatrix}$$

图 $15-3$、图 $15-4$、图 $15-5$ 和图 $15-6$ 表明，控制输出和内部动态变量均成功地实现了在设定的不同有限时间间隔内从初始状态到目标末态的转换。此外，仿真曲线表明，所有的控制输出、内部动态和控制输入变量是有界的，也是因果的。

图 $15-6$ 进一步表明，系统所需的控制输入激励很小，且随转换时间的增加进一步减小。当转换时间由 $30\,\mathrm{s}$ 变为 $60\,\mathrm{s}$ 时，转换时间加倍，两个控制输入激励峰值分别降为原来峰值的 16.7% 和 49.3%。由于水下滑翔机自身携带的动力有限，节省能量就意味着续航力的增强。

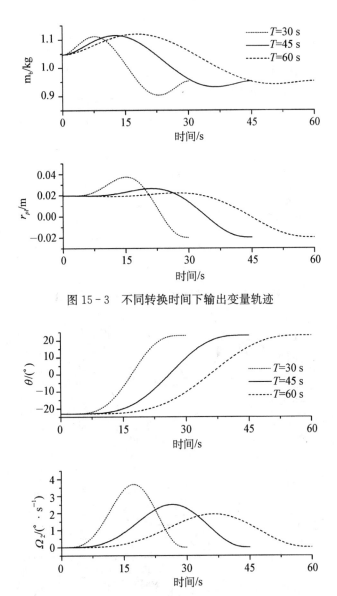

图 15-3　不同转换时间下输出变量轨迹

图 15-4　不同转换时间下俯仰角及角速度变化轨迹

综上所述,由于所考虑的水下滑翔机动力学系统具有不稳定的内部动态,为非最小相系统,使运动控制系统的设计存在困难:如何为不稳定的内部动态寻找一个有界的、因果的解。以上将一种新的针对 SISO 系统的稳定逆技术拓展,应用于 MIMO 系统的前馈控制设计中。这种新方法将有限时间间隔内的转换控制任务视为两点边界值问题。因此,不论系统的内部动态是否稳定,它都能适用。利用这种方法来求解系统逆问题,所得的解包括了前馈控制输入和规划好的输出轨迹。这些解是有界的,也是因果的。

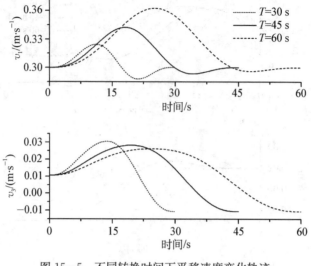

图 15-5　不同转换时间下平移速度变化轨迹

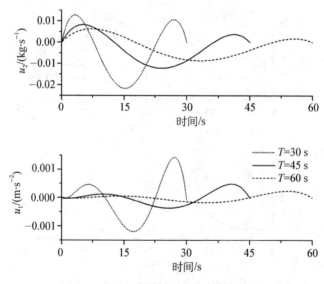

图 15-6　不同转换时间下控制输入轨迹

　　前馈控制的设计用于跟踪期望的输出轨迹,与此同时,利用二次型最优控制方法设计的反馈控制,用于保证系统稳定地沿着期望的状态轨迹从初态变化到末态,并使水下滑翔机的运动对环境的不确定性和干扰具有一定的鲁棒性。

　　仿真结果表明,所设计的非线性前馈与反馈控制器能有效地处理非最小相系统,成功地实现了对规划好的输出轨迹的跟踪控制,使系统从初始状态稳定地沿着期望轨迹转换到目标状态,控制系统所需的控制能量很小,且随转换时间的增加进一步减小。由于水下滑翔机自身携带的动力有限,节省能量就提高了续航力。

第6篇
水下热滑翔机的水动力学特性

第16章　水下热滑翔机外壳优化设计

水下热滑翔机在海洋温跃层中运动时,滑翔机外壳的水动力性能对滑翔机的航行所受到阻力和续航能力都具有重要影响。同时,滑翔机外壳的容积即滑翔机的装载容积的大小,影响着滑翔机的装载能力。对于自身并不携带主动推进装置且在弱温差层与逆温差层中航行的水下热滑翔机,依靠微弱的重力与浮力之差来获取前进的动力,如果以较低的阻力航行,滑翔机对弱温差层的复杂多变环境就具有较高的适应性。此外,滑翔机为了实现自身的科研功能,除了需要搭载自身必备的动力及控制装置外,还要搭载科研仪器设备。这样,具有足够的装载容积就保证了滑翔机的实用性。外壳对水下滑翔机的影响,关键在于外壳的水动力性能和装载能力。优秀的水动力性能,应该使外壳在水中运动时所受的摩擦阻力和压差阻力都较小,同时还具有较高的装载容积。

16.1　常见外壳的几何模型

水下滑翔机由头部、中体和尾部 3 部分组成,在水下航行体的设计中,头部与尾部与流体的相互作用较为强烈,通常采用曲线型设计方案。头部和尾部常见的形状有:球体、圆锥体、椭球体、流线型回转体等。中体为连接头部和尾部的部分,一般为圆柱体。不同形状的滑翔机外壳,水动力性能各不相同,可以通过分析比较各种滑翔机外壳的水动力性能的优劣来优化外壳水动力性能。

首先,各个外壳进行水动力性能分析和比较,都建立在同一主尺度的基础之上,即建立在外壳的总长和最大直径上,参考美国 WEBB Research Corporation 所研制的热能型水下滑翔机 SLOCUM。水下热滑翔机的外壳的总长可设计成 1.5 m,最大横截面直径设计成 0.2 m。

各种常见外壳的几何模型如图 16-1 所示。其中,图 16-1(a)为球形头尾的外壳,头部和尾部球体的直径均为 0.2 m;图 16-1(b)为圆锥形头尾的外壳,尾部圆锥体的高为 0.2 m,头部圆锥体高为 0.1 m;图 16-1(c)为椭球形头尾的外壳,尾部椭球体的长轴为 0.3 m,短轴为 0.1 m,头部椭球体的长轴为 0.2 m,短轴为 0.1 m;图 16-1(d)为格兰韦尔流线型回转体,头部、中体及尾部由格兰韦尔型线回转整体生成。

格兰韦尔型线头部方程如下:

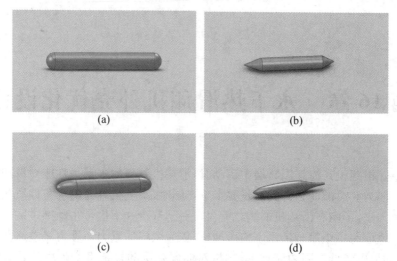

图 16 - 1　4 种不同型线的外壳设计方案

(a)球形头尾；(b)锥形头尾；(c) 椭圆形头尾；(d)纺锤体

$$\frac{r_0(x)}{L} = \frac{1}{2f_r}\left[r_n F_1(x) + k_1 F_2(x) + G(x)\right]^{1/2} \tag{16-1}$$

$$x = z/z_m \tag{16-2}$$

$$F_1(x) = -2x(x-1)^2 \tag{16-3}$$

$$F_2(x) = -2x^2(x-1)^3 \tag{16-4}$$

$$G(x) = x^2(3x^2 - 8x + 6) \tag{16-5}$$

格兰韦尔型线中体方程如下：

$$\frac{r_0(x)}{L} = \frac{1}{2f_r}\{r_i + (1-r_i)[k_{1m}F_1(x) + S_l F_2(x)] + G(x)\} \tag{16-6}$$

$$x = (z_i - z)/(z_l - z_m) \tag{16-7}$$

$$F_1(x) = -\frac{1}{2}x^3(x-1)^2 \tag{16-8}$$

$$F_2(x) = x - x^3(3x^2 - 8x + 6) \tag{16-9}$$

$$G(x) = x^3(6x^2 - 15x + 10) \tag{16-10}$$

$$K_{1m} = k_1\frac{(z_i/z_m - 1)^2}{1 - r_l} \tag{16-11}$$

格兰韦尔型线尾部方程如下：

$$\frac{r_0(x)}{L} = \frac{r_l}{2f_r}\left[1 + \left(\frac{t}{r_l} - 1\right)F_1(x) + S_{ia}F_2(x)\right] \qquad (16-12)$$

$$x = (L-z)/(L-z_l) \qquad (16-13)$$

$$F_1(x) = 1 - x^3(6x^2 - 15x + 10) \qquad (16-14)$$

$$F_2(x) = -x^3(3x^2 - 7x + 4) \qquad (16-15)$$

$$S_{ia}(x) = \frac{(1-r_l)(1-x_l)}{(x_i - x_m)r_l}S_l \qquad (16-16)$$

式中：r_n——头部无因次曲率半径，单位为 m，$r_n = \left(4z_mf_r^2\dfrac{\mathrm{d}^2r_0}{\mathrm{d}z^2}\right)/L$；

$\quad f_r$——细长比，$f_r = L/D$；

$\quad x_m$——最大半径处无因次轴间值，$x_m = z_m/L$；

$\quad k_k$——最大半径处无因次曲率，$k_k = (-2x_m^2f_r)\dfrac{\mathrm{d}^2r_0(z_m)}{\mathrm{d}z^2}L$；

$\quad x_i$——拐点处无因次轴间值，$x_i = z_i/L$；

$\quad r_i$——拐点处无因次半径，单位为 m，$r_i = (2f_r)r_0(z_l)/L$；

$\quad S_i$——拐点处外形斜率，$S_i = \left[-2f_i(x_l - x_m)/(1-r_i)\right]\dfrac{\mathrm{d}r_0(z_l)}{\mathrm{d}z}$；

$\quad t$——无因次尾端半径，单位为 m，$t = (2f_r)T/L$；

$\quad L$——回转体总长，单位为 m；

$\quad T$——回转体尾端半径，单位为 m，$T = r_0(L)$。

16.2　水动力学数值计算的理论基础

随着计算机运算能力的迅猛发展，计算流体动力学（Computational Fluid Dynamics，CFD）逐渐趋于成熟。利用 CFD 技术进行水动力学数值模拟，已经得到广泛应用。基于 CFD 技术的数值水池技术的精度，可以达到 2%～3%。为了分析上节中所示 4 种外壳的水动力学性能及相应的阻力值大小，基于 CFD 技术，可采用 STREAM 软件进行水动力学数值计算。

16.2.1　水动力学控制方程

现不考虑流体的热效应，专注于流场的速度分布和阻力的大小。由质量守恒、动量守恒定律，推导计算水动力学的控制方程。

1. 质量连续方程

质量连续方程保证了流体流动的连续性，即单位时间内流体任何体积单元中质量的增加，等于同一时间间隔内流入该体积单元的净质量。由于滑翔机周围流体的速度较慢，不考虑流体密度的变化，如式（16-17）所示。

$$\frac{\partial u_i}{\partial x_i} = 0 \qquad (16-17)$$

式中：i——水动力数值计算的三维正交坐标系中的三个维度，$i = 1, 2, 3$；

　　　u——流体体积单元速度，m/s；

　　　x——坐标系的各主轴。

2. 动量连续方程

动量连续方程保证了经典力学中的动量守恒定律，即数值计算的体积单元中，流体的动量对时间的变化率等于外界作用在该体积单元上的各种外力和。由于滑翔机周围流体是海水，忽略流体膨胀黏性系数，并将流体黏性系数视为常数，则动量连续方程如式(16-18)所示。

$$\frac{\partial u_i}{\partial t} + u_j \frac{\partial u_i}{\partial x_j} = -\frac{1}{\rho} \frac{\partial p}{\partial x_i} + \upsilon \frac{\partial}{\partial x_j} \frac{\partial u_i}{\partial x_j} + \frac{\upsilon}{3} \frac{\partial}{\partial x_i} \frac{\partial u_j}{\partial x_j} + F_i + S_{mi}$$

$$(16-18)$$

式中：υ——流体的运动黏度系数，m^2/s；

　　　p——压力，pa；

　　　ρ——密度，kg/m^3；

　　　F——体积单元所受的外力，N；

　　　S_m——为流体质量源(汇)，kg。

16.2.2　湍流 k-ε 方程

采用雷诺时均算法(RANS算法)对滑翔机外壳周围的湍流流动进行计算。将湍流的 N-S 方程组对时间进行平均，滤掉高阶小量，得到雷诺时均方程组。本文讨论的外壳周围流体运动的雷诺数，在 10^5 数量级。引入适用于非较高雷诺数情况下的湍流动能和湍流耗散率，标准 k-ε 方程使各方程封闭，如式(16-19)和式(16-20)所示。

$$\frac{\partial \rho k}{\partial t} + \frac{\partial u_i \rho k}{\partial x_i} = \frac{\partial}{\partial x_i}\left(\frac{u_t}{\sigma_k} \frac{\partial \varepsilon}{\partial x_i}\right) + G_s + G_T - \rho\varepsilon \qquad (16-19)$$

$$\frac{\partial \rho \varepsilon}{\partial t} + \frac{\partial u_i \rho \varepsilon}{\partial x_i} = \frac{\partial}{\partial x_i}\left(\frac{u_t}{\sigma_\varepsilon} \frac{\partial \varepsilon}{\partial x_i}\right) + C_1 \frac{\varepsilon}{k}(G_s + G_T)(1 + C_3 R_f) - C_2 \frac{\rho\varepsilon^2}{k}$$

$$(16-20)$$

式中：k——湍流动能，$k = \frac{1}{2}\overline{(u_i')^2}$；

　　　ε——湍流耗散率，$\varepsilon = \upsilon\left(\frac{\partial u_i'}{\partial x_j}\right)^2$；

　　　G_s，G_T——附加湍流生成项，$G_s = \mu_t\left(\frac{\partial u_i}{\partial x_j} + \frac{\partial u_j}{\partial x_i}\right)\frac{\partial u_i}{\partial x_j}$，$G_T = g_i\beta\frac{\mu_t}{\sigma_t}\frac{\partial T}{\partial x_i}$；

μ_t——湍流黏性系数，$\mu_t = C_t \rho \dfrac{k}{\varepsilon^2}$；

相关其他常数的值按 1972 年 Launder-Spalding 的建议，取值如表 16 - 1 所示[56]。

表 16 - 1　k-ε 方程相关参数

σ_k	σ_ε	C_1	C_2	C_3	C_t	σ_t
1	1.3	1.44	1.92	0.0	0.09	0.9

16.2.3　壁面函数法

如果将壁面当成光滑壁面，流体不会因为摩擦受到壁面的阻力作用，这与实际情况不符，也会给流场的计算带来误差，尤其在雷诺数不高而又使用标准 k-ε 模型的情况下，会造成较大的误差。为了解决这一问题，根据须贺ら在《汎用的な解析的壁関数モデル》一文中的研究成果，引入壁面函数。壁面附近流体的速度分布如式（16 - 21）所示。

$$\frac{u}{u^*} = \frac{1}{k}\ln\left(\frac{uy}{v}\right) + A \qquad (16 - 21)$$

式中：k——卡尔曼数，$k = 0.4$；

　　　A——常数，$A = 5.5$；

　　　y——流体质点距壁面的距离，m；

　　　u^*——流体质点相对壁面摩擦速度，单位为 m/s，$u^* = \sqrt{\tau_0/\rho}$；

　　　τ_0——壁面剪应力，$kg \cdot m/s^2$。

该对数公式主要应用在 $30 \leqslant \dfrac{u^* y}{v} \leqslant 1000$ 的场合。当 $\dfrac{u^* y}{v} \leqslant 30$，意味着贴近壁面的流动为层流，该速度分布则退化为二次型，与对数公式不同，需采用式（16 - 22）来进行计算。

$$\frac{u}{u^*} = \frac{u^* y}{v} \qquad (16 - 22)$$

当 $\dfrac{u^* y}{v} \geqslant 1000$ 时，该范围内壁面的流体的作用力可用 $\tau = \rho u^{*2}$ 来求取。

16.3　基于 CFD 的 4 种常见外壳的数值计算

现通过 CFD 技术，模拟各个外壳的绕流场的情况，获取它们的水动力信息，比较分析各自的优劣和原因。

利用 CFD 技术进行水动力分析的基本流程为：建立数值计算流场域；对几何模

型进行适宜的网格划分;设置边界条件及求解参数;读取水动力数据和图表。

现以滑翔机外壳在巡航速度为 0.5 m/s 的情况下,外壳周围流场的稳态绕流情况为主要研究对象,利用 STREAM 软件进行数值模拟计算。

16.3.1 数值计算流场域

首先,将各个外壳的几何模型导入数值计算的 STREAM 软件,通过建立一定大小的流场域,将外壳的绕流问题转化为流场域的内流问题。流场域设计为矩形域,外壳置于流场域中间位置。为了保证流经滑翔机外壳的来流和尾流在流场中能够充分发展,以精确模拟外壳的绕流情况,将流场域的长度取为外壳长度的3 倍,即 4.5 m。将流场域的宽和高取为外壳最大直径的 2.5 倍,即 0.5 m,如图 16-2所示。

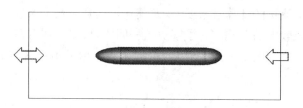

图 16-2 数值计算流场域示意图(以椭球体为例)

16.3.2 数值计算网格划分

CFD计算中,求解器并不能直接获取流场的几何信息,需要通过网格来表达流场域的空间分布情况,以网格为单位,通过离散的方法来进行水动力学求解。网格的质量的好坏,决定了数值计算的结果的精度。

结构化网格具有生成速度快、网格质量好、收敛性较高等优点,随着计算机技术的发展,结构化网格得到了广泛应用。现采用正交六面体结构化网格,对流场域模型进行划分,共计 3 531 000 个网格。

网格划分的具体过程中,在流体与外壳表面不接触且流动变化较小的区域,使用粗网格,可以保证足够的精度,又可以减少网格总数,达到减轻计算负荷的效果。在流体域的进流远端和去流远端,可采用粗网格进行划分,边长为 10～16 mm。

在满足以下 4 个条件的地方:壁面附近;流动可能发生严重分离或漩涡形成的地方,如外壳尾部和头部端点附近;流体截面发生急剧变化的地方,如外壳型线的曲率较大的区域;两股以上分流发生合流的地方,如外壳的尾部附近,由于流动的变化较大,采用精细网格进行划分,边长为 3.5～7 mm。

同时,为了保证网格质量,将不同边长的网格与网格之间的大小幅度变化率控制在 1～1.1 之间,粗细网格之间采用等比渐变的模式调整网格幅度,整个流体域内的网格长宽比(aspect ratio)控制在 1～6 以内。网格划分结束后,通过网格质量检查器发现,最大长宽比为 5.3∶1 时,没有极端畸变的网格,也就是没有发生最大长宽比大于 8∶1 以上的情况。

16.3.3　数值计算边界条件

为了使数值计算的方程封闭,必须根据模拟的实际情况,对流场域设置合理的边界条件,这包括流场域的边界上的流体质点的流入流出的速度或流量信息,流场域内的外壳的壁面条件等。

滑翔机外壳在进行稳态巡航时,来流的无穷远端静止流场质点,相对于外壳的相对速度为 0.5 m/s。在流场域中,参照风洞试验的基本原理,将流场域的来流面的边界条件设为 0.5 m/s,将流场域的去流面的边界条件设置为全压为 0 的自由流入流出的边界条件。

通过这两个设定,流场域即可模拟来流的无穷远端的流场质点的速度,相当于 0.5 m/s 的情况。而且,来流在流经外壳后,流向无穷远处。

流场域的上下左右两个边界面设为静止壁面,流体质点的流速为 0。这样,使流场域形成内流场,并与风洞试验类似。滑翔机外壳同样也设置为静止壁面。为了消除标准 k-ε 方程对中低雷诺数情况下流场计算的误差,对静止壁面均引入壁面函数,如式(16-21)所示。

16.4　基于 CFD 的 4 种常见外壳的分析比较

对划分了网格和设置了边界条件的 4 种外壳,计算模型导入到 STREAM 的求解器中。取相同的收敛条件:质量平衡方程和动量守恒方程的相对收敛误差均为 10^{-7},迭代结果小于该值即计算收敛,在此情况下进行计算,可以保证计算结果具有高度的可比性。

16.4.1　4 种外壳的阻力系数

水下滑翔机在水下航行时,属于均匀来流情况下的定常绕流问题。滑翔机所受的阻力分为两种:摩擦阻力和粘压阻力。物体壁面所受的摩擦阻力,是流体黏性的结果,紧贴在外壳壁面上的无滑移流体质点受到它的邻近运动质点作用而产生剪切形变,从而产生切应力。切应力在外壳表面上沿相对运动速度方向上的积分就是作用在外壳上的摩擦阻力。粘压阻力则由绕流现象的伯努利定律决定。绕流在空间上的速度和压力分布不均,导致了外壳壁面前后的压差存在。这种压差在外壳表面上的积分大小,就是作用在外壳上的粘压阻力。

阻力系数是一个无因次指标,它是衡量滑翔机外壳水动力性能的最重要、最直接的因素。它与滑翔机航行过程中所受的阻力成正比,同时,阻力系数对水下热滑翔机的航行效率有直接影响;阻力系数越小,航行效率越高,对弱温差层与逆温差层的复杂环境的适应能力也就越强。

通过公式(16-23),可以计算各滑翔机外壳的阻力系数:

$$C_{\mathrm{drag}} = \frac{F_{\mathrm{p}} + F_{\mathrm{f}}}{\dfrac{1}{2}\rho u^2 S_{\mathrm{w}}} \tag{16-23}$$

式中：F_p——压差阻力的大小，N；

$\quad\quad F_f$——摩擦阻力的大小，N；

$\quad\quad \dfrac{1}{2}\rho u^2$——流体的动压，kg · m^{-1} · s^{-2}；

$\quad\quad S_w$——外壳湿表面积，m^2。

根据基于 STREAM 的水动力学数值计算的结果，将各个滑翔机外壳所受的摩擦阻力和粘压阻力加以整理，如表 16-2 所示；根据摩擦阻力和粘压阻力的大小，计算各个外壳所受到的总阻力的大小。同时，对各个外壳的湿表面积的数据进行整理，如表 16-3 所示。

表 16-2　各外壳阻力

外壳形状	摩擦阻力/N	粘压阻力/N	总阻力/N
纺锤	0.1347	0.4397	0.5744
椭球	0.2825	0.6312	0.9137
锥形	0.3083	0.5573	0.8685
球形	0.4432	0.6987	1.1419

表 16-3　各外壳湿体表面积

型线	球形	圆锥形	椭圆形	纺锤形
湿体面积/m^2	0.9424	0.7979	0.8901	0.6735

基于以上数据和式(16-23)，可以求得各个外壳的阻力系数，如表 16-4 所示。阻力系数由低到高排列，分别是：纺锤体外壳，椭球体外壳，锥形外壳，球形外壳。可以初步得出规律：外壳形状越是尖削细长，阻力系数越低。

表 16-4　各外壳阻力系数

纺锤体外壳	椭球体外壳	锥形外壳	球形外壳
0.00601	0.00683	0.00712	0.00795

16.4.2　速度矢量图分析

流场的速度矢量图，表示稳态流场内各个节点的平均速度矢量。它表征的是，数值计算得到的流场各个体积单元的流体质点、流速方向和大小，充分了解这些速度信息，就可以了解流场的整体情况，分析各个外壳的水动力性能发生差异的原因。

根据阻力系数的计算结果，可以得知，低阻特性最好的是纺锤体外壳，最差的则是球形外壳。利用速度矢量图对此两个极端的情况进行分析，寻找滑翔机的阻力成因，可以为寻找优化设计方案提供思路。

　　主要观察流场域中壁面附近的流动。这部分流场与外壳之间的相互作用最为强烈。在流场域中,远离壁面的地方,由于远离边界层,且雷诺数不大,显示为层流。这一部分的流动不是滑翔机外壳设计所关注的重点。

　　球形外壳的速度矢量图如图 16-3 所示。在球形外壳头部,来流受到阻滞,出现锥形降速区,以淡黄绿色区域表示。由伯努利定理可知,这部分流体失去速度,则该区域压力会上升,从而产生压差阻力。

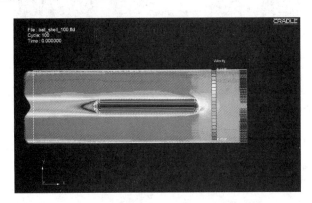

图 16-3　球形外壳周围流场速度矢量图

　　由于尾部为球形,曲率变化急促,尾流还来不及过渡,原本紧贴壁面流动的边界层突然脱离壁面,一部分尾流由于动能耗尽,受到其他较快流体的挤压作用,发展成为倒流,填充了相应的紧靠尾部的空间。因此,在尾部的三角形区域可能发生了严重的边界层分离现象。这一现象可以通过观察尾部速度矢量图来验证,如图 16-4 所示。可见,在球形外壳的尾迹中出现了两个涡旋中心,这就导致较大的诱导阻力产生。

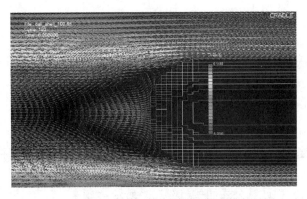

图 16-4　球形外壳尾外壳周围流场速度矢量图

　　纺锤体外壳的速度矢量图如图 16-5 所示,从中可以看出,流动无论在头部还是在尾部,始终是平缓过渡,首部低速区范围最为狭窄,降速幅度也不大;在尾迹中没有涡旋中心,也没有发生边界层分离现象,几乎没有较大的诱导阻力的产生,因此,总体阻力最小。

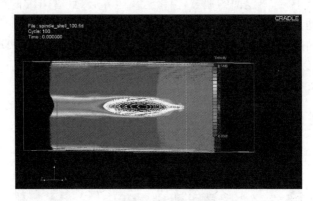

图 16 - 5　纺锤体外壳周围流场速度矢量图

根据以上的分析比较发现,尾部细长,外形呈流线型,即类似于纺锤体的二次曲率连续的型线的外壳,在阻力特性方面具有较大的优势,绕流平缓过渡;型线较钝,尾部曲率变化较为急促的外壳,容易产生较大的压差阻力,从而使低阻特性变差。

16.4.3　4 种外壳的体积

如前所述,在滑翔机的外壳设计中,必须考虑到外壳的装载性能。装载性能良好,在同样的工作环境下,滑翔机能够携带较多的实验设备,完成较多的作业任务,从而具有更高的实用价值。本节主要采用数值积分的办法讨论各个外壳的容积大小。

4 种外壳的中间体均为圆柱体,可以直接由圆柱体的体积公式来计算得到容积的大小,如式 16 - 24 所示:

$$V_{mid} = \pi((R-d)^2)L_{mid} \tag{16-24}$$

式中:R——中体外半径,m;

d——薄壁厚度,m;

L_{mid}——中体圆柱母线长,m;

V_{mid}——中体体积,m^3。

在 4 种外壳的头部和尾部形状中,球体和圆锥体的体积也可直接由体积公式计算得到。对于椭球体和纺锤体,则需要通过积分求解的数值计算方法求解。

球体外壳的容积计算公式如式(16 - 25)所示:

$$V = \frac{4}{3}\pi(R-d)^3 \tag{16-25}$$

圆锥体外壳的容积计算公式如式(16 - 26)所示:

$$V = \frac{1}{3}\pi(R - d)^2 L_{\text{cone}} \qquad (16-26)$$

式中：L_{cone}——圆锥体的母线长，m。

头部和尾部为椭球体和纺锤体的容积，积分模型如图 16-6 所示。以横截面为体积微元，积分方向为外壳的水平纵向。

取微元段，如图 16-6 之阴影部分所示，则有

$$dV = Sdx \qquad (16-27)$$

$$S = \pi \cdot y^2 \qquad (16-28)$$

$$V = \int_0^l Sdx = \int_0^l \pi \cdot y^2 dx \qquad (16-29)$$

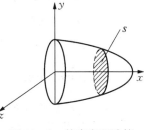

图 16-6　外壳容积计算数学模型

式中：S——微元面上的面积，m^2；

l——外壳的纵向中心长度，m。

由式(16-29)及各个外壳的型线函数，即 y 与 x 的函数关系，椭球体如式(16-30)所示；纺锤体如式(16-1)、(16-6)和式(16-12)所示。

各型线函数在 x 上连续，直接求取定积分难以得出解析解，因此采用梯形法，将相邻两个纵坐标之间的曲线近似地以直线代替，积分式(16-29)可以转化为式(16-31)。

$$\frac{x^2}{a^2} + \frac{y^2}{b^2} = 1, 0 \leqslant x \leqslant a - d, 0 \leqslant y \leqslant b - d \qquad (16-30)$$

式中：a——椭球体截面型线的长轴，m；

b——椭球体截面型线的短轴，m。

$$V = \pi \cdot \Delta x \cdot \sum_0^n \left(\frac{1}{2} y_0^2 + y_1^2 + \cdots + y_{n-1}^2 + \frac{1}{2} y_n^2 \right) \qquad (16-31)$$

式中：n——微元面的个数，$n = \dfrac{a - d}{\Delta x} + 1$；

Δx——相邻微元面之间的距离，m。

在计算时，对于椭球体外壳，首部和尾部，分别取不同的 Δx 值。尾部轴线较长，首部轴线较短，如果两者取相同大小的 Δx，会使计算造成误差。根据各自长轴的比例，Δx 取为：首部，$0.03(a-d)$；尾部，$0.02(a-d)$。对于纺锤体，由于型线曲率变化较大，Δx 宜取得较小。增加计算量换取较高的计算精度，Δx 取为 $0.05(l-2d)$。

根据以上讨论的计算方法，利用 MATLAB 程序求解，计算得到各个外壳的容积数据。壁厚均设为 $0.02\,\text{m}$，结果如表 16-5 所示。

表 16 - 5　4 种常见外壳的容积

球形外壳/m³	圆锥外壳/m³	椭球体外壳/m³	纺锤体外壳/m³
0.045 029 5	0.036 651 91	0.041 888 92	0.027 905 3

由表 16 - 5 可知,具有相同流场特征的 4 种常见外壳,容积由大到小分别是:球形外壳,椭球体外壳,圆锥外壳,纺锤体外壳。

16.5　高综合性能外壳优化设计

基于所获得的 4 种常见外壳的水动力性能和装载特性,采用扬长避短、各取所长的设计思想,提出新型外壳,如图 16 - 7 所示。

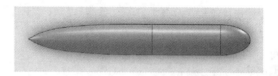

图 16 - 7　新型水下热滑翔机外壳模型正视图

该外壳模型由 3 部分组成。其首部,为一长轴 0.2 m、短轴 0.1 m 的半椭球体;其尾部,为格兰韦尔回转体从拐点(即最大半径 0.1 m 处)至尾端点的部分;中间段是将新的首部和尾部连接起来的圆柱体。该外壳克服了低阻外壳过于细长有效容积小的缺点,又最大限度地保留了纺锤体外壳低阻型线设计。

16.5.1　新型外壳的阻力系数与容积

在阻力特性方面,对新型外壳利用 STREAM 软件进行求解。计算流场域与前之流场域计算相同。使边界条件和收敛条件与前述的水动力计算数值保持一致,其网格划分如图 16 - 8 和图 16 - 9 所示,均为正交六面体结构化网格。收敛误差为 10^{-7},计算收敛情况如图 16 - 10 和图 16 - 11 所示。

质量守恒方程相对误差校验如图 16 - 10 所示。其横坐标为迭代步数,纵坐标为质量源的对数值,为了配平质量守恒方程,求解器根据守恒方程的偏差所加入的质量发生源进行。曲线表示,质量守恒方程不平衡的相对误差小到接近 10^{-18} 的数量级,因而非常趋近于 0。这说明,质量守恒方程被满足。

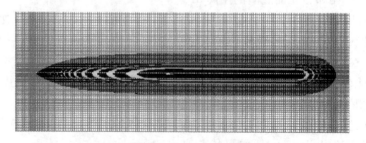

图 16 - 8　新型水下热滑翔机的正交六面体网格模型正视图

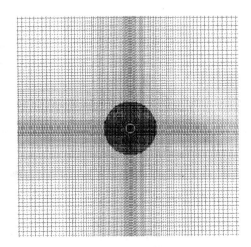

图 16-9 新型水下热滑翔机的正交六面体网格模型侧视图

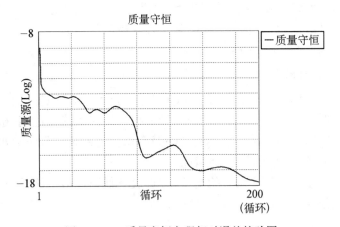

图 16-10 质量守恒方程相对误差校验图

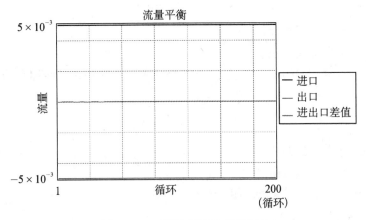

图 16-11 流量守恒方程校验图

流量守恒方程校验图如图 16 - 11 所示。横坐标为迭代步数,纵坐标表示流量大小,粗线表示系统的总进流量,细线表示系统的总出流量,中粗线则表示进流量与出流量之差。图 16 - 11 中,中粗线与值为 0 的水平线重合,说明流量平衡方程被满足。

计算结束后,将新型水下热滑翔机外壳的摩擦阻力、压差阻力、总阻力和湿表面积的数据进行整理,如表 16 - 6 所示。以表 16 - 6 的数据为基础,根据式(16 - 23)计算新型外壳的阻力系数,可得其结果为 0.006 293。

表 16 - 6 新型水下热滑翔机外壳水动力数据

湿表面积/m²	摩擦阻力/N	粘压阻力/N	总阻力/N
0.829 3	0.212 1	0.440 3	0.652 4

与前述的 4 种常见外壳的阻力系数加以比较,可以发现,新型外壳的水动力性能表现良好,阻力特性与纺锤体外壳相当,仅比纺锤体外壳的阻力系数高了 4.7%。

在装载特性方面,利用前述的复杂型线外壳体积的积分计算方法,可以求得新型外壳的体积为 0.037 758 3 m³,壁厚取为 0.02 m。

16.5.2 容积阻力系数比

为了解决前节中所出现的矛盾,即 4 种常见的滑翔机外壳低阻特性良好,装载容积较小。同时,又可以更客观合理地衡量滑翔机外壳的综合性能,检验新型外壳的优化特性。现引入一个无量纲参数,"外壳容积阻力系数比",作为水下热滑翔机外壳设计的可行性指标和综合性能指标。

该系数的分子代表装载能力的高低,分母表征低阻性能。该系数的值越大,该外壳能装载的设备越多,具有的阻力越低。

$$\text{Ratio}_{v/d} = \frac{V_e/V_s}{C_{\text{drag}}} \qquad (16 - 32)$$

式中:V_e——外壳的容积,m³;

V_s——标准外壳容积,m³。

标准外壳容积 V_s 的物理意义是,具有相同主尺度的外壳可能拥有的最大容积,可由式(16 - 33)表示:

$$V_s = L_s \cdot B_s \cdot H_s \qquad (16 - 33)$$

式中:L_s——外壳的最大纵向长度,m;

B_s——外壳的最大横向宽度,m;

H_s——外壳的最大垂向高度,m。

16.5.3 外壳的综合性能

以容积阻力系数比为评判指标,考核新型外壳的综合性能,可将其与前述的

4 种常见外壳进行比较,检验该优化设计的合理性。

由式(16-32)代入各个外壳的阻力系数和容积数据中,可以计算得到各个外壳的容积阻力系数比,整理后如表 16-7 所示。

表 16-7　各外壳模型容积阻力系数比

新型外壳	纺锤体外壳	椭球形外壳	锥形外壳	球形外壳
1.2001	0.9286	1.1266	1.0295	1.0528

表 16-7 说明,新型外壳具有很大的容积阻力系数比,比椭球体外壳高 6.5%,比圆锥外壳高 17.06%,比球形外壳高 13.99%,比纺锤体外壳则高 22.6%。这样,就充分发挥了格兰韦尔回转体和椭球体两者各自的优势,在低阻特性和装载性能两方面取得了平衡。至此,检验的新型外壳,是一种全面优化的外壳,是优化的外壳设计。

以上讨论表明,新型外壳的综合性能良好。它兼有格兰韦尔回转体的优良的低阻特性,具有椭圆体的较高的内部空间装载特性,可以作为最优的外壳设计方案采用。

第 17 章　水下热滑翔机的机翼设计

机翼是水下滑翔机的重要部件。滑翔机为了实现其运动功能,必须在合理的位置安装合适的机翼。水下滑翔机的机翼分为水平翼和尾翼两种。水平翼安装在壳体的中部,它将作用于机翼上的升力转换为水平运动的分力,主要用于将沉浮运动转化为水平运动。尾翼安装在壳体的尾部,它提供侧向力,控制滑翔机在侧向平面的运动,同时增加航行稳定性。机翼作为重要的附体结构,与外壳一起,影响着滑翔机整体的水动力特性和运动性能。

17.1　机翼的基本几何参数

17.1.1　翼型的横剖面及其几何参数

机翼的横断剖面的形状称为翼型,如图 17-1 所示。机翼剖面的几何特征与机翼的流体动力学特性密切相关。

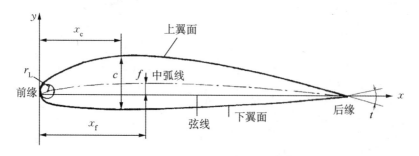

图 17-1　翼型横剖面示意图[70]

1. 翼弦

如图 17-1 所示,翼型最前点与翼型最后点间的连线,称为翼弦。翼弦的长度即为弦长,用 b 表示。翼弦上部的机翼表面称为上翼面,翼弦下部机翼表面称为下翼面。

2. 相对厚度

上下翼面在垂直翼弦方向的距离称为翼型的厚度,即相对厚度。其中最大处称为翼型的最大厚度,并记为 c。翼型前缘到最大厚度对应的弦向距离,称为最大厚度位置,记为 x_c。翼型的厚薄程度是相对厚度 $\bar{c}$,也称为最大相对厚度,表示为 $\bar{c} = \dfrac{c}{b}$。

3. 中弧线与弯度

翼型厚度中点的联线称为中弧线。对称翼型的中弧线与翼弦重合。中弧线与翼弦之间的最大距离,称为最大弧高 f,也称为翼型的弯度。前缘到最大弯度位置的弦间距离,称为最大弯度位置,记为 x_f。翼型的弯曲程度用相对弯度 $\bar{f}$ 表示,$\bar{f} = \dfrac{f}{b}$,由弯度的定义可知,对称翼型的弯度 $\bar{f} = 0$。

4. 前缘半径与前缘角

翼型轮廓线在前缘线处的曲率半径称为前缘半径,记为 r_L,相对前缘半径记为 $\bar{r} = \dfrac{r_L}{b}$。

5. 后缘半径与后缘角

翼型轮廓线在后缘处的曲率半径称为后缘半径,上下翼面在后缘处的切线的夹角,称为后缘角,记为 τ。

17.1.2　翼型的横剖面及其几何参数

机翼作为一个立体三维结构,其在水平面上的投影形成水平剖面,如图 17-2 所示。在这个平面上,可以引出重要的几何参数。与横剖面上的几何参数一样,水平剖面几何参数也对机翼的性能有着重要的影响。

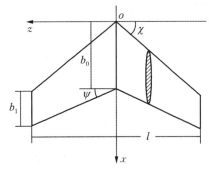

1. 翼展

如图 17-2 所示,翼展是机翼左右两端在 oz 轴方向的最大距离,以 l 表示。

图 17-2　机翼水平剖面示意图

2. 翼面积

翼面积是机翼在 xoz 平面上的投影面积,记为 S。

3. 展弦比

翼展与机翼的几何平均弦长之比称为展弦比,并记为 λ 且满足关系式 $\lambda = \dfrac{l^2}{S}$。

4. 几何平均弦长

几何平均弦长记为 $b_{\text{平均}}$ 且满足关系式 $b_{\text{平均}} = \dfrac{S}{l}$。

5. 根梢比

根梢比 η 为机翼的根弦长度与梢弦长度之比,满足关系式 $\eta = \dfrac{b_0}{b_1}$。

6. 后掠角

沿机翼翼展方向,翼横剖面的各个等百分比弦长的连线在 xoz 平面的投影与机翼对称平面法线(即 oz 直线)的夹角,称为后掠角。其中,χ 角即为前缘后掠角,ψ 角即为后缘后掠角。

17.1.3　机翼基本类型

根据翼型的剖面特征,翼型可以分为曲面翼型和平板翼型。平板翼型具有型面简单、易加工、成本低等特点。但是,流体动力性能比曲面翼型差,易发生流动分离,阻力较大。曲面翼型型线为曲线,加工较为困难,成本也相应较高,流体流经曲面翼型表面时,能够平滑过渡。因此,其流体性能较平板翼型优良。

从世界第一次世界大战开始,通过不断的摸索和实践,分别推出了多个系列的翼型,这些翼型几乎涵盖了所有工程领域所需要的情况,例如 NASA(航空资讯委员会)推出的 NACA 翼型,美国的 CLARK - Y 翼型,前苏联的儒可夫斯基翼型,前苏联中央空气流动研究院的 ЦАГИ 翼型,德国的 Gottingen 翼型以及 DVL 系列翼型,英国的皇家飞机研究院推出的 RAF 翼型等。

NACA 翼型由于标准化且能满足各种需求而受到广泛应用。从 20 世纪 30 年代开始,NACA 通过大量风洞试验和系统研究,推出了四数字系列和五数字系列翼型族。根据 NASA 的多年实践和实验研究,该系列的翼型在低雷诺数流动的情况下,具有较高的最大升力系数和较低的阻力系数。

NACA 四数位翼族的四位数字的含义为:若某翼型的型号为"NACA $XYZZ$",其中,X 表示最大相对弯度值为 $Z/100$,Y 表示最大弯度的位置为距离翼弦前缘 $Y/10$ 个弦长处,ZZ 表示翼型的相对厚度值。例如,NACA 2412,第一位数字"2"表示最大相对弯度为 2%;第二位数字"4"表示最大弯度位于翼弦前缘的 40%处;末两位数字"12"表示相对厚度为 12%。

NACA 五位数翼族的五位数字的含义为:若某翼型的型号为"NACA $XYWZZ$",其中,X 表示设计升力系数等于 X 乘以(3/20),Y 表示翼型的最大弯度值为 $Y/20$,W 表示中弧线的选择,0 表示简单型,1 表示有拐点,ZZ 表示相对厚度值。例如,NACA23012 表示,翼型的设计升力系数为 2 乘以(3/20)等于 0.3,最大弯度位置在 0.15 倍弦长处,中弧线为简单型,相对厚度为 12%。

17.2　水平翼的选型及设计

水平翼的选型,包括了水平翼的剖面参数和平面参数两方面的设计。其设计流程遵循以下规律:首先确定横剖面翼型,主要从翼型资料库中进行合理选型;随后确定机翼水平几何参数,主要根据翼型的性能参数及机翼的设计要求进行参数大小的计算。

17.2.1　水平翼的翼型参数

为了确定合适的翼型,首先要计算水下热滑翔机在水下运行的雷诺数。滑翔机的设计航速为 0.5 m/s,机身长度为 1.5 m,取 15℃海水作为流体的物性值,密度值为 1032.3 kg/m³,运动黏度系数为 $1.18831×10^{-6}$ m²/s,由式(17 - 1)得雷诺数为 $6.31×10^5$。

$$Re = \frac{u_0 l_0}{\nu} \qquad (17-1)$$

式中：u_0——水下热滑翔机特征速度，m/s；

　　l_0——水下热滑翔机的特征长度，m；

　　ν——海水的运动黏度系数，m^2/s。

由于雷诺数小于 10^6，水下热滑翔机在低雷诺数的流场中运行，水平翼的选型确定为低速翼。

初步选择低速翼型中的 NACA 五位数翼族中的 NACA23012 翼型、RAF34 翼型、EH2012 翼型。详细分析比较三者的性能参数，优选出合适的翼型。这 3 种翼型特点是：最大弯度的位置靠前，与同类型低速翼相比，升力系数较大，最小阻力系数较小，意味着具有较大的升阻比。NACA23012 的翼剖面如图 17-3 所示。

机翼名称：NACA23012
翼长：200.00mm-有效纸面尺寸：297.00mm×210.00mm.

图 17-3　NACA23012 翼剖面示意图

水平翼对水下热滑翔机航行过程中的影响，主要是升力和阻力两个参数，因此，在比较水平翼各自的优劣性时，主要考虑水下热滑翔机处于不同的姿态角的状态下，也就是水平翼的迎角随之变化的状态下，水平翼的升力系数（C_i），阻力系数（C_d），以及升阻比（C_i/C_d）随着迎角变化而变化的规律。

通过 CFD 数值计算的方法，可得到 3 种翼型的性能参数。计算的迎角变化范围取为 $-7°$ 至 $7°$ 之间，雷诺数取为水下热滑翔机巡航时的雷诺数值。通过 PROFILI 软件，计算得到结果，分别如表 17-1，表 17-2，表 17-3 所示。3 种翼型的升阻比随攻角的变化规律如图 17-4 所示。

表 17-1　NACA23012 翼性能参数

迎角 $\alpha/(°)$	升力系数(C_i)	阻力系数(C_d)	升阻比(C_i/C_d)
-7	-0.7636	0.0522	-14.62835249
-6	-0.6754	0.043	-15.70697674
-5	-0.6089	0.0353	-17.24929178
-4	-0.5996	0.0295	-20.32542373
-3	-0.4345	0.0237	-18.33333333
-2	0.2279	0.0244	9.340163934
-1	0.3975	0.0238	16.70168067
0	0.3975	0.0245	16.2244898

（续表）

迎角 $\alpha/(°)$	升力系数 (C_i)	阻力系数 (C_d)	升阻比 (C_i/C_d)
1	0.5679	0.0261	21.75862069
2	0.6405	0.0277	23.12274368
3	0.7017	0.0303	23.15841584
4	0.7764	0.0323	24.0371517
5	0.8428	0.035	24.08
6	0.8857	0.0349	25.3782235
7	0.8657	0.0347	24.9481268

表 17-2　RAF34 翼性能参数

迎角 $\alpha/(°)$	升力系数 (C_i)	阻力系数 (C_d)	升阻比 (C_i/C_d)
-7	-0.6593	0.0538	-12.25464684
-6	-0.5776	0.0395	-14.62278481
-5	-0.4903	0.0314	-15.61464968
-4	-0.3954	0.0249	-15.87951807
-3	-0.312	0.0206	-15.14563107
-2	0.0157	0.0201	0.781094527
-1	-0.0433	0.0199	-2.175879397
0	0.1619	0.021	7.70952381
1	0.0157	0.0192	0.817708333
2	0.3658	0.0192	19.05208333
3	0.4489	0.0209	21.4784689
4	0.537	0.0233	23.0472103
5	0.5261	0.0265	19.85283019
6	0.6144	0.0304	20.21052632
7	0.6992	0.0353	19.80736544

表 17-3　EH2012 翼性能参数

迎角 $\alpha/(°)$	升力系数 (C_i)	阻力系数 (C_d)	升阻比 (C_i/C_d)
-7	-0.6227	0.0523	-11.90630975
-6	-0.5289	0.0389	-13.59640103
-5	-0.49051	0.0307	-15.97752443
-4	-0.446	0.0263	-16.9581749
-3	-0.2712	0.0202	-13.42574257
-2	0.1599	0.0208	7.6875
-1	0.2395	0.0205	11.68292683
0	0.3012	0.0213	14.14084507

（续表）

迎角 $\alpha/(°)$	升力系数（C_i）	阻力系数（C_d）	升阻比（C_i/C_d）
1	0.3845	0.0224	17.16517857
2	0.4298	0.024	17.90833333
3	0.4744	0.0261	18.17624521
4	0.551	0.0283	19.46996466
5	0.6235	0.0313	19.9201278
6	0.6938	0.0349	19.87965616
7	0.7705	0.038	20.27631579

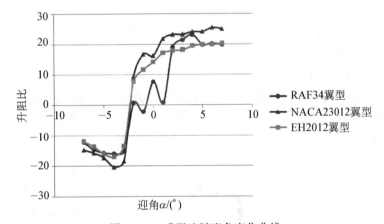

图 17-4　升阻比随迎角变化曲线

由图 17-4 比较这 3 种翼型的性能曲线，可以发现：在相同迎角下，NACA23012 翼型的升阻比最大，升力系数和阻力系数均具有较大优势，在水平姿态巡航时，升阻比为 16.22，当迎角为 6°时，具有最大升阻比 25.38。

基于此，水下热滑翔机的水平翼的翼型选定为 NACA23012 翼。

17.2.2　水平翼的平面几何参数

机翼的平面形状可以用 3 个参数来表达：展弦比，根梢比和后掠角。通过这 3 个参数可以确定一系列几何相似的机翼，再通过机翼面积或翼展，即可唯一地确定机翼的平面尺寸。

1）水平翼的展弦比及升阻特性

根据王树新等在"温差能驱动的水下滑翔器设计与实验研究"中的推荐，机翼展弦比的大小取在 5~8 之间。展弦比太大会导致机翼翼根尺度过小，增加水平翼对材料的强度要求，展弦比太小又会影响机翼的升阻性能。NACA23012 翼型在不同展弦比时，对整体水平翼的性能进行比较，最终确定水平翼的展弦比等平面设计参数。

Zhong Hongwei 等在《Dynamic modeling and optimization design on underwater gliders》一文中，给出了机翼的升力系数及阻力系数与展弦比之间的关系，如式（17-

2)和式(17-3)所示:

$$C_i = \frac{B_0}{1 + \dfrac{18.2}{\lambda}B_0}(\alpha - \alpha_0) \qquad (17-2)$$

$$C_d = C_{d0} + C_{d1} = C_{d0} + \frac{C_i^2}{\pi\lambda} \qquad (17-3)$$

式中:C_i——升力系数;

$\quad B_0$——展弦比取为∞时,升力系数随攻角变化曲线的曲率;

$\quad \alpha$——水平翼迎角,(°);

$\quad \alpha_0$——翼型的零升力迎角,(°);

$\quad C_d$——水平翼阻力系数;

$\quad C_{d1}$——水平翼诱导阻力系数;

$\quad C_{d0}$——翼型阻力系数。

根据前述的数据,可得 NACA23012 翼型升力系数随攻角变化曲线,如图 17-5 所示。由图可得,$\alpha_0 \approx -2.5°$;利用式(17-2)和式(17-3),可得水平翼性能参数如图 17-5 所示。

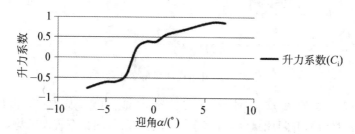

图 17-5　NACA23012 翼型升力系数随迎角变化曲线

由表 17-4 的 NACA23012 翼型水平翼的升力系数、阻力系数及升阻比随展弦比变化的数据,可以获取迎角为 0°~5°时,最大升阻比随展弦比变化的规律,如图 17-6 所示。可见,最大升阻比与展弦比呈正相关的近似线性关系。由此得到结论:水平翼流体动力性能随展弦比的增加而提高。

表 17-4　NACA23012 水平翼展弦比与性能

展弦比	迎角/(°)	翼型升力系数	翼型阻力系数	B_0	水平翼升力系数	水平翼阻力系数	水平翼升阻比
5	5	0.8428	0.035	0.105	0.569743887	0.055665145	10.2351999
	4	0.7764	0.0323	0.106	0.497171391	0.048035892	10.3499981
	3	0.7017	0.0303	0.107	0.423539741	0.041720035	10.1519507

（续表）

展弦比	迎角/(°)	翼型升力系数	翼型阻力系数	B_0	水平翼升力系数	水平翼阻力系数	水平翼升阻比
	2	0.6405	0.0277	0.104	0.33948468	0.035037016	9.68931485
	1	0.5679	0.0261	0.105	0.26588048	0.030600409	8.68878836
	0	0.3975	0.0245	0.107	0.192518064	0.026859511	7.16759369
6	5	0.8428	0.035	0.105	0.597269625	0.053925123	11.0759065
	4	0.7764	0.0323	0.106	0.521364072	0.046720491	11.1592163
	3	0.7017	0.0303	0.107	0.444296248	0.040772326	10.8970052
	2	0.6405	0.0277	0.104	0.355767282	0.03441475	10.3376395
	1	0.5679	0.0261	0.105	0.278725825	0.030221471	9.22774 83
	0	0.3975	0.0245	0.107	0.20195284	0.026663704	7.57407306
7	5	0.8428	0.035	0.105	0.618617439	0.052401849	11.8052598
	4	0.7764	0.0323	0.106	0.540137974	0.045566626	11.8538066
	3	0.7017	0.0303	0.107	0.460413081	0.03993932	11.5278148
	2	0.6405	0.0277	0.104	0.368387909	0.033871089	10.8761755
	1	0.5679	0.0261	0.105	0.288688138	0.029889736	9.65843722
	0	0.3975	0.0245	0.107	0.209278673	0.026491595	7.89981402
8	5	0.8428	0.035	0.105	0.63565735	0.05107701	12.4450776
	4	0.7764	0.0323	0.106	0.555130323	0.044561653	12.4575792
	3	0.7017	0.0303	0.107	0.473289503	0.039212773	12.0697788
	2	0.6405	0.0277	0.104	0.37845706	0.033398917	11.331417
	1	0.5679	0.0261	0.105	0.296640097	0.029601215	10.0212134
	0	0.3975	0.0245	0.107	0.215131592	0.026341482	8.16702686

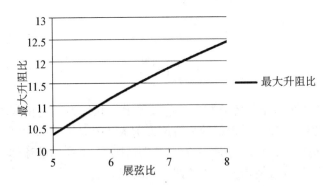

图17-6　最大升阻比系数随展弦比变化曲线

此外,由表17-4的数据,可以发现,4组展弦比数据中,最大升阻比均出现在迎角为4°的状态下。例如,展弦比为5,迎角为4°时,具有最大升阻比10.35;当展弦比为6,迎角为4°时,具有最大升阻比11.16;当展弦比为7,迎角为4°时,具有最大升阻比11.85;当展弦比为8,迎角为4°时,具有最大升阻比为12.46。

基于以上分析可知,为了获取较大的升阻比,使机翼具有最佳流体性能,水平翼的展弦比定为 8 且迎角设为 4°最为合适,滑翔机将获得 0.56 的升力系数和 0.045 的阻力系数。

2) 水平翼的翼展

水下热滑翔机在以 0.5 m/s 设计速度巡航时,设计升力为 9 N,这部分力即由水平翼提供。$F_L = 9$ N,由前获取的结果,又有 $C_i = 0.56$。

根据升力系数的定义,有式(17-4):

$$C_i = \frac{F_L}{0.5\rho u^2 S} \qquad (17-4)$$

式中,S 为翼面积(m^2)。

将 u, ρ, C_i, F_L 的数据代入式(17-4),可得 $S = 0.125\,m^2$。

根据展弦比的定义,有式(17-5):

$$\lambda = \frac{l^2}{S} \qquad (17-5)$$

式中,l 为翼展(m)。将展弦比的值 $\lambda = 8$ 及 $S = 0.125\,m^2$ 代入式(17-5)即可得:

$$l = \sqrt{(\lambda S)} = 1\,(m) \qquad (17-6)$$

基于以上分析,水平翼的翼展定为 1 m。

3) 水平翼的根梢比

设水平翼的根梢比为 η。根据机翼的根梢比、翼展及翼面积之间的几何关系,根弦长 b_0 与梢弦长 b_1 可以分别表示为式(17-7)和式(17-8):

$$b_0 = \frac{S}{l}\left(\frac{2\eta}{\eta+1}\right) \qquad (17-7)$$

$$b_1 = \frac{S}{l}\left(\frac{2}{\eta+1}\right) \qquad (17-8)$$

为了使水平翼的梢部不至于太小而难以加工,同时,为了使梢部不至于太小而发生流体分离现象,需满足其梢部的相对厚度值大于 0.75 cm 的限制。所谓流体分离现象,就是当梢部的弦长过短时,在有攻角的情况下,下翼面的流体会绕流到上翼面,从而使得翼尖部分流体先发生分离并出现失速。

根据相对厚度的定义,对于 NACA23012 翼型则有 $b_1 \times 12\% \geqslant 0.0075\,m$,则梢弦长应满足 $b_1 \geqslant 0.0625\,m$。

将上述结果代入式(17-8),则可得根梢比不等式:

$$\eta \leqslant 3 \qquad (17-9)$$

根据武建国等的研究,在不发生流体分离的情况下,根梢比越大,则机翼的流体动力性能越好。因此,在满足强度和加工限制的条件下,根稍比都取较大值,由式(17-9),将根稍比 η 的值定为3。

根据上述,可以最终确定水平翼基本参数,如表17-5所示。

表 17-5　水平翼基本参数

翼型	展弦比	安装角/(°)	升力系数	阻力系数	升阻比	翼展/m	根稍比
NACA23012	8	4	0.56	0.045	12.46	1	3

17.3　尾翼的选型及设计

尾翼安装在滑翔机壳体的尾部。为了获得较大偏转力矩,采用垂直尾翼结构,主要用于控制滑翔机在左右两个侧向平面的运动。

滑翔机在航行过程中,根据需要会发生左右偏转,尾翼是用做以转动轴为中心且包含正负角度变化的运动的。尾翼选择为对称翼型,以保证尾翼转动、发生正负角度偏转时,都具有相同的流体性能,确保流体性能的对称性和航行的稳定性,从而便于姿态控制系统的设计。此外,同水平翼一样,尾翼也属于低雷诺数翼。

17.3.1　尾翼翼型的选择

根据上述分析,可从具有NACA 4个数字的低速对称翼翼型里面进行尾翼的选型。首先对 NACA0008,NACA0010,NACA0012,NACA0014,NACA0016,NACA0018进行详细分析,比较其性能参数。

尾翼一般较小,其升力对滑翔机的影响可以忽略不计。尾翼的俯仰力矩是控制滑翔机横向稳定性的关键,在尾翼对机身的各个作用力中,俯仰力矩是最大的。分析尾翼的性能主要是比较俯仰力矩的大小,尤其是在小迎角时,也就是横向偏角较小的条件下,比较俯仰力矩的大小。

6 种翼型的俯仰力矩系数曲线如图17-7所示。

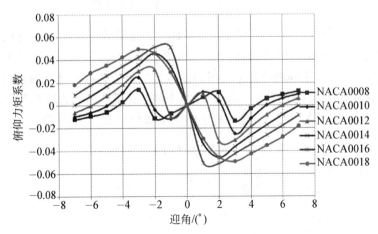

图 17-7　俯仰力矩系数随迎角变化曲线

由图 17-7 可以看出,当迎角范围在-2°至2°之间时,NACA0016 的俯仰力矩系数最大,且较之于其他翼型,NACA0016 在此迎角区间俯仰力矩系数斜率最大(约为 0.05/(°)),为次之的 NACA0014 及 NACA0018 的 1.67 倍;当迎角范围大于+2.4°或-2.4°时,NACA0018 的俯仰力矩系数最大。NACA0016 与 NACA0018 在此区间的俯仰力矩系数相比相差不大,差值约为 20%。

为了达到增加航行稳定性,在小迎角范围内(±2°),滑翔机尾翼能够快速响应,提供偏转力矩,所以优选 NACA0016 翼作为尾翼翼型。由上分析可知,在迎角较大时,NACA0016 的俯仰力矩也较大,仅次于 NACA0018 翼型。因此,尾翼翼型应该选 NACA0016。

17.3.2 尾翼的平面几何参数

与水平翼的设计一样,在确定了尾翼的翼型之后,需要进一步确定尾翼的平面参数和形状。

1) 尾翼展弦比

参考前述的水平翼设计方法,首先确定尾翼翼型的升力系数曲线,如图 17-8 所示。根据升力系数曲线,可读出零升力迎角为 0°。

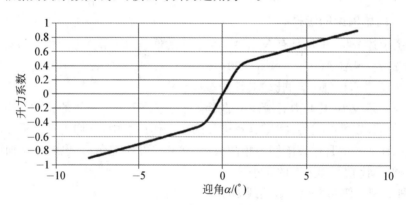

图 17-8 NACA0016 升力系数随迎角变化曲线

由式(17-2)和式(17-3)可得不同展弦比下的尾翼升力系数、阻力系数和升阻比数据,如表 17-6 所示。由于尾翼的升力对机身的影响可以忽略不计,其阻力的影响较大,因此,主要比较不同展弦比下的阻力系数数据。阻力系数越小则越有利。利用表 17-6 中的尾翼阻力系数数据,可以得出各个展弦比下的尾翼的阻力系数规律,如图 17-9 所示。由图可知,当展弦比增大时,阻力系数随之减小。尾翼的展弦比定为 8。

表 17-6 各展弦比下的尾翼性能参数

展弦比	迎角/(°)	翼型升力系数	翼型阻力系数	B_0	尾翼升力系数	尾翼阻力系数	尾翼升阻比
5	6	0.7772	0.0278	0.104	0.45264624	0.040844	11.08243

（续表）

展弦比	迎角/(°)	翼型升力系数	翼型阻力系数	B_0	尾翼升力系数	尾翼阻力系数	尾翼升阻比
	5	0.7087	0.0261	0.105	0.379829258	0.035285	10.76476
	4	0.6392	0.025	0.106	0.305951625	0.030959	9.882428
	3	0.5686	0.0248	0.107	0.231021677	0.028198	8.192927
	2	0.5025	0.0254	0.104	0.15088208	0.026849	5.619594
	1	0.3895	0.0277	0.105	0.075965852	0.028067	2.706553
	0	0	0.0316	0.107	0	0.0316	0
	6	0.7772	0.0278	0.104	0.474356375	0.039737	11.9373
	5	0.7087	0.0261	0.105	0.39817975	0.034511	11.53771
	4	0.6392	0.025	0.106	0.320839429	0.030461	10.53279
6	3	0.5686	0.0248	0.107	0.242343408	0.027916	8.681248
	2	0.5025	0.0254	0.104	0.158118792	0.026726	5.916209
	1	0.3895	0.0277	0.105	0.07963595	0.028036	2.840444
	0	0	0.0316	0.107	0	0.0316	0
	6	0.7772	0.0278	0.104	0.491183879	0.038771	12.6689
	5	0.7087	0.0261	0.105	0.412411626	0.033834	12.18921
	4	0.6392	0.025	0.106	0.3323926	0.030024	11.07088
7	3	0.5686	0.0248	0.107	0.251134408	0.027668	9.076744
	2	0.5025	0.0254	0.104	0.16372796	0.026619	6.150798
	1	0.3895	0.0277	0.105	0.082482325	0.028009	2.944812
	0	0	0.0316	0.107	0	0.0316	0
	6	0.7772	0.0278	0.104	0.504609413	0.037931	13.30321
	5	0.7087	0.0261	0.105	0.423771567	0.033245	12.7468
	4	0.6392	0.025	0.106	0.34161866	0.029643	11.52425
8	3	0.5686	0.0248	0.107	0.258157911	0.027452	9.404066
	2	0.5025	0.0254	0.104	0.168203138	0.026526	6.341136
	1	0.3895	0.0277	0.105	0.084754313	0.027986	3.028474
	0	0	0.0316	0.107	0	0.0316	0

2) 尾翼的翼展

引入尾翼的俯仰力矩系数公式,如式(17-10)所示:

$$C_m = \frac{M}{0.5\rho u^2 S c_{av}} \tag{17-10}$$

式中:M——俯仰力矩,N·m;

　　c_{av}——平均气动弦长,m。$c_{av} = 0.03125$ m。

由前述的计算数据可知,当尾翼的迎角为 2° 时,其俯仰力矩系数为 −0.051,同

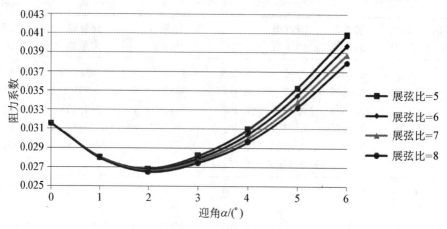

图 17-9 各个展弦比下尾翼阻力系数随迎角变化曲线

水平翼的设计类似。根据偏角 2°时所需的偏转力矩为 1.6N·m（滑翔机的航行速度为 0.5m/s），联立式（17-5）及式（17-10）即可求得翼展的值的大小：

$$l = 0.25\,\mathrm{m} \tag{17-11}$$

3）尾翼的根梢比

由于尾翼对流场的影响较小，对尾翼型型线的加工精度可以适当降低。因此，尾翼梢部的最大厚度定为大于 0.0025m，与水平翼的设计方法类似，利用式（17-7）和式（17-8），可求得 NACA0016 翼型的尾翼（相对厚度值为 16%）的根梢比满足不等式：

$$\eta \leqslant 3 \tag{17-12}$$

同理，尾翼的根梢比定为 3。

综上所述，最终确定的水平翼基本参数如表 17-7 所示，采用双垂直对称尾翼形式。

表 17-7 尾翼基本参数

翼型	展弦比	安装角/(°)	俯仰力矩系数	阻力系数	翼展/m	根梢比
NACA0016	8	0	−0.0051	0.0316	0.25	3

17.4 滑翔机机翼的装配

17.4.1 机翼的安装位置

水平翼提供升力的分力，使滑翔机获得水平运动的分力。水平翼安装在浮心与壳体尾部的端点之间。参考飞机的设计经验，为减小装配后整体阻力，水平翼一般安装在机身长度 60%处,为了获取最佳的水平翼安装位置,借助 CFD 技术,对安装于各个位置的水平翼和壳体的配合情况进行数值模拟。

根据前所设计的壳体,其浮心位于机身长度的 45%处,水平翼安装点需处于浮心后方靠尾端点的位置。本节讨论的水平翼的安装位置系列为:机身长度 50%、55%、60%、65%、70%处。

数值模拟的水流速度假设为滑翔机的巡航速度,即 0.5 m/s。其他边界条件与数值计算的方法与前述设定条件保持一致,并将滑翔机壳体与水平翼按各个装配位置装配后的整体置于长为 4.5 m,宽为 3 m,高为 0.6 m 的流体域内。其中,流场入口距滑翔机头部顶点 1.5 m,流场出口距滑翔机尾部顶点 1.5 m。采用结构化网格,对流场域和滑翔机模型进行网格划分,对流体域的进流远端和去流远端采用粗网格,边长为 10 mm;对外壳模型和机翼则采用精细网格,边长分别为 3.3 mm 和 2.6 mm,共计 17 923 654 个网格。流场域及网格划分如图 17 - 10,图 17 - 11 及图 17 - 12 所示,在 STREAM 环境中进行 CFD 模拟。

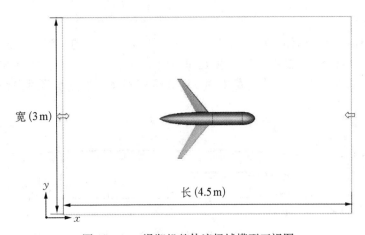

图 17 - 10　滑翔机整体流场域模型正视图

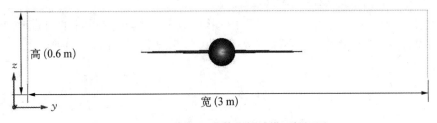

图 17 - 11　滑翔机整体流场域模型侧视图

各个安装位置下,水平翼和壳体装配体的总阻力数据整理后如表 17 - 8 所示,从中可以发现,当水平翼装配于壳体长度的 55%处时,具有的总阻力最小。因此,水平翼的安装位置定为壳体长度的 55%处。

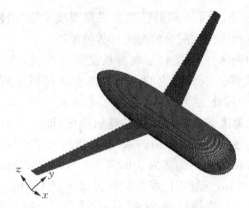

图 17-12　滑翔机整体网格模型示意图

表 17-8　各安装位置下总阻力的大小

安装位置	45%	50%	55%	60%	70%
总阻力/N	1.562	1.454	1.423	1.519	1.477

　　垂直对称尾翼的安装位置,基本考虑是上下两个尾翼的尾流不会发生互相干扰。根据 CFD 模拟的结果,发现尾翼之间的最小间距为 7.5 cm 时,两者尾流的互相干扰现象被消除。因此,尾翼的安装位置定为距离壳体尾端点水平纵向距离 7.5 cm 处,如图 17-13 所示。

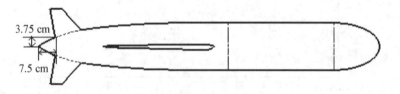

图 17-13　滑翔机尾翼安装示意图

17.4.2　滑翔机外壳整体装配图

　　按照壳体设计、水平翼及机翼的外形参数和安装位置设计的已获成果,在 SOLIDWORKS 中建模,并将滑翔机外壳整体装配起来,如图 17-14 所示。

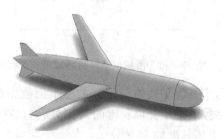

图 17-14　滑翔机外壳整体装配图

17.5　滑翔机整体水动力数值模拟

所得到的滑翔机外壳整体装配模型为基本模型。通过 CFD 方法，模拟计算滑翔机整体以巡航速度运行时，在不同攻角下的整体模型的水动力性能，主要是预测滑翔机的阻力数据，为滑翔机的动力装置设计提供数据支持。

模型的网格划分方法及计算模型，与之前的 CFD 计算模型一致；计算边界与前述的外壳装配水平翼的计算边界设置相同。网格化的水下滑翔机整体数值计算模型如图 17 - 15 所示，共计 207 964 80 个格子。流场域侧视图如图 17 - 16 所示。流场域尺寸相对滑翔机尺寸很大，模拟滑翔机模型在无限大空间内的水动力效果，其主尺度为：长(15 m)×宽(4 m)×高(6 m)；流场域横剖面积为滑翔机最大横截面积的 200 倍。

图 17 - 15　滑翔机装配体网格模型示意图

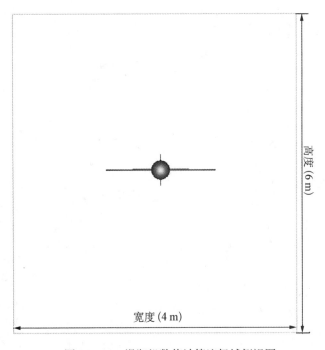

图 17 - 16　滑翔机数值计算流场域侧视图

　　为了测量不同攻角下的整体模型的水动力性能,改变流场域中的滑翔机模型的姿态,分别将模型相对于来流的迎角设为$-6°$、$-4°$、$-2°$、$0°$、$2°$、$4°$、$6°$,分 7 次。对这 7 种姿态下的模型进行数值计算,在 STREAM 中进行后处理,将数值模拟的计算结果进行整理,如表 17-9 所示。

表 17-9　不同迎角下数值计算得到的整体模型阻力

迎角/(°)	-6	-4	-2	0	2	4	6
总阻力/N	1.874	1.682	1.498	1.451	1.509	1.685	1.807

第7篇

海洋温跃层条件下的
试验研究

第18章 水下热滑翔机的海洋温跃层模拟试验系统

对于温差能驱动的水下滑翔机,海洋温差能是整个动力系统的能源,其作用与内燃机的燃油一样。海洋温跃层中海水温度变化显著,是滑翔机航行的极佳环境。在研究此类滑翔机的过程中,许多开发人员都采用样机水域试验的方法,以期得到滑翔机各种实际工作性能参数。这种方法的优点很明显,能够得到最直接、最准确的滑翔机工作参数;不足之处在于,水域试验耗费大量人力、物力,代价昂贵,存在样机丢失的可能。能创造一个具有海洋温跃层温度分布特点的实验室水池,利用相似原理,将超小型滑翔机样机置于水池环境中,便能得到滑翔机的工作参数。现研究针对水下滑翔机试验用的海洋温跃层模拟系统。

18.1 海洋温跃层模拟系统的原理和构成

要准确模拟水下滑翔机试验用的海洋温跃层水温环境,模拟系统必须具有适当的物理模型,满足物理上的真实性,尽可能反映出滑翔机在水下的实际航行环境。滑翔机在水下航行时一般都不是定常运动,因为当滑翔机在相对于坐标系是静止的水体中以等速 U 作直线运动时,机体相对流体是向前运动的,机身前方的流体质点被排挤而向周围散开,物体后部的流体质点由于物体前移所腾出的空间而被吸拢,向物体后部聚集。所以,滑翔机前端的流线呈发射状,后部的流线呈汇聚状,机体中部周围的流体质点,在前面排挤和后面吸聚的作用下,运动取向后的趋势。随着时间的推移,流场中各位置处的速度不断变化,可以判定为不定常流动。

在模拟滑翔机航行环境时,若选取的坐标系相对于温跃层是静止的,那么,滑翔机在海下航行就是一种不定常的情况,增加了流场的复杂性。相反,若把坐标系定在运动的物体上,即滑翔机上,那么就是另外一种情况。从固结于机身上的坐标系看流场,原来静止不动的海水将以速度 U 流向并绕过固定不动的机身而流动,速度 U 可以视为无穷远处速度或称为来流速度。容易看到,若假设海水来流速度不变,滑翔机固定不动,那么这种流场中任意位置处的流动速度是不会随时间而改变的,这种流场便是定常流了。根据海洋温跃层温度分布特点,模拟系统中的试验水体必须满足上层水温高、下层水温低的特点。

结合上述两个物理模型特点,模拟系统必须提供以滑翔机航行速度流动的冷、暖两股水流,且温度范围和实际温跃层相接近。可采用两种试验模拟系统方案。

方案一:电加热器产暖水,冷却塔提供冷水。

方案二:利用热泵原理,同时提供系统所需的冷、暖水,核心装置为冷凝器和蒸发器。

18.1.1 电加热器、冷却塔联合的温跃层模拟试验系统

试验模拟系统工作原理图如图18-1所示。该系统主要由试验水槽,循环水路系统,数据采集、显示和控制系统等模块构成。主要组成部件包括:1水槽,2水箱,3控制/显示单元,4暖水循环泵,5电控暖水泵,6电控冷水泵,7温度显示器,8热电偶A,9流量计,10变频控制器,11数据采集单元,12电加热器,13截止阀A,14冷却塔,15截止阀B,16溢流管,17热电偶B,18截止阀C。

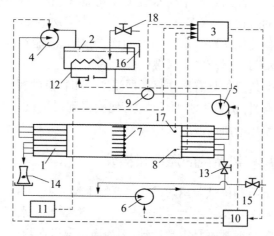

图18-1 电加热器、冷却塔联合系统原理图

该系统的运行主要分为两路,冷水循环系统和暖水循环系统。冷、热两股水流经水槽右方入口进入槽体,槽体上、下方分别为暖水区和冷水区,两股水流共同流经槽体,沿槽体高度方向产生较大的温度梯度,创造了滑翔机在海洋温跃层中航行的实际环境。在槽体左方出口处,冷、暖水流分离。两股水流在槽体流动过程中存在一定的混合作用,导致暖水温度下降,冷水温度上升的结果产生。为保持两股水流能够以既定的水温再次由槽体右方入口进入槽体创造温跃层水温环境,冷水从槽体左方流出后进入冷却塔进行冷却,温度达到预设值后,经电控冷水泵再次泵入水槽;暖水从槽体左方流出后,经暖水循环泵泵入电加热器,温度加热至预设值后,由电控暖水泵送入水槽。如此循环往复,形成了试验用的海洋温跃层模拟环境。

热电偶A和热电偶B分别安装在水槽进口的上、下端,用以测量暖水、冷水进入槽体的温度。温度显示器安装在槽体轴向中部位置,沿槽体高度平均安装了8个热电偶,从温度显示器上读出这8个温度数据,掌握水温分布规律。流量计9可测量水流流量,为系统的理论计算提供数据。

暖水循环泵 4 和电控暖水泵 5 共同为暖水系统提供流体动力,冷水系统动力则由另外的电控冷水泵 6 提供。试验中,循环暖水由恒温水箱提供,水箱中安装了电加热器,水箱中的暖水经暖水电控水泵泵入水槽,经水槽出口回到恒温水箱中。循环冷水由冷却塔提供,流经冷却塔的冷水经冷水循环泵送入水槽,与暖水一样,流经水槽试验段后再次回到冷却塔中接受冷却。通过泵的运行维持两股流体在模拟系统中的不断循环流动,重复利用。恒温水箱旁边安装了一个溢流管,用以调整水箱液位高度。冷水泵旁边的依靠截止阀 15,控制的水路是试验初始提供水源的管道。整个循环管道较短,不需敷设保温材料,试验结果误差不大。

控制/显示单元根据数据采集单元传来的信息,对变频控制器和电加热器发出指令,变频控制器依据指令调控电控暖水泵和冷水泵的工作频率,优化冷、暖水的流速,电加热器在接受指令后改变功率,调整暖水进入槽体的温度,这两个措施的主要目的都是为了使系统能够得到理想的、更为接近实际温跃层特点的水温分布规律。

评判该系统经济性指标,主要从系统耗能及产生热量、冷量角度出发。在运行过程中,耗能元件主要包括:为冷、暖水流提供流动动力的电控冷水泵、电控暖水泵、暖水循环水泵,保持暖水箱恒温的电加热器以及维持冷水温度的冷却塔。设单位时间内,电控冷水泵耗功 W_{ec1},电控暖水泵耗功 W_{ew1},暖水循环泵耗功 W_{cw1},电加热器耗电 W_{eh1},冷却塔耗能 W_{c1},则整个系统所消耗的总能量为

$$W_1 = W_{ec1} + W_{ew1} + W_{cw1} + W_{eh1} + W_{c1} \qquad (18-1)$$

单位时间内,暖水在恒温水箱中获得的热量记为 Q_{h1},冷水在冷却塔中获得的冷量为 Q_{c1},则

$$Q_{h1} = cm_{w1}(t_{wi1} - t_{wo1}) \qquad (18-2)$$

$$Q_{c1} = cm_{c1}(t_{co1} - t_{ci1}) \qquad (18-3)$$

式中:c——水的比热;

　　m_{w1}——暖水的质量流量;

　　m_{c1}——冷水的质量流量;

　　t_{wi1}——暖水在水槽中的平均进口温度;

　　t_{wo1}——暖水在水槽中的平均出口温度;

　　t_{ci1}——冷水流在水槽中的平均进口温度;

　　t_{co1}——冷水流在水槽中的平均出口温度。

根据系统的工作特点,冷、暖水流是完全独立的,两者的质量流量没有关联。

18.1.2　热泵驱动的海洋温跃层模拟试验系统

这一新型模拟系统利用热泵装置同时供热和制冷,可以替代原有的电加热系统和水冷却系统,建立模拟的海洋温度跃层环境。

系统的工作原理如图 18-2 所示。主要组成部件包括:1 水槽,2 蒸发器,3 控

制/显示单元,4 暖水循环泵,5 电控暖水泵,6 电控冷水泵,7 温度显示器,8 热电偶 A,9 流量计,10 变频控制器,11 数据采集单元,12 冷凝器,13 截止阀 A,14 冷水箱,15 截止阀 B,16 压缩机,17 热电偶 B,18 截止阀 C,19 暖水箱,20 节流阀。该方案除了在供热和制冷两处与前方案有所区别外,其余部件和连接管路都非常相似。

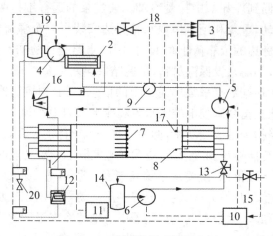

图 18 - 2 热泵装置系统原理图

　　试验过程仍分为两路,冷水循环系统和暖水循环系统。冷、热两股水流经水槽右方入口进入槽体,槽体上、下方分别为暖水区和冷水区,两股水流共同流经槽体,在槽体高度方向产生较大的温度梯度,营造了滑翔机在海洋温跃层中航行的实际环境。在槽体左方出口处,冷、暖水流分离,冷水流作为热媒水进入蒸发器管道,在蒸发器中,制冷工质蒸发吸收冷水热量,冷水温度降至预设值后,流出蒸发器,经电控冷水泵泵入水槽;暖水流出水槽后,进入热泵的冷凝器。在冷凝器中,制冷工质向暖水放出热量,暖水温度上升至预设值后离开冷凝器,经电控暖水泵送入水槽。如此循环往复,形成了试验用的海洋温跃层模拟环境。

　　热泵装置型海洋温跃层试验模拟系统,与前方案的水路系统相比,除冷水冷却方式和暖水加热方式不同外,其余基本一致。两者还具有相同的数据采集和控制系统。该方案的测量系统较之第一个方案更为复杂,它在第一方案的基础上增加了多个压力传感器,用以测量感温工质在冷凝器和蒸发器进出口的压力,为理论计算提供数据。

　　在运行过程中,本系统的耗能元件主要包括:为冷、暖水流提供流动动力的电控冷、暖水泵及暖水循环泵。对于热泵系统来说,只有压缩机是耗能元件。单位时间内,压缩机耗功 W_{c2},则整个系统所消耗的总能量为

$$W_2 = W_{ec2} + W_{ew2} + W_{cw2} + W_{c2} \qquad (18-4)$$

　　单位时间内,暖水在冷凝器中获得热量仍记为 Q_{h2},冷水在蒸发器中获得的冷量为 Q_{c2},则

$$Q_{h2} = cm_{w2}(t_{wi2} - t_{wo2}) \tag{18-5}$$

$$Q_{c2} = cm_{c2}(t_{ci2} - t_{co2}) \tag{18-6}$$

根据系统的工作特点,冷、暖水流是完全独立的,两者的质量流量没有关联。根据能量守恒定律,有

$$Q_h = cm_w(t_{wi} - t_{wo}) = c_R m_R(t_{Rci} - t_{Rco}) \tag{18-7}$$

$$Q_c = cm_c(t_{ci} - t_{co}) = c_R m_R(t_{Reo} - t_{Rei}) \tag{18-8}$$

c_R 为制冷工质的比热容,m_R 为制冷工质的质量流量,t_{Rei}、t_{Reo} 为制冷工质进、出蒸发器的平均温度,t_{Rco}、t_{Rci} 为制冷工质进、出冷凝器的平均温度。

由式可得

$$m_R = \frac{cm_w(t_{wi} - t_{wo})}{c_R(t_{Rci} - t_{Rco})} \tag{18-9}$$

由式可得

$$m_R = \frac{cm_c(t_{ci} - t_{co})}{c_R(t_{Reo} - t_{Rei})} \tag{18-10}$$

据此,

$$\frac{cm_w(t_{wi} - t_{wo})}{c_R(t_{Rci} - t_{Rco})} = \frac{cm_c(t_{ci} - t_{co})}{c_R(t_{Reo} - t_{Rei})} \tag{18-11}$$

经简化,

$$\frac{m_w(t_{wi} - t_{wo})}{(t_{Rci} - t_{Rco})} = \frac{m_c(t_{ci} - t_{co})}{(t_{Reo} - t_{Rei})} \tag{18-12}$$

表面上,在模拟系统原理图 18-2 中,冷、暖水流循环系统是独立的,其实,由上式看出,冷、暖水流的循环流动速度是相互关联的。原因是,本系统采用了热泵装置,制冷工质在热泵系统中循环流动,制冷工质流经蒸发器和冷凝器的质量流量是相同的,当蒸发器和冷凝器的进出口温度一定后,冷、暖水流系统的温度和质量流量都是相互关联的。

18.2　试验系统的方案比较

两方案的总体设计思想基本一致,只是加热、冷却系统方式不同。方案一采用电加热器和冷却塔两套独立系统,分别加热暖水流和冷却冷水流循环系统;方案二利用热泵系统同时向暖水供热和为冷水制冷。可从能量分析角度评判两种方案的优缺点。

在供热量、制冷量和冷、暖水流流量一定的前提下,两种方案的耗能结果分析如下

1. 水泵耗能

为驱动冷、暖水流在模拟系统中不断循环流动,需要水泵提供流动动力。单位时间内流经水泵的水流从水泵得到的能量是有效功率,可表示为

$$P_{ef} = \rho \dot{V} H (\text{kg} \cdot \text{m/s}) \tag{18-13}$$

或 $$P_{ef} = \frac{\rho \dot{V} H}{102}(kW)$$

式中：P_{ef}——水泵的有效功率，kW；

$\dot{V}$——水泵的体积流量，m^3/s；

H——水泵的扬程；

m——这个数值主要包括水体流过管路、阀类等所产生的水头损失，水体进出水泵的高度差，水体流过设备的阻力等。

水泵不可能将原动机输入的功率完全传递给水流，在水泵内部存在能量损失，这个损失可用 η 表示。除此之外，考虑到电机的工作效率，另外记为 η'。由此求得水泵的轴功率为

$$P_{ax} = \frac{\rho \dot{V} H}{102 \eta \eta'} \tag{18-14}$$

两个模拟系统的水泵动力子系统基本一致。假设两方案中的水泵和电机工作效率相同，那么冷、暖水流流量一定时，两方案中的电控冷水泵、电控暖水泵和循环暖水泵的实际轴功率也是相同的，即有 $W_{ec1} = W_{ec2}$，$W_{ew1} = W_{ew2}$，$W_{cw1} = W_{cw2}$。

2. 供热、制冷系统耗能

方案一，电加热器维持暖水流系统温度恒定，系统设计简单。若水箱绝热性能良好，加热器效率百分之百，可认为 $W_{eh1} = Q_{h1}$。为获得 Q_{c1} 的冷量，冷却塔制冷系统耗电能 W_{c1}。设该装置的制冷系数为 η_{c1}，则有 $W_{c1} = Q_{c1}/\eta_{c1}$。故方案一的供热、制冷总耗能为 $W_{eh1} + W_{c1} = Q_{h1} + Q_{c1}/\eta_{c1}$。

方案二，采用热泵系统同时供热和制冷，耗能元件只有压缩机一个。在蒸发器中，制冷工质蒸发吸收热量，冷却了从水槽中流出的冷水流，使其温度得以降低至预设值，而暖水流在冷凝器中充当了冷媒水的作用，利用制冷工质的废热将水槽出口流出的暖水流重新加热至预设值。若这部分热量不加以利用，最后就会通过风冷方式传递给大气环境。根据热泵系统的工作原理，压缩机耗能可写成 $W_{c2} = Q_{h2}/\eta_{e2}$ 或 $W_{c2} = Q_{c2}/\eta_{c2}$。其中，$\eta_{e2}$ 和 η_{c2} 分别为冷凝器的制热系数和蒸发器的制冷系数。

经过上述分析，得到

方案一的总耗能为 $$W_1 = W_{ec1} + W_{ew1} + W_{cw1} + Q_{h1} + Q_{c1}/\eta_{c1} \tag{18-15}$$

方案二的总耗能为 $$W_2 = W_{ec2} + W_{ew2} + W_{cw2} + Q_{h2}/\eta_{e2} \tag{18-16}$$

或 $$W_2 = W_{ec2} + W_{ew2} + W_{cw2} + Q_{c2}/\eta_{c2} \tag{18-17}$$

为便于两方案能耗的比较，方案二的能耗计算采用表达式(18-16)，则有

$$W_1 - W_2 = (W_{ec1} + W_{ew1} + W_{cw1} + Q_{h1} + Q_{c1}/\eta_{c1}) - (W_{ec2} + W_{ew2} + W_{cw2} + Q_{h2}/\eta_{e2})$$

因 $W_{ec1} = W_{ec2}$，$W_{ew1} = W_{ew2}$，$W_{cw1} = W_{cw2}$，$Q_{h1} = Q_{h2}$，

则 $W_1 - W_2 = Q_{h1}(1 - 1/\eta_{e2}) + Q_{c1}/\eta_{c1}$

一般情况下,冷凝器的制热系数 η_{e2} 总是大于或等于 1 的,即 $\eta_{e2} \geqslant 1$,因此,有 $(1 - 1/\eta_{e2}) \geqslant 0$,所以 $W_1 - W_2 > 0$。这说明,方案一的耗能恒大于方案二的耗能。从节能角度出发,方案二更为理想。

18.3　海洋温跃层模拟系统的构建

根据热泵装置温跃层模拟系统的总体思想,在上海交通大学动力装置与自动化研究所实验室内构建了试验系统,如图 18 - 3 所示。目前试验系统中已构建完成的项目包括水路系统、测量系统和数据采集系统。

图 18 - 3　海洋温跃层模拟试验系统

18.3.1　试验腔体

水槽选定为一长方形试验腔体,如图 18 - 4 所示。为方便观测试验过程,槽体主要材料由透明有机玻璃制成,并采用钢板条将玻璃槽体固定在试验室水泥基地上,使系统更为坚固和稳定。玻璃槽体左右端面均钻有小孔,引出热电偶,方便测量试验过程中冷、暖水流的温度。

图 18 - 4　试验腔体照片

18.3.2　测温系统及流量测量系统

1. 测量系统

试验过程中,均由 Pt100 铂热电阻作为测量温度用的传感器。Pt100 铂电阻温度传感器是利用金属铂在温度变化时自身电阻值也随之改变的特性来测量温度的,显示仪表将会指示出铂电阻的电阻值所对应的温度值。当被测介质中存在温度梯度时,所测得的温度是感温元件所在范围内介质层中的平均温度。铂电阻的电阻值随着温度的变化而变化,温度和电阻的关系接近于线性关系,偏差极小,且电气性能稳定,体积小、耐振动、可靠性高,同时具有精确灵敏、稳定性好、产品寿命长和使用方便等优点。

考虑到试验设备的实际情况,在水槽体上布置了 12 个热电偶传感器。

在槽体一半长度处,沿槽体高度均匀布置了 8 个热电偶,用于测量水流温度分布情况,这一垂直分布的温度测量系统是验证系统是否符合实际温跃层温度分布的重要手段。为直观地掌握水流温度分布,将热电偶连接到温度显示仪器上,试验者能够直接从显示仪器上读出各点的水流温度,如图 18-5 所示。

图 18-5　水流温度垂直分布显示器照片

水槽进、出口处,沿高度方向各布置了两个热电偶,进口处,水槽上部安装的热电偶用于测量暖水的进口温度,理想情况下,忽略管道热量损失,这一温度值就是冷凝器出口处暖水的温度值;水槽底部安装的热电偶可测量冷水的进口温度,同理,理想情况下这一温度值就等于蒸发器出口处冷水流的温度。出口处,水槽上部的热电偶测量暖水流出槽体的温度,理想情况下该值就是冷凝器进口处暖水流的温度,水槽下部安装的热电偶测量冷水流出槽体时的温度,即蒸发器进口处冷水流温度。热电偶输出端连接到温度变送器上,如图 18-6 所示。

图 18-6　温度转换器照片

2. 流量测量系统

采用 KTLDE - 25 - 105 电磁式流量计测量冷、暖水流流量,可测量的最大流量为 $30\,m^3/h$。采用 KTLDE 电磁式流量计测量流量不受流体的密度、黏度、温度、压力和电导率变化的影响,传感器感应电压信号与平均流速呈线性关系,因此测量精度高。测量管道内无阻流件,因此没有附加的压力损失;测量管道内无可动部件,因此传感器寿命极长。这种流量计有 4～6 个多电极结构(见图 18 - 7),进一步保证了测量精度并且在任何时候无需接地环,减少了仪表体积和安装维护的麻烦。KTLDE 型智能电磁流量计特别设计了液晶显示器,功能齐全实用、显示直观、操作使用方便。流量计的输出端连接到 PLC 控制器上,如图 18 - 7 所示,构成流量测量系统。

图 18 - 7　PLC 回路的 CPU 224XP CN

18.3.3　水路系统

由于试验系统规模较小,水流循环管道不长,为了简化试验系统,并未在管道上敷设保温材料。试验中循环的冷、暖水流动力主要由冷、暖水流电控水泵提供,通过改变调节阀阀口通流面积的方法来调节冷、暖水流速度,以期获得理想的水流温度分布。经过冷却和加热,冷、暖水流流经冷、暖水箱后需进入水槽,为了使水流温度分布均匀,将两股水流分别拆分为 3 个通道流入水槽。在水槽出口处,各取 3 个管道将冷、暖水引出水槽,如图 18 - 8、图 18 - 9 所示。

图 18 - 8　水槽出口通道照片　　　　　图 18 - 9　水槽进口通道照片

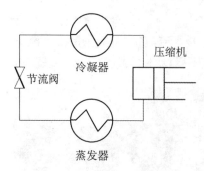

图 18-10 蒸汽压缩机热
泵示意图

18.3.4 热泵系统

一台最简单的蒸气压缩热泵是由压缩机、冷凝器、节流阀(或其他节流元件)和蒸发器 4 个部件所组成,其系统示意图如图 18-10 所示。

为便于用热力学方法进行分析,首先研究理想条件下的基本循环(常称为理论循环,有时也称它为逆向朗肯(Rankin)循环)。该循环由两个等压过程、一个等熵过程和一个等焓过程所组成,如图 18-11、图 18-12 所示。

5→1 状态 5 的湿蒸汽进入蒸发器,在其中吸热气化至干饱和蒸汽状态 1,5→1 的蒸发过程中,工质压力和温度均保持不变。

1→2 气态工质在压缩机中被压缩增压,状态 1 的干饱和蒸汽被压缩机等熵压缩至过热蒸汽状态 2。

2→4 蒸汽经压缩后温度和压力均得到提高,然后进入冷凝器向高温热源排输热能而被凝结至饱和液体状态 4。包括 2→3 冷却及 3→4 凝结,工质压力保持不变。

4→5 状态 4 的饱和液体通过节流阀节流降压恢复至原始状态 5,完成整个循环。节流过程是个不可逆过程(以虚线示意),节流过程前后工质的压力将下降,温度也同时下降,而其焓值不变。

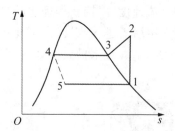

图 18-11 理想蒸汽循环 T-s 图

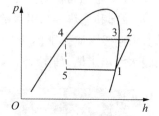

图 18-12 理想蒸汽循环 p-h 对数图

构成上述理想化循环的 4 个过程中,除了节流过程外,都是可逆过程。众所周知,可逆过程实际上是并不能实现的理想过程而已,实际循环必然与理想化的循环之间存在差异,而这些差异将引起对循环性能的影响。

液体过冷对循环性能是有影响的。在实际循环中,饱和液体经冷凝器至节流阀的管路时,因流动阻力引起压力降低而产生蒸汽,这种现象将影响节流阀工作的稳定性,因此要求液态工质进入节流阀之前具有一定的过冷度。

对实际运行的压缩机而言,希望吸入的蒸汽具有一定的过热度,否则的话,可能会有末蒸发的液滴被吸入压缩机气缸而产生冲缸现象。但是,吸气过热将使压缩终了温度进一步提高,尤其是对热泵压缩机的寿命及运行可靠性是极为不利的,因此吸气过热度的允许值将受到排气温度这一因素很大的限制。

压缩机效率对循环性能是有影响的。实际循环中,由于气体工质在压缩机内部流动时存在热交换和流动阻力等一系列损失,造成压缩机输气量下降、耗功量增加、压缩终了工质温度提高,从而使循环性能下降。

工程上,为便于设计计算,通常忽略工质在冷凝器和蒸发器中的微小的压力变化,认为工质流经冷凝器或蒸发器冷却或加热过程都是定压过程,经这样简化后的实际循环的温熵及压焓图如图 18-13、图 18-14 所示。其中,$1 \rightarrow 2'$ 为压缩机的实际压缩过程。压缩机吸气压力等于蒸发压力,排气压力等于冷凝压力。$2' \rightarrow 3 \rightarrow 4$ 表示工质在冷凝器中定压放热过程。$4 \rightarrow 5$ 为节流过程,仍认为是等焓过程。$5 \rightarrow 1$ 表示工质在蒸发器中定压吸热过程。图 18-13、图 18-14 中,$1 \rightarrow 2$ 表示理想等熵压缩过程。

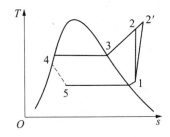

图 18-13　实际蒸汽循环 $T-s$ 图

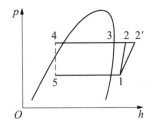

图 18-14　实际蒸汽循环 $P-h$ 对数图

利用热泵装置同时供热和制冷的系统,可替代原有的电加热系统和水冷却系统,建立模拟的海洋温度跃层环境。其简化图如图 18-15 所示。

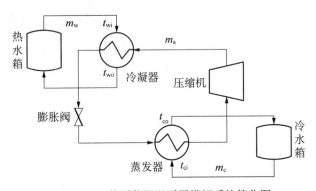

图 18-15　热泵装置温跃层模拟系统简化图

如图 18-16 所示,在冷水箱—蒸发器循环管路中,蒸气器出口冷水温度记为 t_{co},为实验要求冷水层温度,进口温度记为 t_{ci},即冷水经过温跃层模拟水槽后的温度。m_c 为冷水循环的质量流量。在暖水箱—冷凝器循环管路中,冷凝器出口暖水温度记为 t_{wo},为实验要求的暖水层温度,进口温度记为 t_{wi},即暖水经过温跃层模拟水槽后的温度。m_w 为暖水循环的质量流量。由系统工作原理可知,冷水经温跃层模拟水槽后温度由 t_{co} 增大至 t_{ci},而后经由蒸发器使温度又从 t_{ci} 恢复到 t_{co};暖水经温跃层模拟水槽后温度由 t_{wo} 下降至 t_{wi},而后经由冷凝器使温度又从 t_{wi} 恢复至 t_{wo}。

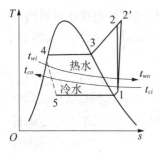

图 18-16 计算用蒸汽
循环 T-s 图

在试验过程中,将暖水最高温度定为 24℃,冷水最低温度定为 12℃,即 $t_{wo} = 24℃$, $t_{co} = 12℃$。采用 R22 为热泵工质,研究系统的制冷、制热效果,必须掌握工质的循环工作过程,尤其是工质在蒸发器和冷凝器中蒸发温度、冷凝温度和进口出口温度。有研究结果表明,蒸发器、冷凝器出口处,工质和水的温差一般在 2~4℃。由图 18-16 可知,蒸发器出口处冷水温度为 t_{co},R22 的温度为 t_1, $t_{co} - t_1 = 2 \sim 4℃$。本文将两者温差定为 3℃,且假设工质在蒸发器中的过热度为 1℃,则工质在状态 1 的温度 $t_1 = 9℃$,工质在蒸发器中的蒸发温度为 8℃。同理,将冷凝器出口处工质和暖水的温差也定为 3℃,且假设工质在冷凝器中的过冷度为 1℃。根据冷凝器中暖水出口温度 $t_{wo} = 24℃$,可得工质在状态 4 的温度 $t_4 = 27℃$,冷凝器中工质的冷凝温度为 28℃。

计算过程,设压缩机指示效率 $\eta_i = 0.8$,机械效率 $\eta_m = 0.8$,容积效率 $\eta_v = 0.7$,电动机效率 $\eta_e = 0.85$。循环过程中工质在各处的状态参数值见表 18-1。

表 18-1 R22 状态参数值

参数	单位	状态点				
		1	2	3	4	5
P	MPa	0.64109	1.1314	1.1314	1.1314	0.64109
t	℃	9	40	28	27	8
h	kJ/kg	408	424.3	414	232	213.4

1 kg 工质自低温热源吸取的热能、单位制冷量为

$$\dot{q}_c = h_1 - h_5 = 176 (\text{kJ/kg}) \tag{18-18}$$

在一个循环过程中,压缩机理论耗功为

$$w_c = h_2 - h_1 = 16.3 (\text{kJ/kg}) \tag{18-19}$$

在实际压缩过程中,压缩机消耗的单位指示功为

$$w_i = \frac{h_2 - h_1}{\eta_i} = h_{2'} - h_1 \tag{18-20}$$

式中,η_i 为指示效率,则 $w_i = 20.375 \, \text{kJ/kg}$。

由式(18-20)求得:

$$h_{2'} = h_1 + w_i = 428.375 (\text{kJ/kg}) \tag{18-21}$$

压缩机消耗的单位实际功为

$$w_e = \frac{w_c}{\eta_i \eta_m \eta_e} = \frac{h_2 - h_1}{\eta_i \eta_m \eta_e} \tag{18-22}$$

式中：η_m——压缩机机械效率；

　　η_e——电动机效率。

$$w_e = 30.0(\text{kJ/kg})$$

热泵单位制热量

$$\dot{q}_h = h_{2'} - h_4 = 196.375(\text{kJ/kg}) \tag{18-23}$$

蒸汽压缩式热泵实际循环制热系数为

$$\varepsilon_h = \frac{\dot{q}_h}{w_e} = 6.5 \tag{18-24}$$

制冷系数

$$\varepsilon_c = \frac{\dot{q}_c}{w_e} = 5.9 \tag{18-25}$$

依据 6.1 节，理想情况下，由能量守恒定律可得：

冷凝器中，暖水吸收的热量等于工质冷凝或冷却放出的热量：

$$cm_w(t_{wi} - t_{wo}) = m_R \dot{q}_h$$

蒸发器中，冷水放出的热量就等于工质蒸发吸收的热量：

$$cm_c(t_{ci} - t_{co}) = m_R \dot{q}_c$$

经温跃层模拟水槽后，有一部分冷水、暖水会混合在一起，其混合温度可近似取为两股水头的温度平均值，记为 $\bar{t} = 18℃$。但冷、暖水的混合是非常有限的，一般不会超过 5%～10%，本文假设有 6% 的冷、暖水经混合后温度变为 18℃。

将水槽出口处暖水的平均温度，即冷凝器进口处暖水的平均温度记为 $\bar{t}_{wi}$，$\bar{t}_{wi} = 0.94t_{wo} + 0.06\bar{t} = 21.76℃$。将水槽出口处冷水的平均温度，即蒸发器进口处冷水的平均温度记为 $\bar{t}_{ci}$，$\bar{t}_{ci} = 0.94t_{co} + 0.06\bar{t} = 14.24℃$。水的比热为 4.186 kJ/(kg·K)，冷水、暖水、热泵工质的质量流量关系式为

$$m_c/m_a = 195.47, \ m_w/m_a = 175.18$$

滑翔机在海下的航行速度较低，一般在 0.4 m/s 以内，故将模拟温跃层的冷、暖水层流速范围初步定在 0.1～0.4 m/s。实验用水槽宽 36 cm，高 90 cm。上半部分通暖水，下半部分通冷水，则 $m_c = \frac{1}{2}Av\rho$，$m_c = 16.2 \sim 64.8 \text{ kg/s}$。同理，$m_w = 16.2 \sim 64.8 \text{ kg/s}$。考虑到管口效应，假设有 40% 的冷、暖水层处于边界层内，则

$m_c = m_w = (16.2 \sim 64.8\,\mathrm{kg/s}) \times 60\% = 9.72 \sim 38.88\,\mathrm{kg/s}$，工质质量流量范围 $m_a = 0.048 \sim 0.22\,\mathrm{kg/s}$。

热泵制热量为

$$Q_h = m_a q_h = 9.43 \sim 43.18\,\mathrm{kW}$$

制冷量

$$Q_c = m_a q_c = 8.50 \sim 39.16\,\mathrm{kW}$$

压缩机实际功率

$$W_e = 1.44 \sim 6.6\,\mathrm{kW}$$

第 19 章　基于相似理论的海洋温跃层模拟水池

水下热滑翔机的工作环境为海洋温跃层。为了检验所设计的滑翔机的实际性能,需要运行验证。如果在海洋或具有相似温度梯度的湖泊中进行,需要消耗较高的成本和较长的时间。海试、湖试的风险大,尤其在水下热滑翔机的初级研究阶段,面对复杂的水下自然环境,一旦发生故障或者试验未获成功,滑翔机可能石沉大海,造成损失。再者,海试或湖试的重复性差,水下环境随洋流和季节不断变化,难以保证相同的实验环境。

基于以上考虑,为了能创造优良便捷的水下热滑翔机实物模型的实验条件,可借助相似理论,设计室内海洋温跃层模拟水池。相关的参数,如缩尺比、水池的主尺度、温度梯度场等,都可以借助相似理论加以确定。

19.1　相似理论基础

通过一种现象的研究去了解另一种与其变化的数学规律相同的、物理性质不同的现象,称为模拟。模拟的成功与否在于模拟体系与实体体系之间的相似程度。相似程度越高的模拟体系,可靠性越好。可将模拟体系简称为模型,实体体系简称为实体。

流体力学中的相似理论,是指导海洋温跃层模拟体系参数设计的基本理论。模型与实体的两个体系需要满足以下 3 个相似条件。

1. 几何相似

模型与实体虽然大小不同,但其形状相似。如果两个体系彼此间是几何相似的,则它们所占据的空间的各个对应尺寸之比是一个固定数。

实体和模型满足几何相似条件时,两者的所有相应的线性尺度之比为常数。设 L' 和 L'' 分别代表实体和模型的尺寸,则可以定义缩尺比 λ_L,如式(19-1)所示:

$$20\lambda_L = \frac{L'}{L''} \tag{19-1}$$

设实体和模型对应的面积分别是 A' 和 A'',则满足式(19-2)所示:

$$21\frac{A'}{A''} = \lambda_L^2 \tag{19-2}$$

设实体与模型的体积分别为∇'和∇'',则应满足式(19-3)所示:

$$22\frac{\nabla'}{\nabla''}=\lambda_\mathrm{L}^3 \tag{19-3}$$

2. 运动相似

模型与实体涉及的流体运动,其对应点处在任意瞬间的同类物理量,如流体速度、加速度,都有相同的比例系数。

几何相似和时间相似组成运动相似。具体而言,两个体系彼此运动相似,是指两个质点沿着几何相似的轨迹运动,在互成一定比例的时间段内通过一段几何相似的路程。设实体与模型的两个运动体系中所对应的时间分别为t'和t'',并引入时间相似常数λ_t。则运动相似条件需满足式(19-1)与式(19-4):

$$23\frac{t'}{t''}=\lambda_\mathrm{t} \tag{19-4}$$

设实体与模型体系中的速度分别为U'和U'',并引入速度相似数λ_U,由式(19-1)和式(19-4)可推导得式(19-5):

$$24\frac{U'}{U''}=\lambda_\mathrm{U} \tag{19-5}$$

3. 动力相似

作用于模型与实体上的各种力相互成比例。这些力包括重力、惯性力、黏性力等。

实践证明,要完全满足所有性质的力学相似(称为完全相似)是不可能的。通常都是根据具体的模拟对象,选择和现实相似的判据(也称相似准则),以满足其支配地位的力的相似。这就是相似理论中所谓的"部分相似"。在讨论动力相似问题时,首先需要考虑体系中的主要动力,然后由惯性力与主要作用力之比得到相应的相似准则数。

当重力是主要作用力时,意味着体系中的其他力相对于重力而言为小,此时可采用傅汝德数相似。设傅汝德数为F_r,则F_r可由式(19-6)来表示:

$$25F_\mathrm{r}=\frac{U}{(gL)^{\frac{1}{2}}} \tag{19-6}$$

设实体与模型的傅汝德数分别为F_r'和F_r'',若要与傅汝德数相似,必须满足式(19-7):

$$26F_\mathrm{r}'=F_\mathrm{r}'' \tag{19-7}$$

当黏滞力是主要作用力时,意味着体系中的其他力相对于黏滞力而言是小的,此时则采用雷诺数相似法。设雷诺数为Re,则Re可由式(19-8)来表示:

$$27Re = \frac{LU}{\upsilon} \tag{19-8}$$

设实体与模型的雷诺数分别为 $R'e$ 和 $R''e$,若要与雷诺数相似,就要满足式(19-9):

$$28R'e = R''e \tag{19-9}$$

19.2　水池参数设计

水池设计模拟的海洋温跃层的温水层温度为 25℃,冷水层温度为 5℃,最大水深为 14m,温度梯度为 0.2℃/m。计划在此海洋环境层模拟水池中进行试验的真实水下热滑翔机,除了前述设计的水下热滑翔机外,还需满足较之稍大的滑翔机的试验需求。在待试验滑翔机模型系列中,最大长度参数为 2m,最大宽度参数为 1.4m。所讨论的海洋温跃层模拟体系包括相应的海洋温跃层模拟水池以及具有对应缩尺比的滑翔机缩尺模型。

19.2.1　模型缩尺比及水池宽度和深度

选定一个合适的缩尺比 λ_L 并确定主尺度,是建立海洋温跃层模拟水池的首要任务。现以分析滑翔机模型的合理大小以及根据经验公式抑制水池的不良效应为基本出发点。

1. 模型的大小

模型大小是考虑模型缩尺比的首要因素。模型过小,会给模型制作带来困难,也会使试验测量数据的相对误差增大;模型过大,会使水池受到水池池壁效应的影响,干扰正常的试验结果。

为了保持滑翔机模型的几何相似性,同时便于相似试验模型的加工,考虑到机翼是滑翔机外壳中三维形状最复杂且尺寸最小的部分。当根梢比大于 1 时,翼梢尺寸会进一步缩小,因此,需要着重考虑滑翔机的机翼尺寸。如果缩尺比过大,会造成机翼的型线难以实现,甚至不得不加工成平板翼,从而造成滑翔机模型的严重失真。由前述的讨论,可以得到滑翔机壳体及机翼的详细设计参数。不难发现,滑翔机尾翼的尺寸最小,其梢部弦长为 70mm,最大厚度为 7mm。

为了使机翼的加工具有一定的精度,须使翼梢最大厚度不小于加工精度(1mm),由此可知,实体与模型之间的缩尺比不得大于 7∶1,如式(19-10)所示:

$$\lambda_L \leqslant 7 \tag{19-10}$$

2. 水池阻塞效应的影响

水下热滑翔机模型在海洋温跃层模拟水池中运动时,由于其所处的水体是一个具有一定深度、宽度和长度的狭长的长方体,而非实际工作的无限宽广的水域,因此,受到池壁和池底的影响,会使周围水流相对模型的平均流速快,使得模型周围流场不同于无边界水域中的流场的现象,称为阻塞效应。

当水池的横截面积为水下热滑翔机模型的最大横截面积的 75 倍时,阻塞效应将会得到良好的控制,其对水下热滑翔机模型的水动力参数所造成的误差将在 5% 以内。

设滑翔机的最大横截面积为 $A_{\max}^m$,根据滑翔机模型的最大宽度参数 1.4 m,就有了外壳最大面积 $A_{\max}^m = \dfrac{\pi \cdot (L_b^{m2})}{4} m^2$。模型最大宽度与实体滑翔机之间,存在缩尺比的对应关系。

设水池的最大横截面积为 $A_{\max}^p$,为了使阻塞效应的影响控制在 1% 以内,有

$$A_{\max}^p \geqslant 75 A_{\max}^m \tag{19-11}$$

$$A_{\max}^p = A^p = L_b^p \cdot L_h^p \tag{19-12}$$

式中,L_h^p 为水池的高度,L_b^p 为水池的宽度。

3. 浅水效应的影响

浅水效应,是由于有限深度的池底的存在,使兴起的波系与在真正的相当于无限水深的海域兴起的波系不同,进而造成兴波阻力的试验误差。

由于水下热滑翔机潜于水下,低速航行,产生的兴波阻力非常小。理论上,水深大于模型的长度即可使浅水效应得到有效抑制,控制在 1% 之内。

4. 侧壁效应的影响

侧壁效应,是由于距离模型有限宽度的侧壁的存在,与实际上相当于无限宽度的水域相差较大,所形成的反射波系对水动力产生影响而造成误差。

理论上,水池的宽度大于模型宽度 16 倍以上,侧壁效应的影响可以被抑制在 0.5% 以内。

设水下滑翔机模型的长度为 L_l^m,宽度为 L_b^m,则应满足以下关系式:

$$L_h^p \geqslant L_l^m \tag{19-13}$$

$$L_b^p \geqslant 16 L_b^m \tag{19-14}$$

综上所述,由式(19-10)至式(19-14)构成了海洋温跃层模拟水池设计几何参数的约束方程,这是一个多变量的非线性规划问题,求解会遇到一定的困难。

缩尺比越大,海洋温跃层模拟水池所能模拟的深度越大。如果将缩尺比定为 7,则可消去约束方程的非线性项,使得以上约束方程线性化,如式(19-15)至式(19-17)所示:

$$L_h^p \cdot L_b^p \geqslant 2.335 \tag{19-15}$$

$$L_h^p \geqslant L_l^m = 0.286 \tag{19-16}$$

$$L_b^p \geqslant 16 L_b^m = 0.456 \tag{19-17}$$

再考虑到室内场所空间的限制,建设水池时可参考式(19-18)及式(19-19)所示的数据。

$$L_h^p \leqslant 2.5 \tag{19-18}$$

$$L_b^p \leqslant 1.5 \tag{19-19}$$

求解以上各约束不等式,可行域如图19-1黑色阴影部分所示。在可行域内选取点(1.3,2)即可满足约束条件,水池的宽为1.3m,高为2m。

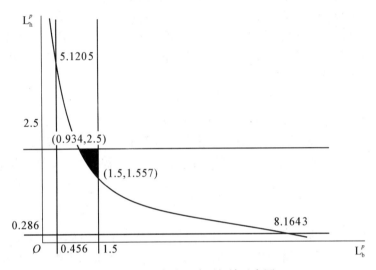

图 19-1　水池尺寸可行域示意图

19.2.2　模型的试验速度

水下热滑翔机在海洋温跃层中运行时,自身不携带推进装置,仅仅通过吸收温差能改变可变体积的大小,通常借助浮力的变化以及机翼的作用,在重力的作用下,实现锯齿形航行。根据浮力原理,重力对水下热滑翔机的运动具有主要影响,因此,在考虑滑翔机的动力相似时,选用傅汝德数相似作为相似准则数。

实体与模型的傅汝德数相等,由式(19-7)可进一步推得:

$$\frac{U'}{(g'L')^{\frac{1}{2}}} = F_r' = F_r'' = \frac{U''}{(g''L'')^{\frac{1}{2}}} \tag{19-20}$$

设实体与模型的速度相似比为λ_U,且根据$g' = g''$,则由式(19-20)可得:

$$\lambda_U = \frac{U'}{U''} = \left(\frac{g'L'}{g''L''}\right)^{\frac{1}{2}} = \left(\frac{L'}{L''}\right)^{\frac{1}{2}} = (\lambda_L)^{\frac{1}{2}} \tag{19-21}$$

由式(19-21)可知,水池模型试验中,实体与模型的速度相似比必须是几何相似比的根号倍。例如,当几何相似比λ_L的值为7时,速度相似比λ_U的值为0.38,即意味着模型的速度为实体水下热滑翔机速度的 0.38 倍。滑翔机实体的巡航速度为 0.5 m/s，则滑翔机模型试验的速度 $u'' = 0.19\,\mathrm{m/s}$。

19.2.3　水池的长度设计

海洋温跃层模拟水池无法实现完全的几何相似，宽广的海洋温跃层相对于水下热滑翔机而言，尺寸是无限大的。大多数的海洋工程水池都采用变态相似设计。

变态相似也称为差似，就是不采用相同的尺度进行放大和缩小，如水工模型中，对宽浅型河道模型在水平和垂直方向采用不同的几何相似比。在本课题的研究中，水池的宽度和长度也是变态相似的。通过合理设计，可以排除前所讨论的阻塞效应等造成的不良影响。在长度方向上，由于其不涉及尺度效应的影响，因此，一方面，主要考虑来流和尾流的充分发展；另一方面，根据水下热滑翔机模型的速度大小，设计足够的长度，使模型试验具有充足的时间。

根据 Bhatta P 等对水下航行体的模型试验研究可知，为了使相对水下航行体运动的水流的来流和尾流充分发展，有效地模拟水下航行体与水流之间的相互作用，需使水下航行体艏部前端至少有 1 倍艇长的距离；使水下航行体艉部后端至少有 2 倍艇长的距离，因此，水池长度至少大于 4 倍艇长，即需满足式（19 - 22）：

$$L_1^p \geqslant 4L_1^m = 4\,\frac{L_1'}{\lambda_\mathrm{L}} = 1.14\,\mathrm{m} \tag{19-22}$$

在式（19 - 22）的基础之上，进一步分析满足充足试验时间所需要的水池长度。为了能充分观察水下热滑翔机模型的运动状态，测量其水动力性能，在水池中全程航行时间需大于 50 s。真实的水下热滑翔机的巡航速度为 0.5 m/s，根据式（19 - 21），水下热滑翔机模型在水池中的航行速度为

$$U' = 0.19\,\mathrm{m/s} \tag{19-23}$$

则可得：

$$L_1^p \geqslant 0.19\,\mathrm{m/s} \times 50\,\mathrm{s} = 9.5\,\mathrm{m} \tag{19-24}$$

比较式（19 - 24）和式（19 - 22），可见式（19 - 22）的约束条件包含于式（19 - 24）的约束条件之中，所以水池的长度只要满足式（19 - 24）即可。可将水池的长度设计为 10 m，以便安置在实验室内。

19.2.4　温度场相似

水池的温度场对水下热滑翔机的运动具有关键的影响作用，因此，海洋温跃层模拟水池还需满足温度场的相似性。

首先分析海洋温跃层模拟水池的温度分布，如图 19 - 2 所示。海洋温跃层模拟水池上层热水和下层冷水的热传导，形成具有一定温度梯度的温度场，上下层水流相对流速几乎为 0，这一热交换过程可视为两个恒温面之间无内热源的一维稳态热传导过程。

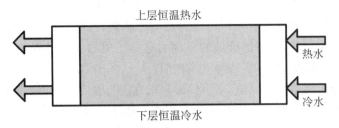

图 19 - 2　水池温度场示意图

设上层热水温度为 T_w^p，下层冷水温度为 T_c^p，导热系数为 ξ，根据热传导定律，对于上述导热过程，令上层热水表面为坐标 h 的原点，有如下关系式：

$$\frac{\mathrm{d}^2 T^p}{\mathrm{d}h^2} = 0 \qquad (19-25)$$

求解式(19 - 25)所示的微分方程，得：

$$T_h^p = -\frac{T_w^p - T_c^p}{L_h^p} \cdot h + T_w^p \qquad (19-26)$$

由式(19 - 26)可知温度分布为线性分布。令海洋温跃层实体的温度为 T'，水池模型的温度为 T''，则可设实体与模型温度梯度相似比为 $\lambda_{\delta T}$：

$$\lambda_{\delta T} = \frac{\mathrm{d}T'}{\mathrm{d}h'} \Big/ \frac{\mathrm{d}T''}{\mathrm{d}h''} \qquad (19-27)$$

其次，根据水下热滑翔机的热工作原理，推导使水下热滑翔机达到温度场相似所需的条件。

水下热滑翔机依靠具有一定表面积的储能管中的感温工质，吸收温跃层中的温差能。储能管表面的材料导热系数非常高，通常为金属，如铝合金等。储能管表面与温跃层中的海水直接接触，以对流换热的形式吸收海水中的热量，并将之传递给储能管内的感温工质。感温工质通常为正十六烷之类的相变材料，感温工质在获得热量后，发生相变膨胀，或者释放热量后发生相变收缩，造成水下热滑翔机内压的变化，再通过动力装置的阀门和管路系统，以控制水下热滑翔机外置皮囊的体积变化，达到调节水下热滑翔机浮力的目的，实现滑翔机的沉浮运动。

水下热滑翔机在热水层与冷水层之间进行锯齿形运动。水下热滑翔机在冷水层达到最大潜深，且储能管及感温工质的温度降到最小值，该值与冷水层水温一致。随后开始上升，上升过程中，随着水温的升高吸收热能，获取海水的温差能，同时感温工质发生固液相变，最后到达潜深的最小点，即热水层处，储能管与感温工质的温度与热水层的温度相等，感温工质完全发生液化。如此周而复始。感温工质具体的微观相变过程比较复杂，可从宏观上研究储能管表面与感温工质的热守恒关系，推导温度场相似的条件。

由于储能管表面完全包裹着感温工质,且无内热源,根据能量守恒定律,感温工质接受的热流率与储能管表面所传递的热流率相同。只要保证实体与模型的储能管表面的热流率一致,就能保证储能管内的感温工质的相变过程一致,从而保证滑翔机的热机工作情况相似,实现温度场相似。

由以上分析可得如下结论:水下热滑翔机性能与温度场相似的耦合点为储能管表面的热流率。现以储能管表面的热流率作为水下热滑翔机所工作的海洋温跃层的温度场相似条件。设实体与模型储能管的热流率为 q' 和 q'',定义 q 为水下热滑翔机运动时在垂直高度上与海水所发生的热交换的热流率。只要任何时间均满足式(19-28),即可满足温度场的相似性:

$$q' = q'' \tag{19-28}$$

由于实体水下热滑翔机以一定巡航速度在海洋温跃层中运动,水下热滑翔机储能管通过与海水进行对流换热来传递热量,因此,只需考虑对流换热对储能管表面热流率的影响。设实体与模型相变体与温跃层接触的表面积分别为 A'_{ph} 和 A''_{ph},由式(19-2)可得:

$$A'_{\mathrm{ph}} = \lambda_{\mathrm{L}}^2 A''_{\mathrm{ph}} \tag{19-29}$$

设储能管表面与温跃层的海水之间的传热系数为 C_{ph}。水下滑翔机的航行速度较低,为 $0.5\,\mathrm{m/s}$,储能管为导热系数极高的金属材料,能与周围海水充分发生换热。可假设滑翔机通过储能管使相变材料在某一刻的温度总是与前一时刻所经过水层的温度相同。

根据传热定律,将储能管表面与海水之间的换热关系推导如下:

首先,取水下热滑翔机从温跃层垂直剖面内任一点 h_0 处的一个微元段 Δh,水下滑翔机下一时刻的位置为 $h_0 + \Delta h$;设在点 h_0 处水层的温度为 T_0。由于海洋温跃层中的温度梯度是均匀的,在 $h_0 + \Delta h$ 处的水层温度为 $T_0 + \dfrac{\mathrm{d}T}{\mathrm{d}h}\Delta h$,根据储能管的换热假设,在 $h_0 + \Delta h$ 处储能管表面的温度为 T_0。

根据表面对流换热定律,可得 $h_0 + \Delta h$ 处的换热量 ΔQ 的方程式为

$$\Delta Q = C_{\mathrm{ph}}A_{\mathrm{ph}}\left(T_0 + \frac{\mathrm{d}T}{\mathrm{d}h}\Delta h - T_0\right) = C_{\mathrm{ph}}A_{\mathrm{ph}}\frac{\mathrm{d}T}{\mathrm{d}h}\Delta h \tag{19-30}$$

由式(19-30)可得:

$$q = \frac{\Delta Q}{\Delta h} = C_{\mathrm{ph}} \cdot A_{\mathrm{ph}} \cdot \frac{\mathrm{d}T}{\mathrm{d}h} \tag{19-31}$$

联立式(19-29)、式(19-30)、式(19-31),考虑到海洋温跃层模拟水池所用的水介质以及相变材料都与实体一样,所以能够保持与 C_{ph} 一致,可得:

$$\lambda_{\delta T} = \frac{\mathrm{d}T'}{\mathrm{d}h'} \Big/ \frac{\mathrm{d}T''}{\mathrm{d}h''} = \frac{A''_{\mathrm{ph}}}{A_{\mathrm{ph}}'} = \lambda_{\mathrm{L}}^{-2} \tag{19-32}$$

由式(19-32)可知,海洋温跃层水池的温度梯度须是实际温跃层的缩尺比的平方倍。

真实海洋温跃层的温度梯度为 0.2℃/m,由温度梯度的定义及式(19-32),当水池的缩尺比取为 7 时,可得:

$$\frac{\mathrm{d}T''}{\mathrm{d}h''} = 9.8℃/m \tag{19-33}$$

为了实现该温度梯度,设 $\delta T''$ 为海洋温跃层模拟水池的温差,由式(19-26)得:

$$\delta T'' = L''_{\mathrm{h}} \cdot \frac{\mathrm{d}T''}{\mathrm{d}h''} = 19.6℃ \tag{19-34}$$

考虑到实际工程实现的需要,可以选用一台水冷却装置来实现上述温差关系,本文将热水温度设为 29.6℃,而将冷水温度设为 10℃。

19.3　海洋温跃层模拟水池的建成结构

目前,海洋温跃层模拟水池已在上海交通大学动力装置与自动化实验室建成,如图 19-3 所示。海洋温跃层模拟室内水池的主尺度及温度场的设计参数参照 5.2 节所述。

图 19-3　海洋温跃层模拟试验池主体图

水池主体为一个敞口的长方体结构的水槽,长 9.1m,宽 1.34m,高 2.0m。水槽采用 PVC 透明硬质板材,厚 20cm,整体焊接而成。水槽的右端是进水口,左端是出水口。在水槽端部,上部为热水进口,下部为冷水进口。冷热水在流入水槽时,通过两端的导流隔板分隔,使水流变为平稳的分层流动。水槽的上部形成流动的热水层,下部形成流动的冷水层。

海洋温跃层模拟水池采用热泵装置来完成对水流的加热和降温,具体采用的是上海加诺低温制冷设备厂提供的 GLS-10 型冷水机组,如图 19-4 所示,热泵装置的循环水量为 5 m³/h。利用制冷循环中的冷凝和放热环节,热出水在流经冷凝器时通过吸收 R22 冷凝剂放出的热量而获得加热,冷出水在流经板式交换器时通过冷凝剂吸热过程而被冷却。

水池中还设置有冷热水储存系统,分别由冷水储存柜和热水储存柜组成,用来储存冷水和热水。水柜均具有较大的容量,发挥着整个水池系统的缓冲区作用。水箱为立方体 PVC 结构,长 2.0 m,宽 1.34 m,高 1.0 m,如图 19-5 所示。

图 19-4　水冷机示意图

(a)　　　　　　　　　　　　　(b)

图 19-5　冷热水箱示意图

(a)侧视图;(b)正视图

流出冷凝器的热水通过一台电控热水泵抽吸至热水储存柜,热水储存柜中的热水经流量控制阀和流量计,再由另一台电控热水泵抽吸,将热水泵入水槽,完成整个热水循环;同样地,流出板式交换器的冷水通过水冷机自带的冷冻泵抽吸至冷水储存柜,冷水储存柜中的冷水经流量控制阀和流量计,再由另一台电控冷水泵将冷水泵入水槽。

19.4　水池温度场实证

为了验证所建成的海洋温跃层模拟试验水池的温度场满足所讨论的温度场相似条件,见式(19-32),需测量水池运行时其内的温度梯度是否达到设计值。

用于测量温度梯度的线状热电偶组,采用锦州精密仪器厂生产的 Pt100 温度传感器,共 10 个,等距排列在白色 PVC 管上。PVC 管的长度与水池高度一致,两端的传感器分别距水池的底部与顶部为 0.1 m 和 0.2 m，如图 19 - 6 所示。

图 19 - 6　测量用线状温度传感器组图

测量日的气温为 12℃，在水池主体运行后，将图 19 - 6 所示的传感器组放在相距水池进流口 5 m 处，进行温度测量。根据温度传感器所采集到的温度数据，将所得测量结果整理，列于表 19 - 1 中：

表 19 - 1　温度采集点测得的温度　　　　　　　　　　　单位：℃

T1	T2	T3	T4	T5	T6	T7	T8	T9	T10
10	13	15	17	19	20	21	23	25	28

以上数据采用最小二乘法进行线性拟合，拟合图如图 19 - 7 所示，可得水池的温度梯度为 9.26℃/m，这与设计的目标温度梯度相比略小，相对误差为 3.5%。

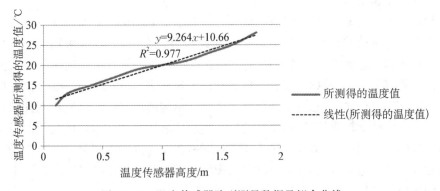

图 19 - 7　温度传感器阵列测量数据及拟合曲线

造成误差的原因，是水池壁的 PVC 板未能做到完全绝热，环境温度较水温低，水池向环境扩散热量造成的。总体误差不超过 5%，处于误差允许的范围内，达到了设计目标。

第 20 章 水下滑翔机缩尺
模型试验研究

水下热滑翔机进行功耗设计时,需要准确把握其以不同速度、不同姿态航行的水动力学数据,主要是滑翔机在不同攻角下的阻力值。在充分了解这些数据后,方能设计具有足够功率的热机及动力设备。可在建成的海洋温跃层模拟水池中,对前所设计的水下热滑翔机整体模型进行缩尺试验,测量其在巡航速度下的不同攻角的阻力特性。一方面,对水池水动力模拟效果进行验证,另一方面,为水下热滑翔机的动力设计提供第一手资料。

20.1 试验台架与拖曳系统概况

试验台架搭建于已建成的海洋温跃层模拟试验水池上,如图 20 - 1 所示。为了示意方便,图中滑翔机缩尺模型采用非真实比例。

水下热滑翔机缩尺模型通过可转迎角调节联轴及一根圆柱形连杆,与固定于水池加强肋上的试验导轨相连,通过电机的作用,由导轨导引,滑翔机缩尺模型在水中以一定速度匀速航行。

滑翔机缩尺模型在导轨和连杆的驱动下,在水下运动中受到来自水的阻力。由于在水下进行试验的原因,该阻力值难以通过测力计直接测量,故采用间接测量法进行。本文选用悬臂梁式弹性元件加上电阻应变电测法的方案。选用该方案主要基于以下两点考虑:一是如果直接将应变片贴于连杆之上,由于连杆刚度过大、形变太小,难以有测量信号。悬臂梁式弹性元件具有结构简单、加工方便、应变片粘贴容易、形变大、灵敏度较高等特点,特别适用于小载荷高精度的场合。所采用的缩尺模型,在巡航速度下的阻力值在 1～2N 之间,该弹性元件最小可以测量 0.01N 的力,能够胜任。二是电阻应变电测法精度高、频域宽、体积小、重量轻、适用性广、电测信号处理方便,已经成为间接测量外力的主要方法。

如图 20 - 1 所示,悬臂梁式弹性元件上端与导轨滑块连接,下端与连杆连接。下端相当于自由端,同时加载来自于连杆传递过来的等于滑翔机的阻力大小的集中力。弹性元件靠近固定端的表面贴应变片处,应变片通过引线与应变电测系统相连。

通过滑翔机姿态调节转动联轴,可以调节滑翔机的姿态,改变滑翔机与来流的

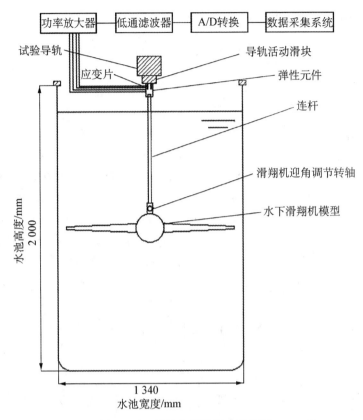

图 20-1　试验台架及装置示意图

相对角度,实现在不同的迎角下的阻力测试实验。采用步进电机驱动滑块,带动滑翔机缩尺模型在水中以 0.22m/s 的速度匀速航行。根据式(19-21),由缩尺比可以确定缩尺试验的速度大小。导轨长度为 2m,测量时,滑翔机在水池中运行时间为 8s,如图 20-2 所示。

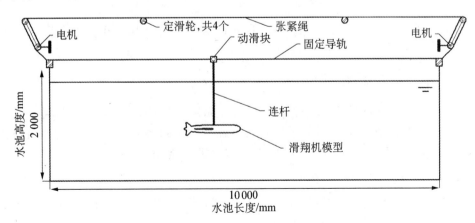

图 20-2　水池模型拖曳动力系统

20.2 连杆及测力元件之间的力学系统分析

本试验的宗旨,在于通过弹性元件和应变测量系统来测量滑翔机受到的阻力大小。在进行受力分析时,仅关心力从滑翔机缩尺模型传递至连杆最后到达测力元件之间的过程,在力学系统中,可将滑翔机缩尺模型略去,用集中力 F_{drag} 来代替,如图 20 - 3 所示。连杆由铝合金材料做成,刚度较大,在传力过程中形变量可以忽略不计,在力学系统中视为刚体。

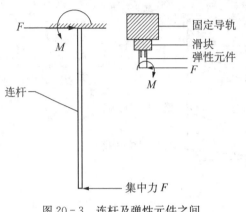

图 20 - 3 连杆及弹性元件之间的受力分析图

如图 20 - 3 所示,将连杆与弹性元件分开,分别做受力分析,连杆与弹性元件之间的连接用内力代替。

首先,对连杆进行受力分析,其下端受到来自滑翔机缩尺模型的集中力 F。设连杆长为 l_{link},连杆上端与弹性元件固结,连接处提供平衡力 F_{link} 和平衡力矩 M_{link},且满足关系式(20 - 1)和式(20 - 2)。

$$F_{link} = -F \qquad (20 - 1)$$

$$M_{link} = F \cdot l_{link} \qquad (20 - 2)$$

根据牛顿第三定律,连接处作用于连杆上的内力与作用于弹性元件下端的内力互为作用力与反作用力。设弹性元件下端受到来自连杆的集中力为 $F_{elastic}$,并与弯矩 $M_{elastic}$ 有关:

$$F_{elastic} = -F_{link} = F \qquad (20 - 3)$$

$$M_{elastic} = -M_{link} = -F \cdot l_{link} \qquad (20 - 4)$$

由式(20 - 3)及式(20 - 4)可知,弹性元件仅受到集中力作用而发生弯曲变形,所受的为纯弯曲应变。

20.3 电阻应变测量系统

电阻应变电测法的基本元件是应变式传感器,即应变片。将应变片粘贴于需要发生形变的零件上后,应变片随着零件形变而形变,同时将应变量转换为电阻的变化量,通过测量电路将其转化为电压信号,实现非电量的电测量。

20.3.1 应变片的构造与材质

应变片是在绝缘层上粘贴电阻栅丝的片状元件。绝缘层是基底,电阻栅丝是敏感栅。

敏感栅是由电阻率高、热稳定性好、灵敏系数大的材料做成。常用的敏感栅材料有康铜(铜镍合金),镍铬合金,铁铬铝及贵金属铂等。

基底材料由合成树脂做成。常见的基底材料有胶膜,如环氧树脂、酚醛树脂、聚酰亚胺等。它们具有柔软、易于粘贴的特点。此外,还有一种玻璃纤维布,它可用于耐高温的场合。第三种是金属薄片,它用不锈钢或 6J22 合金做成,测量时,用焊接的办法将应变片焊接到零件上。

20.3.2　应变片的转换原理

假设一根应变栅丝长度为 l,断面为矩形,宽为 b,高为 h,栅丝电阻率为 ρ,根据电阻定理,有式(20-5):

$$R = \rho \frac{l}{bh} \tag{20-5}$$

当栅丝随零件的变形而跟着发生形变时,根据小变形假设,可将 $\Delta\rho, \Delta l, \Delta b, \Delta h$ 均视为小量,对式(20-5)进行全微分,得:

$$dR = \frac{\partial R}{\partial \rho}d\rho + \frac{\partial R}{\partial l}dl + \frac{\partial R}{\partial b}db + \frac{\partial R}{\partial h}dh \tag{20-6}$$

以式(20-6)代入各个变量的偏微分,可得:

$$dR = \frac{d\rho}{\rho} + \frac{dl}{l} - \frac{db}{b} - \frac{dh}{h} \tag{20-7}$$

由压阻效应可知,电阻率的变化率与应变率成正比,且有式(20-8):

$$\frac{d\rho}{\rho} = k_l\varepsilon_l + k_b\varepsilon_b + k_h\varepsilon_h \tag{20-8}$$

式中:k_l——长度方向压阻应变系数;

k_b——宽度方向压阻应变系数;

k_h——高度方向压阻应变系数。

联立式(20-7)及式(20-8),可得:

$$\frac{dR}{R} = \varepsilon_l(1+k_l) + \varepsilon_b(k_b-1) + \varepsilon_h(k_h-1) \tag{20-9}$$

当应变片粘贴于变形零件上时,只有长度方向和宽度方向的应变量,即 $\varepsilon_h = 0$,式(20-9)可转化为

$$\frac{dR}{R} = K_l\varepsilon_l + K_b\varepsilon_b = K_l\varepsilon_l\left(1 + H\frac{\varepsilon_b}{\varepsilon_l}\right) \tag{20-10}$$

式中:K_l——纵向灵敏系数, $K_l = k_l + 1 - \mu(k_b - 1)$;

K_b——横向灵敏系数，$K_b = k_b - 1 - \mu(k_h - 1)$；

H——横向效应系数，$H = \dfrac{K_b}{K_1}$。

当应变片沿单向应力状态的主应力方向粘贴，也就是沿 l 方向粘贴时，有关系式 $\dfrac{\varepsilon_b}{\varepsilon_1} = -\mu_0$，$\mu_0$ 为材料泊松比。由式(20 - 10)得：

$$\frac{\Delta R}{R} = K_s \varepsilon_1 \qquad\qquad (20 - 11)$$

式中：K_s——应变片的灵敏系数(Strain Gage Factor)；

$\quad$ $K_s = K_1(1 - H\mu_0)$。

式(20 - 11)中的应变片灵敏系数，由应变片制造厂家标定。

中航电测仪器股份有限公司生产的高精度应变计，技术指标如下，

应变计型号：BX120 - 3AA；敏感栅尺寸：3 mm × 2 mm；基底尺寸：6.6 mm × 3.3 mm；箔式：缩醛基底，康铜箔制成，全密封结构，可温度自补偿；灵敏系数：2.06 ～ 2.12；灵敏系数分散度：≤±1%；应变极限：2%。

该应变片为 0.02 等级传感器，适用于精密应力测量。

20.3.3 应变片的测量电路

将 4 个等阻值的应变片贴在低阻连杆的表面，通过测量电路进一步将应变量转换为电压变化量，通过数据采集系统将信号放大，通过 A/D 转化将数据输入计算机。

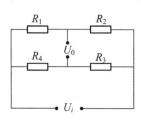

试验中采用四臂电桥结构测量电路，该电路具有敏感度高和可以进行温度补偿等优点，如图 20 - 4 所示。

电桥中，电阻 R_1，R_2，R_3，R_4 依次连接于电路之中，R_1 与 R_3，R_2 与 R_4 互为相对桥臂，R_1 与 R_2，R_3 与 R_4 互为相邻桥臂，图中，U_0 为电桥输出电压，U_i 为稳定直流电源所提供的电桥电压。

图 20 - 4　四臂电桥电路示意图

在图 20 - 4 所示的电路中，根据需要，各桥臂可以是应变片，也可以是电阻。由欧姆定律推得输出电压与各个桥臂电阻值之间的关系，如式(20 - 12)所示：

$$U_0 = U_i\left(\frac{R_3}{R_3 + R_4} - \frac{R_2}{R_1 + R_2}\right) = U_i\left(\frac{R_1 R_3 - R_2 R_4}{(R_1 + R_2)(R_3 + R_4)}\right) \quad (20 - 12)$$

由式(20 - 12)可知，当各个桥臂之间的电阻满足 $R_1 R_3 = R_2 R_4$ 时，电桥的初始输出电压为 0，之后，任一桥臂的电阻发生变化，即可使输出电压非零。

采用如图所示的差动全桥电路进行测量，设各个臂桥的电阻变化量为：ΔR_1，ΔR_2，ΔR_3，ΔR_4，各变化量均为小量，由式(20 - 12)得电桥输出电压为

$$U_0 = U_i \left(\frac{(R_1 + \Delta R_1)(R_3 + \Delta R_3) - (R_2 + \Delta R_2)(R_4 + \Delta R_4)}{(R_1 + \Delta R_1 + R_2 + \Delta R_2)(R_3 + \Delta R_3 + R_4 + \Delta R_4)} \right) \quad (20-13)$$

变化量为小量,高阶量约去,得:

$$U_0 = U_i \left(\frac{\Delta R}{R_1} - \frac{\Delta R_2}{R_2} + \frac{\Delta R_3}{R_3} - \frac{\Delta R_4}{R_4} \right)(1 - \gamma) \quad (20-14)$$

式中,γ 为非线性误差。

实际上 γ 由不可约去的小量构成,表征了电桥测量电路的误差,将非线性误差略去,即可得输出变压随各个桥臂电阻变化量之间的线性关系:

$$U_0 = U_i \left(\frac{\Delta R_1}{R_1} - \frac{\Delta R_2}{R_2} + \frac{\Delta R_3}{R_3} - \frac{\Delta R_4}{R_4} \right) \quad (20-15)$$

根据 3 种不同的差动形式,进一步,输出电压可以有以下形式:

(1) 单端变动,又称为 1/4 桥接法,即 R_1 贴应变片,有电阻变化量,其他电阻均不发生变化,即 $\Delta R_2 = \Delta R_3 = \Delta R_4 = 0$,输出电压如式(20-16)所示:

$$U_0 = \frac{1}{4} U_i \frac{\Delta R_1}{R_1} \quad (20-16)$$

(2) 半桥差动变动,又称半桥接法,即 R_1 贴在最大正应变处,R_2 贴在最大负应变处,即 $\Delta R_1 = -\Delta R_2$,$\Delta R_3 = \Delta R_4 = 0$,输出电压如式(20-17)所示:

$$U_0 = \frac{1}{2} U_i \frac{\Delta R_1}{R_1} \quad (20-17)$$

(3) 全桥差动变动,又称全桥接法,即在 4 个桥臂均贴应变片,桥臂 R_1 与 R_3 的应变量相反,R_2 与 R_4 的应变量也相反,满足 $\Delta R_1 = -\Delta R_2 = \Delta R_3 = -\Delta R_4$,输出电压如式(20-18)所示:

$$U_0 = U_i \frac{\Delta R_1}{R_1} \quad (20-18)$$

3 种形式中,全桥差动的非线性误差最小,半桥差动次之。

最后,假设应变片 R_1,R_2,R_3,R_4 的形变率分别为 ε_1,ε_2,ε_3,ε_4,联立式(20-19),设各个应变片的灵敏系数一致,即采用同一型号的应变片进行测量电路的组装,则输出电压与应变量之间满足式(20-19):

$$U_0 = \frac{U_i K_s}{4} (\varepsilon_1 - \varepsilon_2 + \varepsilon_3 - \varepsilon_4) \quad (20-19)$$

20.3.4 悬臂梁式弹性元件及其测力原理

在试验中,应变片贴于悬臂梁式弹性元件之上,通过弹性元件获得较大形变量。

本试验中,弹性元件采用聚丙烯材料制作,具有很好的性能:线性度好,单位应力的应变量大,可以减小测量误差带来的影响。该弹性元件在自由边界条件下,1 N 的力平均有 5 个应变,在固定边界条件的情况下,1 N 的力平均有 110 个应变。本试验中,属于一端固定边界条件,根据前述对滑翔机进行数值计算所得到的预测结果,模型所受阻力为 1～2 N 之间。

弹性元件简图及相应的应变片的贴法,如图 20-5 所示。在固定端附近上下表面,各贴两个应变片,组成全桥:

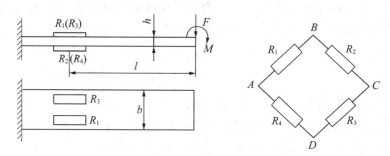

图 20-5 弹性元件及应变片贴法示意图

首先,根据受力情况画出弹性元件各个截面的剪力及弯矩图,如图 20-6 所示。

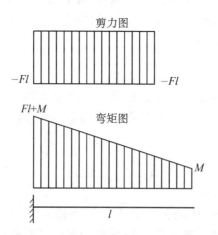

图 20-6 弹性元件的剪力图与弯矩图

再由材料力学中悬臂梁表面的弯矩弯曲正应力公式得:

$$\sigma_{\max} = \frac{M_{截面}}{W_z} = \frac{(Fl_{弹性} + M)}{W_z} \tag{20-20}$$

式中,W_z 为抗弯截面模量,m^3。

抗弯截面模量反映的是,横截面形状和尺寸对最大弯曲正应力的影响。对于矩形截面,截面直径为 d 的圆形截面,抗弯截面模量各异,分别是 $\frac{1}{6}bh^2$ 及 $\frac{\pi}{32}d^3$。

试验中,弹性元件的截面为圆形截面,联立式(20-4)及式(20-20),得:

$$\sigma_{\max} = \frac{32Fl_t}{\pi d^3} \tag{20-21}$$

式中,l_t 为弹性元件长加连杆总长,单位为 m,$l_t = l_{\text{link}} + l_{\text{elastic}}$。

4 个应变片组成全桥,上下对称位置相当的 4 个应变片有关系 $\varepsilon_1 = \varepsilon_3 = -\varepsilon_2 = -\varepsilon_4$,联立式(20-18),得:

$$U_0 = U_i K_s \varepsilon \tag{20-22}$$

按胡克定律:

$$\sigma_{\max} = E\varepsilon \tag{20-23}$$

式中,E 为弹性元件的弹性模量,Pa。

联立式(20-21)、式(20-22)、式(20-23),可得电桥输出电压信号与所测力之间的关系:

$$U_0 = \frac{32l_t K_s U_i}{\pi d^3 E}F \tag{20-24}$$

由式(20-24)可知,当采用弹性元件及相应的应变片贴法时,电桥输出电压与滑翔机缩尺模型所受的阻力具有线性关系。

20.4　数据采集系统

试验中,应变片输出的信号为模拟电压信号,具有动态特性,需要借助数据采集系统进行数据采集,再传至计算机终端。数据采集系统可由应变适调器和动态信号测量分析系统组成。通过数据采集系统,应变片的电压信号经过应变适调器放大和滤波之后,通过动态信号测量分析系统进行 A/D 转换和动态采集后,经由 1394 号接口接入计算机,最后在计算机上显示。

应变适调器采用的型号可选 DH3810。应变适调器是电测电路的一部分,起着连接电桥的作用,简称桥盒,如图 20-7 所示。

该应变适调器技术参数:适用电阻应变片阻值:$50 \sim 10\,000\,\Omega$;增益:100 倍;平衡方式:16 位 D/A 控制自动平衡;最大带宽:DC$\sim$100 kHz($+0.5\,\text{dB} \sim -3\,\text{dB}$);失真度:小于

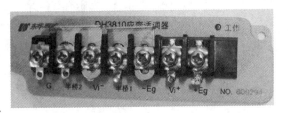

图 20-7　试验用应变适调器实物图

图 20 - 8　DH5920 动态信号测量分析系统

0.5%(频率小于 30 kHz)。

试验可采用数据采集器,采用 DH5920 动态信号测试分析系统。DH5920 数据采集器整合了动态信号测试所需的信号调理器(应变调理器)、直流电压放大器、抗混滤波器、A/D 转换器、缓冲存储器以及采样控制和计算机通信等全部硬件,如图 20 - 8 所示。

该动态信号测量分析系统具有以下技术参数:输入阻抗:10 MΩ//40 PF;系统准确度:小于 0.5%(F.S)(预热半小时后测量);系统稳定度:0.05%/h(同上);线性度:满度的 0.05%;失真度:不大于 0.5%;最大分析频宽:DC~50 kHz;16 位模数转换器分辨率。

20.5　试验过程与结果

20.5.1　弹性元件标定试验

弹性元件标定试验的目的,是研究和验证贴于弹性元件上的应变片的输出与待测力之间的线性关系。该线性关系是水下热滑翔机水动力试验成功的关键,也是阻力测量的精度保证。标定试验先于水动力试验。

标定试验的对象是弹性元件及其附属部件。由前受力分析可知,滑翔机的阻力垂直作用于与弹性元件相连的连杆端部,即自由端。标定试验时,采用标准砝码 100 g,200 g,300 g 各一个,集中力加于自由端进行应变测量,并于计算机中记录各个砝码作用下的应变量,标定试验装置如图 20 - 9 所示。

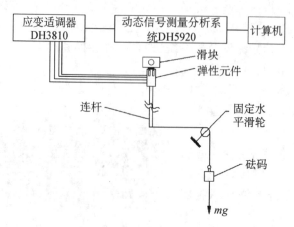

图 20 - 9　标定系统试验图

　　弹性元件实物如图 20 - 10 所示。上部厚度为 5 mm 的铁片，用于与滑块之间的连接，连接方式采用螺栓紧固；下部为连杆，长为 75 mm，通过长 3.5 cm、螺距为 1.5 mm 的螺栓进行连接，元件内部钻孔设有配合螺纹，尽量增加接触面积，减少连接处应力集中现象；应变片封装于胶布之内，以免受到干扰，红色导线为应变片的引出线。

　　利用上述系统，利用 DH5920 动态信号测量分析仪对空载下的应变进行平衡和清零处理之后，将采样频率设为 256 Hz，依次加载 100 g，200 g，300 g，待应变测量系统稳定后进行采样，截取通过 DH5920 传入计算机的各种载荷状态的应变时域图谱，这些图谱如图 20 - 11、图 20 - 12、图 20 - 13 所示。

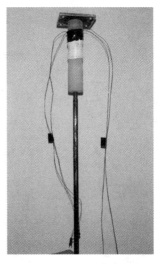

图 20 - 10　试验用弹性元件及其附件图

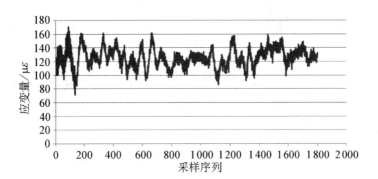

图 20 - 11　100 g 载荷下应变采样数据

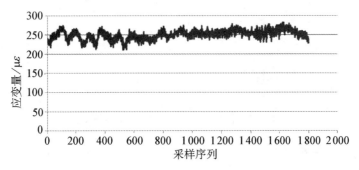

图 20 - 12　200 g 载荷下应变采样数据

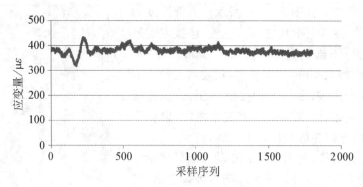

图 20-13　300 g 载荷下应变采样数据

图 20-11 至图 20-13 的横坐标为 DH5920 采样时自动生成的采样序列号，每个点都代表相应的采样时刻，纵坐标为系统所测得的应变量，单位为工程用无量纲应变计量单位，即 $10^{-6}\dfrac{m}{m}$。由图 20-11 至图 20-13 可知，在稳定状态下，其应变信号排除微弱的干扰信号之后，即为水平直线，这是由于试验加载为静载荷。

采样数据点超过 1000 点，对各个加载情况下的应变数据求平均值，即得各个载荷情况下的实际应变值，如表 20-1 所示。进行线性分析，如图 20-14 所示。可见，载荷与应变之间具有高度的线性关系，R 值为 1，表明了弹性元件测力的可靠性。

表 20-1　各个载荷情况下的实际应变量

载荷大小/g	100	200	300
应变量/$\mu\varepsilon$	129.699 5	249.328 5	370.483 5

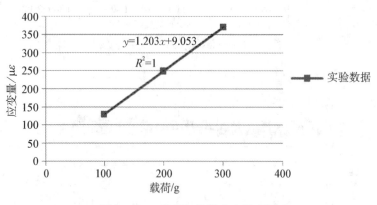

图 20-14　载荷与线性应变关系图

20.5.2　阻力测量试验

阻力测量试验实况如图 20-15、图 20-16 所示，试验的对象为前所设计的滑翔机的铝合金缩尺模型，如图 20-17 所示。缩尺比为 5。将滑翔机模型连于拖曳连杆的末端没入水下 30 cm 处,约为一倍艇长。根据式(19‐21),该缩尺模型在水池中的试验速度定为 0.2 m/s。

图 20‐16　阻力试验装置实物图

图 20‐15　阻力测量实验全景图

图 20‐17　水下热滑翔机缩尺模型图

拖曳系统的电机为功率 60 W 的 VTV 步进电机,再带上减速齿轮。通过调速器进行速度调节,经厂家标定,将调速器档位调至满档即 100% 时,电机的转速为 180 r/min,电机的拖曳转轮直径为 33.6 mm。为了达到预定拖曳速度,可由式(20‐25)来确定调速器的档位值,经计算,调速器档位值选为 70%。

$$U_{\text{tow}} = \eta_{\text{PWM}} \cdot \pi \cdot D_{\text{motor}} \cdot n_{\text{manx\_motor}} \qquad (20\text{-}25)$$

式中:η_{PWM}——调速器的档位值,%;

　　　D_{motor}——电机拖曳转轮的直径,mm;

　　　$n_{\text{max\_motor}}$——电机满转速度,r/min。

试验进行时,将应变电测系统、数据采集系统处于开机待测状态,依次以迎角 $-6°$、$-4°$、$-2°$、$0°$、$2°$、$4°$、$6°$进行匀速拖曳。每次拖曳结束后,将拖曳点回到导轨的始端点,水池内波系稳定后,再行拖曳,保证每次拖曳的边界条件一致。每个迎角状态下,拖曳 2 次,记录每次拖曳的应变值,记录各个状态的应变数据。每个迎角对应两组数据,共 14 组数据。

将实验测得的应变数据通过 DH5920 软件系统进行直接读取,整理后如表 20‐2 所示。将相同迎角下的两组应变值进行算术平均,作为实测应变值,以减少误差。

表 20-2　滑翔机缩尺模型在不同迎角下的实测应变数据

迎角/(°)	—6		—4		—2		0	
应变值/με	241.90	240.70	215.68	214.33	191.59	191.21	184.30	183.33
平均值/με	241.30		215.00		191.40		183.82	

迎角/(°)	2		4		6	
应变值/με	193.36	192.13	217.09	215.12	231.66	230.61
平均值/με	192.74		216.10		231.63	

　　根据式(20-24)及标定数据,可将表 20-2 的应变值转化为阻力值,得到滑翔机的实测阻力,如表 20-3 所示。

表 20-3　滑翔机缩尺模型在不同迎角下的实测阻力值

迎角/(°)	—6	—4	—2	0	2	4	6
总阻力/N	1.973	1.758	1.565	1.503	1.576	1.767	1.894

　　由表 20-2 数据可见,在以巡航速度匀速航行时,当攻角增大时,滑翔机整体阻力数值也随之增大。

20.6　实测阻力与数值计算阻力的数据比较

　　水池模型试验实测阻力数据与前述数值模拟计算得到的阻力数据比较,如图 20-18 所示,发现,在±6°迎角范围内,两者阻力值的最大误差为 5.01%,最小为 3.45%,说明两者具有很高的一致性。

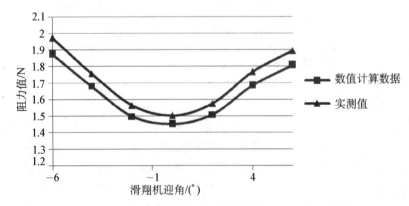

图 20-18　数值模拟和试验测量的滑翔机阻力值比较图

在各个攻角下,实测的阻力值总是大于数值计算的阻力值,符合试验误差的预计。试验中,用于连接模型与导轨的细长连杆随着滑翔机模型在水中运动,会形成一定的绕流阻力,水池不可避免地会受到一定的不良水池效应的影响。

实测值与数值计算的值基本吻合,一方面,验证了数值计算的可靠性;另一方面,考虑到数值计算的研究对象为大空间下的水下滑翔机实体模型,水池试验采用的是缩尺模型,两者的阻力值相当,说明在水池中利用缩尺模型对实体模型的水动力进行相似模拟是有效的。

设计的基于海洋温跃层模拟试验池的水下热滑翔机的水动力试验系统,包括拖曳试验台架,应变电测系统及数据采集系统。通过该系统,可以实现水下热滑翔机的阻力性能试验。

首先,通过标定试验验证所设计的测力关键部件,如聚丙烯弹性元件与待测阻力之间的线性关系,通过线性分析,发现其具有高度线性,说明了自制弹性元件测力的高度可靠性。

最后,通过该系统的测量,得到水下热滑翔机缩尺模型在±6°迎角范围内的阻力值,将此数据数值与计算的结果比对,发现两者误差不超过 5%,验证了海洋温跃层模拟水池水动力模拟的有效性。

参 考 文 献

[1] Stommel H. The SLOCUM mission [J]. Oceanography, 1989,2(1):22-25.

[2] Eriksen C C, Osse T J, Light R D, et al. Seaglider: a long-range autonomous underwater vehicle for oceanographic research [J]. IEEE Journal of Oceanic Engineering, 2001,26(4): 424-436.

[3] Sherman J, Davis R E, Owens W B, et al. The autonomous underwater glider "Spray" [J]. IEEE Journal of Oceanic Engineering, 2001,26(4):437-446.

[4] Webb D C, Simonetti P J, Jones C P. SLOCUM: an underwater glider propelled by environmental energy [J]. IEEE Journal of Oceanic Engineering, 2001,26(4):447-452.

[5] Rudnick D L, Davis R E, Eriksen C C, et al. Underwater gliders for ocean research [J]. Marine Technology Society Journal, 2004,38(1):48-59.

[6] Merckelbach L M, Briggs R D, Smeed D A, et al. Current measurements from autonomous underwater gliders [C]. In: Proceedings of the IEEE/OES Ninth Working Conference on Current Measurement Technology. Piscataway, NJ: IEEE, 2008. 61-67.

[7] Davis R E, Eriksen C C, Jones C P. Autonomous buoyancy-driven underwater gliders, In: The Technology and Applications of Autonomous Underwater Vehicles [M]. London: Taylor and Francis, 2002. 37-58.

[8] Osse T J, Eriksen C C. The deepglider: a full ocean depth glider for oceanographic research [C]. In: OCEANS 2007. Piscataway, NJ: IEEE, 2007. 1-12.

[9] Graver J G, Leonard N E. Underwater glider dynamics and control [C]. In: Proceedings of the 12th International Symposium on Unmanned Untethered Submersible Technology. Piscataway, NJ: IEEE, 2001. 1-14.

[10] Graver J G, Bachmayer R, Leonard N E, et al. Underwater glider model parameter identification [C]. In: Proceedings of the 13th International Symposium on Unmanned Untethered Submersible Technology. Piscataway, NJ: IEEE, 2003. 1-12.

[11] Graver J G. Underwater glider: dynamics, control, and design [D]. NJ: Princeton University, 2005.

[12] Bhatta P, Leonard N E. Stabilization and coordination of underwater gliders [C]. In: Proceedings of the 41st IEEE Conference on Decision and Control. Piscataway, NJ: IEEE, 2002. 2081-2086.

[13] Bhatta P, Leonard N E. A Lyapunov function for vehicles with lift and drag: stability of gliding [C]. In: Proceedings of the 43rd IEEE Conference on Decision and Control. Piscataway, NJ: IEEE, 2004. 4101-4106.

[14] Bhatta P, Leonard N E. Nonlinear gliding stability and control for vehicles with

hydrodynamics forcing [J]. Automatica, 2008,44(5):1240-1250.

[15] Bhatta P. Nonlinear stability and control of gliding vehicles [D]. NJ: Princeton University, 2006.

[16] 胡克,俞建成,张奇峰.水下滑翔机器人载体外形设计与优化[J].机器人,2005,27(2):108-117.

[17] 俞建成,张奇峰,吴利红,等.水下滑翔机器人运动调节机构设计与运动性能分析[J].机器人,2005,27(5):390-395.

[18] 张奇峰,俞建成,唐元贵,等.水下滑翔机器人运动分析与载体设计[J].海洋工程,2006,24(1):74-85.

[19] 吴利红,俞建成,封锡盛.水下滑翔机器人水动力研究与运动分析[J].船舶工程,2006,28(1):12-16.

[20] 王长涛,俞建成,吴利红,等.水下滑翔机器人运动机理仿真与实验[J].海洋工程,2007,25(1):64-69.

[21] 俞建成,张奇峰,吴利红,等.水下滑翔机器人系统研究[J].海洋技术,2006,25(1):6-19.

[22] 王树新,李晓平,王延辉,等.水下滑翔器的运动建模与分析[J].海洋技术,2005,24(1):5-9.

[23] 王树新,王延辉,张大涛,等.温差能驱动的水下滑翔器设计与实验研究[J].海洋技术,2006,25(1):1-5.

[24] 王延辉,王树新,谢春刚.基于温差能源的水下滑翔器动力学分析与设计[J].天津大学学报,2007,40(2):133-138.

[25] Wang Yanhui, Wang Shuxin. Dynamic modeling and three-dimensional motion analysis of underwater gliders [J]. China Ocean Engineering, 2009,23(3):489-504.

[26] 王延辉.温差能驱动的水下监测平台性能分析与试验研究[D].天津:天津大学,2004.

[27] 王延辉.水下滑翔器动力学行为与棒控制策略研究[D].天津:天津大学,2007.

[28] 王延辉,张宏伟,陈超英.水下滑翔器设计参数与运动性能分析[J].天津大学学报,2009,42(9):845-850.

[29] Zhong Hongwei, Wang Yanhui, Chen Chaoying, et al. Dynamic modeling and optimization design on underwater gliders [J]. Journal of Ship Mechanics, 2010,14(3):228-236.

[30] 张宏伟,李智,王延辉,等.水下滑翔器浮力驱动机构布局分析[J].海洋技术,2009,28(1):1-2.

[31] 王兵振,朱光文,任炜,等.水下滑翔器耐压壳体的设计与优化[J].海洋技术,2008,27(2):9-11.

[32] 王兵振,朱光文,杜敏,等.水下滑翔器定常直线滑翔运动稳定性分析[J].海洋技术,2009,28(2):1-3.

[33] 武建国,陈超英,王延辉,等.水下滑翔器驱动效率分析[J].机械工程学报,2009,45(4):172-176.

[34] 武建国,陈超英,王树新,等.浅海水下滑翔器航行效率分析[J].中国机械工程,2009,20(3):349-353.

[35] 武建国,陈超英,王树新,等.混合驱动水下滑翔器滑翔状态机翼水动力特性[J].天津大学学报,2010,43(1):84-89.

[36] 黄伟.电能驱动水下滑翔器控制系统的设计[D].天津:天津大学,2007.

[37] 马彦青.电驱动水下滑翔器机械系统的设计与实验研究[D].天津:天津大学,2007.

[38] 李彦波. 电驱动水下滑翔器姿态调整系统研究[D]. 天津:天津大学,2007.

[39] 侯圣智. 温差能驱动自治式水下机器人动力装置工作机理的研究[D]. 天津:天津大学,2003.

[40] Ma Zheng, Zhang Hua, Zhang Nan, et al. Study on energy and hydrodynamic performance of the underwater glider [J]. Journal of Ship Mechanics, 2006,10(3):53-60.

[41] 马冬梅,马峥,张华,等. 水下滑翔机水动力性能分析及滑翔姿态优化研究[J]. 水动力学研究与进展 A 辑,2007,22(6):703-708.

[42] 杜加友. 水下滑翔机本体及调节机构研究[D]. 杭州:浙江大学,2006.

[43] 季龙. 水下滑翔机定位导航系统及实验研究[D]. 杭州:浙江大学,2006.

[44] 诸敏. 水下滑翔机设计优化与运动分析[D]. 杭州:浙江大学,2007.

[45] 赵伟,杨灿军,陈鹰. 水下滑翔机浮力调节系统设计及动态性能研究[J]. 浙江大学学报(工学版),2009,43(10):1772-1776.

[46] 阚雷,张宇文,范辉,等. 浮力驱动式水下滑翔机运动仿真[J]. 计算机工程与应用,2007,43(18):199-201.

[47] 阚雷,张宇文,范辉,等. 浮力驱动式水下滑翔艇区域运动研究[J]. 船舶工程,2007,29(5):56-59.

[48] 邵鑫,石秀华,曹永辉,等. 水下滑翔机的运动模型建立及仿真[J]. 计算机仿真,2009,26(11):33-37.

[49] 曾庆礼,张宇文,赵加鹏. 水下滑翔机总体设计与运动分析[J]. 计算机仿真,2010,27(1):1-5.

[50] 王冲,张志宏,顾建农,等. 水下滑翔机原理样机与分析[J]. 固体力学学报,2008,29(5):183-185.

[51] 王冲,刘巨斌,张志宏,等. 水下滑翔机沿纵剖面滑行时水动力特性计算与分析[J]. 舰船科学技术,2009,31(1):134-136.

[52] 修志强. 水下滑翔机控制系统与控制算法研究[D]. 哈尔滨:哈尔滨工程大学,2009.

[53] 黄海洋. 水下滑翔机 GPS/SINS 组合导航系统研究[D]. 哈尔滨:哈尔滨工程大学,2009.

[54] 张禹,田佳平,田佳鑫,等. 水下滑翔机器人载体结构的有限元分析[J]. 制造业自动化,2008,30(1):31-34.

[55] 张禹,石莹,杨国哲,等. 水下滑翔机器人控制系统研究与开发[J]. 制造业自动化,2009,31(5):26-28.

[56] 刘松. 基于 QNX 的水下滑翔机器人嵌入式控制系统的研究与实现[D]. 沈阳:沈阳工业大学,2007.

[57] 田佳平. 水下滑翔机器人控制系统研究与开发[D]. 沈阳:沈阳工业大学,2007.

[58] 张亮. 水下滑翔机器人实时仿真平台研究与开发[D]. 沈阳:沈阳工业大学,2008.

[59] 倪园芳,马捷,王俊雄. 水下滑翔机浮力系统的机理和调节性能[J]. 船海工程,2008,28(2):95-99.

[60] 倪园芳,马捷. 水下滑翔机动力系统工作性能的研究[J]. 舰船科学技术,2008,30(3):82-87.

[61] 冯士筰,李凤岐,李少菁. 海洋科学导论[M]. 北京:高等教育出版社,1999.

[62] 张媛,吴德星,林霄沛. 东海夏季跃层深度计算方法的比较[J]. 中国海洋大学学报,2006,36(5):1-7.

[63] 周燕遐,范振华,颜文彬,等. 南海海域 BT 资料、南森站资料计算温跃层——三项示性特征

的比较[J]．海洋通报，2004,23(1):22-26.

[64] 周燕遐,李炳兰,张义钧,等.世界大洋冬夏季温度跃层特征[J].海洋通报,2002,21(1): 16-22.

[65] 张劭宁,刘金芳,毛可修,等.中国海温度跃层分布特征概况[J].海洋预报,2006,23(4): 51-58.

[66] 颜 文,黄良民,王东晓,等.深化南海海洋科学研究是我国国家安全和发展的重大战略需求 [J].中国科学院院刊,2008,23(2):121-126.

[67] 张寅平,胡汉平,孔祥冬,等.相变贮能——理论和应用[M].合肥:中国科学技术大学出版 社,1996.

[68] Caldwell J, Chan C C. Spherical solidification by the enthalpy method and the heat balance integral method [J]. Applied Mathematical Modelling, 2000,24(1):45-53.

[69] Krabbenhoft K, Damkilde L, Nazem M. An implicit mixed enthalpy-temperature method for phase-change problems [J]. Heat and Mass Transfer, 2007,43(3):233-241.

[70] Tavakoli R, Davami P. Unconditionally stable fully explicit finite difference solution of solidification problems [J]. Metallurgical and Materials Transactions B, 2007,38(1):121-142.

[71] 周业涛,关振群,顾元宪.求解相变传热问题的等效热容法[J].化工学报,2004,55(9):1428-1433.

[72] 施 伟,葛新石.管内流体流动管外 PCM 发生相变的贮能系统热性能研究[J].太阳能学报, 2004,25(4):497-502.

[73] 叶 宏,何汉峰,葛新石,等.利用焓法和有效热容法对定形相变材料融解过程分析的比较研 究[J].太阳能学报,2004,25(4):488-491.

[74] Farid M M, Hamad F A, Abu-Arabi M. Melting and solidification in multi-dimensional geometry and presence of more than one interface [J]. Energy Conversion and Management, 1998,39(8):809-818.

[75] Alawadhi E M. Phase change process with free convection in a circular enclosure: numerical simulations [J]. Computers & Fluids, 2004,33(10):1335-1348.

[76] Alawadhi E M. Temperature regulator unit for fluid flow in a channel using phase change material [J]. Applied Thermal Engineering, 2005,25(2-3):435-449.

[77] Caldwell J, Kwan Y Y. Numerical methods for one-dimensional Stefan problems [J]. Communications in Numerical Methods in Engineering, 2004,20(7):535-545.

[78] Sharma A, Tyagi V V, Chen C R, et al. Review on thermal energy storage with phase change materials and applications [J]. Renewable and Sustainable Energy Reviews, 2009,13 (2):318-345.

[79] 管建春,朱 华,阿迪尔,等.储冰球相变传热数值计算及分析[J].浙江大学学报(自然科学 版),1999,33(1):85-89.

[80] 汤 勇,王小伍,曾志新.纤维复合相变材料的传热模型及性能分析[J].华南理工大学学报 (自然科学版),2001,29(8):34-36.

[81] 汤 勇,王小伍,曾志新.纤维复合相变材料传热模型及性能分析[J].太阳能学报,2002,23 (6):809-812.

[82] 侯欣宾,袁修干,邢玉明,等.太阳能热动力发电系统吸热器换热管试验及数值模拟[J].太阳 能学报,2003,24(4):508-512.

［83］ 侯欣宾,袁修干,李劲东. 非共晶相变材料应用于太阳能吸热蓄热器的数值分析［J］. 太阳能学报,2004,25(2):195-199.

［84］ 王晔,韩海鹰,杨春信. 相变储热/辐射器式热沉传热特性数值模拟［J］. 工程热物理学报,2005,26(6):998-1000.

［85］ Casella E, Giangi M. An analytical and numerical study of the Stefan problem with convection by means of an enthalpy method［J］. Mathematical Methods in the Applied Sciences, 2001,24(9):623-639.

［86］ Caldwell J, Chan C C. Numerical solutions of Stefan problem in annuli by enthalpy method and heat balance integral method［J］. Communications in Numerical Methods in Engineering, 2001,17(6):395-405.

［87］ Duan Q, Tan F L, Leong K C. A numerical study of solidification of n-hexadecane based on the enthalpy formulation［J］. Journal of Materials Processing Technology, 2002,120(1-3):249-258.

［88］ Bilir L, Ilken Z. Total solidification time of a liquid phase change material enclosed in cylindrical/spherical containers［J］. Applied Thermal Engineering, 2005,25(10):1488-1502.

［89］ Sharma A, Buddhi D. Effect of thermophysical properties of the PCM and heat exchanger material on the performance of a latent heat storage system［J］, International Journal of Sustainable Energy, 2005,24(2):99-105.

［90］ Sharma A, Sharma S D, Buddhi D, et al. Effect of thermo physical properties of heat exchanger material on the performance of latent heat storage system using an enthalpy method［J］. International Journal of Energy Research, 2006,30(3):191-201.

［91］ Liu Zhongliang, Sun Xuan, Ma Chongfang. Experimental study of the characteristics of solidification of stearic acid in an annulus and its thermal conductivity enhancement［J］, Energy Conversion and Management, 2005,46(6):971-984.

［92］ Chan C W, Tan F L. Solidification inside a sphere——an experimental study［J］. International Communications in Heat and Mass Transfer, 2006,33(3):335-341.

［93］ Akgün M, Aydın O, Kaygusuz K. Experimental study on melting/solidification characteristics of a paraffin as PCM［J］. Energy Conversion and Management, 2007,48(2):669-678.

［94］ Du Yanxia, Yuan Yanping, Jia Daiyong, et al. Experimental investigation on melting characteristics of ethanolamine-water binary mixture used as PCM［J］. International Communications in Heat and Mass Transfer, 2007,34(9-10):1056-1063.

［95］ Long Jianyou. Numerical and experimental investigation for heat transfer in triplex concentric tube with phase change material for thermal energy storage［J］. Solar Energy, 2008,82(11):977-985.

［96］ 李启虎. 海洋监测技术主要成果及发展趋势［J］. 科学中国人,2001,(4):30-31.

［97］ 惠绍棠. 水下自航式海洋观测平台技术发展研究［J］. 海洋技术,2001,20(4):11-17.

［98］ 蒋新松,封锡盛,王棣棠. 水下机器人［M］. 沈阳:辽宁科学技术出版社,2000.

［99］ 彭学伦. 水下机器人的研究现状与发展趋势［J］. 机器人技术与应用,2004,(4):43-47.

［100］ 冯正平. 国外自治水下机器人发展现状综述［J］. 鱼雷技术,2005,13(1),5-9.

［101］ 高艳波,韩金凤,麻常雷. 军民两用的海洋水下观测技术［J］. 海洋技术,2007,26

(1):34 - 37.

[102] Douglas C Webb, Paul J Simonetti, Clayton P Jones. An Underwater Glider Propelled by Environmental Energy [J]. IEEE JOURNAL OF OCEANIC ENGINEERING, 2001,26 (4).34 - 37.

[103] Kong Qiaoling, Ma Jie, Che Chidong. Theoretical and experimental study of volumetric change rate during phase change process [J]. International Journal of Energy Research, 2009,33(5):513 - 525.

[104] Kong Qiaoling, Ma Jie, Xia Dongying. Numerical and experimental study of the phase change process for underwater glider propelled by ocean thermal energy [J]. Renewable Energy, 2010,35(4):771 - 779.

[105] Bachmayer R, Graver J D, Leonard N E. Glider control:a close look into the current glider controller structure and future developments[C]. In: Oceans 2003. Piscataway, NJ: IEEE, 2003. 951 - 954.

[106] Leonard N E, Graver J G. Model-based feedback control of autonomous underwater gliders [J]. IEEE Journal of Oceanic Engineering, 2001,26(4):633 - 645.

[107] Kan Lei, Zhang Yuwen, Fan Hui, et al. Matlab-based simulation of buoyancy-driven underwater glider motion [J]. Journal of Ocean University of China, 2008,7(1):113 - 118.

[108] Wang Yanhui, Zhang Hongwei, Wang Shuxin. Trajectory control strategies for the underwater glider[C]. In: Proceedings of 2009 International Conference on Measuring Technology and Mechatronics Automation. Piscataway, NJ: IEEE, 2009. 918 - 921.

[109] 王延辉,张宏伟,陈超英.水下滑翔器 LQR 调节器设计 [J].机械科学与技术,2009,28 (10):1389 - 1392.

[110] Mahmoudian N, Woolsey C A, Geisbert J. Steady turns and optimal paths for underwater gliders [C]. In: Proceedings of AIAA Guidance, Navigation and Control Conference. Reston, VA: AIAA, 2007. 1 - 13.

[111] Mahmoudian N, Woolsey C. Underwater glider motion control [C]. In: Proceedings of the 47th IEEE Conference on Decision and Control. Piscataway, NJ: IEEE, 2008.552 - 557.

[112] Mahmoudian N, Woolsey C A. Analysis of feedforward/feedback control design for underwater gliders based on slowly varying system theory [C]. In: Proceedings of AIAA Guidance, Navigation and Control Conference. Reston, VA: AIAA, 2009. 1 - 18.

[113] Mahmoudian N. Efficient motion planning and control for underwater gliders [D]. VA: Virginia Polytechnic Institute and State University, 2009.

[114] 刘金琨.滑模变结构控制 MATLAB 仿真[M].北京:清华大学出版社,2005.

[115] 熊华胜,边信黔,施小成.积分变结构控制原理在 AUV 航向控制中的应用仿真[J].船舶工程,2005,27(5):30 - 33.

[116] 严卫生,张福斌,高 剑.新型远程自主水下航行器侧向滑模变结构控制[J].鱼雷技术,2007,15(3):19 - 33.

[117] 朱计华,苏玉民,李 晔,等. AUV 近水面运动的积分变结构控制及仿真[J].系统仿真学报,2007,19(22):5321 - 5324.

[118] 施小成,周佳加,边信黔,等.模糊滑模变结构控制在 AUV 纵倾控制中的应用[J].计算机仿真,2008,25(10):168 - 171.

[119] 魏英杰,毕凤阳,张嘉钟,等.时滞时变 AUV 的模糊变结构控制[J].系统工程与电子技术,

2009,31(8):1949－1952.

[120] 毕凤阳,张嘉钟,魏英杰,等. 模型不确定时滞欠驱动 AUV 的模糊变结构控制[J]. 哈尔滨工业大学学报,2010,42(3):358－363.

[121] Li Yueming, Pang Yongjie, Guo Bingjie, et al. Sliding mode controller with improved switching face for underwater vehicles [C]. In: Proceedings of the 7th World Congress on Intelligent Control and Automation. Piscataway, NJ: IEEE, 2008. 3794－3799.

[122] Fu Mingyu, Bian Xinqian, Wang Wei, et al. Research on sliding mode controller with an integral applied to the motion of underwater vehicle [C]. In: Proceedings of the IEEE International Conference on Mechatronics and Automation. Piscataway, NJ: IEEE, 2005. 2144－2149.

[123] 臧 强,戴先中,张凯锋. 基于结构化模型的电力系统元件逆系统控制方法[J]. 东南大学学报(自然科学版),2009,39(2):299－303.

[124] 王庆超,胡立坤. 带零动量轮航天器的逆系统方法姿态控制[J]. 电机与控制学报,2008,12(2):184－189.

[125] 张兴华,戴先中. 基于逆系统方法的感应电机调速控制系统[J]. 控制与决策,2000,15(6):708－711.

[126] 葛 友,李春文,孙政顺. 逆系统方法在电力系统综合控制中的应用[J]. 中国电机工程学报,2001,21(4):1－4.

[127] 李春文,刘艳红,陈铁军,等. 基于逆系统方法的广义非线性系统控制及电力系统应用[J]. 控制理论与应用,2007,24(5):799－802.

[128] 赵 琳,齐霄强,宋 佳. 潜器水下悬浮 SVM 逆系统控制研究[J]. 弹箭与制导学报,2009,29(3):189－192.

[129] Das A, Subbarao K, Lewis F. Dynamic inversion with zero-dynamics stabilization for quadrotor control [J]. IET Control Theory and Applications, 2009,3(3):303－314.

[130] Chen D, Paden B. Stable inversion of nonlinear non-minimum phase systems [J]. International Journal of Control, 1996,64(1):81－97.

[131] Devasia S, Chen D, Paden B. Nonlinear inversion-based output tracking [J]. IEEE Transactions on Automatic Control, 1996,41(7):930－942.

[132] Graichen K, Hagenmeyer V, Zeitz M. A new approach to inversion-based feedforward control design for nonlinear system [J]. Automatica, 2005,41(12):2033－2041.

[133] Isachenko V P, Osipova V A, Sukomel A S. Heat Transfer (3rd edition) [M]. Moscow: MIR Publisher, 1977:251－253.

[134] Zuca S, Pavel P M, Constantinescu M. Study of one dimensional solidification with free convection in an infinite plate geometry [J]. Energy Conversion and Management, 1999,40(3):261－271.

[135] Voller V R. Fast implicit finite difference method for the analysis of phase change problems [J]. Numerical Heat Transfer, Part B: Fundamentals, 1990,17(2):155－169.

[136] Costa M, Buddhi D, Oliva A. Numerical simulation of a latent heat transfer energy storage system with enhanced heat conduction [J]. Energy Conversion and Management, 1998,39(3/4):319－330.

[137] 陈德昌,刘 涛,顾宏堪. 海洋化学手册[M]. 北京:海洋出版社,1988.

[138] 林纪方,张 洪. 多效多级闪蒸(MEMS)设备的设计计算[J]. 海水淡化,1977,(2):19－31.

[139] Yaws C L. Chemical properties handbook: physical, thermodynamic, environmental, transport, safety, and health related properties for organic and inorganic chemicals [M]. New York: McGraw-Hill, 1998.

[140] Kalaiselvam S, Veerappan M, Aaron A A, et al. Experimental and analytical investigation of solidification and melting characteristics of PCMs inside cylindrical encapsulation [J]. International Journal of Thermal Sciences, 2008, 47(7):858 – 874.

[141] 李春文,冯元琨. 多变量非线性控制的逆系统方法[M]. 北京:清华大学出版社,1991.

[142] 戴先中. 多变量非线性系统的神经网络逆控制方法[M]. 北京:科学出版社,2005.

[143] Roopaei M, Jahromi M Z. Chattering-free fuzzy sliding mode control in MIMO uncertain systems [J]. Nonlinear Analysis, 2009, 71(10):4430 – 4437.

[144] 高为炳. 变结构控制的理论及设计方法[M]. 北京:科学出版社,1996.

[145] Shahraz A, Boozarjomehry R B. A fuzzy sliding mode control approach for nonlinear chemical processes [J]. Control Engineering Practice, 2009, 17(5):541 – 550.

[146] 许春山,孙兴进,曹广益. 一种新的机器人轨迹跟踪滑模变结构控制[J]. 计算机仿真,2004, 21(7):115 – 118.

[147] Yang Fan, Zhu Xinjian, Cao Guangyi. Temperature control of MCFC based on an affine nonlinear thermal model [J]. Journal of Power Sources, 2007, 164(2):713 – 720.

缩　略　语

ALACE	Autonomous Lagrangian Circulation Explorer	浮子式浮标
AUV	Autonomous Underwater Vehicle	自治式潜水器
CFD	Computational Fluid Dynamics	计算流体动力学
CTD	Conductance Temperature Depth	温盐深仪
ENSIETA	Ecole Nationale Superieure D'Ingenieurs	法国布雷斯特
FS	Full Scale	满量程
MIMO	Multi-input Multi-output	多输入多输出系统
MSS	Mine Search System	搜索水雷系统
NACA	National Advisory Committee for Aeronautics	美国国家航空咨询委员会
NASA	National Aeronautics and Space Administration	美国国家航空航天局
ONT	Office of Naval Technology	美国海军技术局
PCM	Phase Change Material	相变材料
PLC	Programmable Logic Controller	可编程逻辑控制器
POM	Princeton Oceanic Mode	三维斜压陆架浅海模式
PVC	Polyvinyl Chloride Resin	聚氯乙烯
RANS	Reynolds Navier Strokes	雷诺时均算法
ROV	Remotely Operated Vehicle	遥控潜水器
SISO	Single Input Single Output	单输入单输出系统
TDMA	Tri-Diagonal Matrix Algorithm	三对角阵算法
UUV	Unmanned Underwater Vehicle	水下无人运载器
WHOI	Woods Hole Oceanographic Institution	伍兹霍尔海洋研究所
WRC	Webb Research Corporation	韦伯研究所

索　引

A

E

J

T